普通高等教育机械类专业"十二五"规划教材

工程制图及计算机绘图

（SolidWorks版）

主编 邱志惠

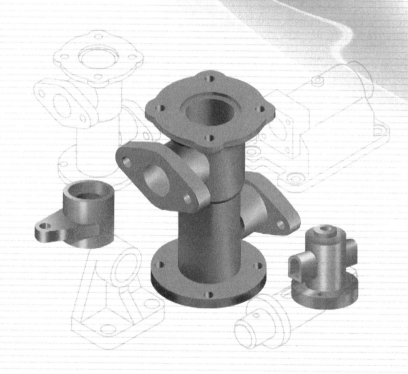

西安交通大学出版社
XI'AN JIAOTONG UNIVERSITY PRESS

内容摘要

本书是一本讲授机械制图、计算机绘图、SolidWorks 三维建模软件的教材,同时将习题汇编在书中。本书学习美国密歇根大学的机械基础教学方式,将制图相关的内容融为一书。

本教材分四大部分:第一部分(第 1 章~第 8 章)是传统的机械制图内容。第二部分(第 9 章~第 16 章)是 SolidWorks 软件教学部分,内容的介绍以实例为主,详细的操作步骤及配图一目了然。第三部分是习题内容,除了传统的制图习题外,推荐了大量的建模、投影成为平面工程图练习。第四部分为附录,包含了部分国标图表。

本书是根据西安交通大学制图教学习惯和改革编写的,适合现在学时少、内容多的情况下使用。本书适合机类、电类专业的学生使用,还可以作为工程技术人员学习 CAD 的教材和参考书。

图书在版编目(CIP)数据

工程制图及计算机绘图:SolidWorks 版/邱志惠主编
.—西安:西安交通大学出版社,2020.1(2025.1 重印)
ISBN 978-7-5693-1228-7

Ⅰ.①工… Ⅱ.①邱… Ⅲ.①机械设计—计算机辅助
设计—应用软件—高等学校—教材 Ⅳ.①TH122

中国版本图书馆 CIP 数据核字(2019)第 127175 号

书　　名	工程制图及计算机绘图(SolidWorks 版)	
主　　编	邱志惠	
责任编辑	郭鹏飞	
出版发行	西安交通大学出版社	
	(西安市兴庆南路 1 号　邮政编码 710048)	
网　　址	http://www.xjtupress.com	
电　　话	(029)82668357　82667874(市场营销中心)	
	(029)82668315(总编办)	
传　　真	(029)82668280	
印　　刷	西安日报社印务中心	
开　　本	787mm×1092mm　1/16　印张　25.25　字数　605 千字	
版次印次	2020 年 1 月第 1 版　2025 年 1 月第 2 次印刷	
书　　号	ISBN 978-7-5693-1228-7	
定　　价	68.00 元	

如发现印装质量问题,请与本社市场营销中心联系。
订购热线:(029)82665248　(029)82667874
投稿热线:(029)82668818
读者信箱:lg_book@163.com

主 编 简 介

邱志惠,女,副教授,1962 年 1 月生,九三学社社员,中国发明协会会
员,先进制造技术及 CAD 应用研究生指导教师,陕西省跨校选课首位任课
教员,美国 Autodesk 公司中国区域 AutoCAD 优秀认证教员。现任教于
西安交通大学先进制造技术研究所。

1982 年 1 月毕业于西安交通大学信息与控制工程系,无线电专用机
械设备专业。

1982.2—1985.5　在济南无线电设备厂做机械设计工作,主要设计大型塑料注塑机,技
术员、助理工程师。

1985.6—1993.4　在电子部 20 所(西安导航技术研究所)担任非标准设计工作。1988
年 6 月被电子部批准为工程师。

1993.5 至今　在西安交通大学任教,1994 年转为讲师,1995 年 12 月聘为陕西省图学会
标准化委员会委员,1998 年 7 月聘为副教授。主要为本科生讲授"画法几何及工程制图""工
程制图基础""计算机绘图""产品快速开发"课程,曾经为研究生讲授选修课程"计算机图形
学""CAD 原理及软件应用",陕西省跨校选课唯一开课教师,深受各校学生好评。主要研究
"三维快速成形制造技术""微纳制造""计算机图形学的应用技术""计算机三维造型及工业
造型设计""机床模块化设计",近 5 年指导本科生毕业设计 10 人和硕士研究生 12 人。

荣获 2011 年度西安交通大学教书育人优秀教师奖,荣获 2010 年度王宽诚教书育才奖。

2007.7—2008.7　在美国密歇根大学做访问学者,2012—2019 多次在美国密歇根大学
合作交流。2009.7—9 月,在香港科技大学做访问学者。

主编《CATIA 实验教程及 3D 打印技术》《Pro/ENGNEER 实用教程》《AutoCAD 工程
制图及三维建模实例》《3D 打印及 CAD 建模》等多本教材,其中教材《AutoCAD 实用教程》
发行量 5 万多册,荣获 2005、2016 年度西安交通大学优秀教材二等奖。

参加"高档数控机床模块化配置设计平台及其应用"等多项国家重大科技专项课题。
主持国家自然科学基金项目"快速成形(3D 打印)新技术的普及与推广"(继续该项目,近年
来在全国高校做几十场"创新设计及 3D 打印在先进制造技术中的应用"的讲座)。

电子邮箱:qzh@mail. xjtu. edu. cn

交大个人主页:http://gr. xjtu. edu. cn/web/qzh

序

  CAD 建模是制造产品设计的第一环节,具有重要的工程价值。对机械学科的本科生来说,三维概念及 CAD 的建模能力是从事制造类研究及生产工作的最基本能力。

  本书从一类 CAD 软件入手,给本科生一个基本的概念、进行教育及工程能力训练,经多年教学实践,其基本教学是成功的。邱志惠老师曾经编写的一批相关的制图教科书、参考书,通过介绍 CATIA、Pro/E 等通用的商业化软件,给工程技术人员提供了很大的帮助。为此我向大家推荐这本优秀的教科书。

  智能制造及增材制造等先进制造技术的发展,给机械装备及零部件制造系统提供了更多、更新的工程设计表达能力,对工程技术人员的知识更新、制图建模的教学方法也应作相应地改革。希望制造、科教能够与工程界同仁们共同努力,逐渐实现教育改革。

中国工程院院士

中国机械工程学会 副理事长

国务院学术委员会机械学科评议组 组长

全国高校金属切削机床研究会 理事长

中国机械制造工艺协会 副理事长

快速原型制造分会 理事长

2018 年 7 月 1 日

工程制图及计算机绘图技术

序

CAD建模是制造系统设计的第一环节，具有重要的现实价值。通过概念，让CAD建模能力是其从事制造业研究设计及工作的最基本能力。

本书以一类CAD软件入手，对学生进行一个基本概念教育及工程能力训练，当学生完成，某学生已成功，即学会老师教授这一套相关的制图及制图方法，等等，包括 Catia、ProE等应用方法及软件，对你将来人生起到很大帮助，为此我向大家推荐这本优秀的教材。

是制图技术、智能制造及信息科技等，以后制图技术，随着机械装备、人工智能及材料、制造自动控制等更更多，工程制图设计更加努力，让学习设计知识智能更多。制图设计知识多等相关知识改革，希望制造及制图技术与人工智能方面，还将实现设计技术改革！

                                        李群仁

前　　言

　　工程制图是一门研究绘制和阅读机械图样技术的基础课程,其主要内容是投影理论、机械图样的表达方式以及掌握国家的机械制图相关的常用标准。在制造业中,人们通过图样来表达设计思想,图样不仅是指导生产的重要技术文件,而且也是进行技术交流的重要工具,被称为"工程界的语言"。

　　机械图样的要求,不仅要表达清楚机器或零、部件的结构形状、尺寸,还要表达材料及各种技术要求,将来还要表示机械设计、加工工艺等相关的专业内容,才能是实际加工需要的图纸。本教材机械制图基础内容仅为本科生低年级的教材,主要是学习图样中如何使用图示方法,表达好这些内容。

　　本书的特点是不仅让学生掌握国家标准,能够绘制和看懂零件图和装配图,还要培养学生空间想象和空间分析的初步能力;使学生能够掌握仪器和徒手作图的技能。计算机绘图三维建模技术是每个学习工程制图的工科学生必须掌握的技术。本书介绍了使用 SolidWorks 软件创建三维零件模型,完成三维设计的方法。

　　本教材分四大部分:第一部分(第 1 章～第 8 章)是传统的机械制图内容。第二部分(第 9 章～第 16 章)是 SolidWorks 软件教学部分,内容的介绍以实例为主,详细的操作步骤及配图一目了然。第三部分是习题内容,除了传统的制图习题外,推荐了大量的建模、投影成为平面工程图练习。第四部分为附录,包含了部分国标图表。

　　本书第一部分由西安交通大学邱志惠副教授,安徽理工大学谢晓燕副教授和西安交通大学张群明老师合作编写;第二部分 SolidWorks 软件部分内容由邱志惠和西安交通大学科技与发展研究院机械工程师南凯刚合作编写;第三部分习题部分由邱志惠、谢晓燕、张群明及北京联合大学王慧副教授合作编写。其中部分习题选用了西安交通大学的习题册及杨裕根的习题册。感谢西安交通大学本科生、密西根大学博士刘逸轩参与编写部分 SolidWorks 实例。感谢西安交通大学研究生高流泉、张培元、任晓军、王玄、郭书哲、马耀军、马璇璇同学协助修改 SolidWorks 部分的稿件、修改图片、绘制少量图形；感谢西安建筑科技大学太良平副教授审核。感谢 SolidWorks 软件代理商西安天云信数字科技有限公司提供软件和技术支持。

主编：邱志惠

2019 年 12 月

目　　录

第一部分　机械制图

第1章 机械制图基础

机械图样是机械行业设计和制造过程中使用的工程图样,是交流技术思想的语言,被称为"工程界的语言",其规范性要求很高。为此,对于图纸、图线、字体、比例及尺寸标注等,均由国家标准作出严格规定,每个制图者都必须严格遵守。

1.1 机械制图国家标准

中华人民共和国的国家标准《机械制图》是1959年首次颁布的,以后又作了多次修改。本章将根据最新国家标准《技术制图与机械制图》摘要介绍其中有关图纸幅面、比例、字体、图线、尺寸标注等内容的基本规定。

1.1.1 图纸幅面和图框格式(GB/T 14689—2008)[①]

1.图纸幅面

绘制技术图样时,应优先采用表1-1中规定的基本幅面,必要时允许加长幅面,加长部分的尺寸,具体请查阅GB/T 14689—2008。

表1-1 图纸幅面　　　　　　　　　　　　　　　　　　单位:mm

幅面代号	A0	A1	A2	A3	A4
$B \times L$	841×1189	594×841	420×594	297×420	210×297
a	25				
c	10			5	
e	20		10		

2.图框格式

在图纸上必须用粗实线画出图框,其格式分为不留装订边和留有装订边两种,如图1-1

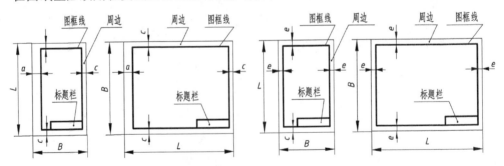

(a)留有装订边图纸的图框格式　　　　　　(b)不留装订边图纸的图框格式

图1-1　图框格式

---

①"GB"是国家标准的缩写,"T"是推荐的缩写,"14689"是该标准的编号,"2008"表示该标准是2008年发布实施的。

所示,它们各自的周边尺寸见表1-1。但应注意的是,同一产品的图样只能采用一种格式。

3.标题栏

每张图纸上都必须画出标题栏。标题栏的格式和尺寸按 GB/T 10609.1—2008 的规定绘制,一般由更改区、签字区、其他区、名称及代号区组成,如图1-2所示。在学习期间,建议采用图1-3所示的简化标题栏格式。标题栏的位置一般应位于图纸的右下角,其看图的方向与看标题栏的方向一致,如图1-1所示。为了利用预先印制好的图纸,也允许将标题栏置于图纸的右上角。在此情况下,若看图的方向与看标题栏的方向不一致,应采用方向符号。

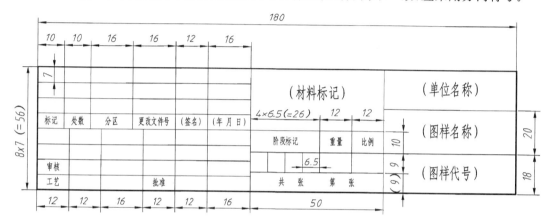

图 1-2　标题栏的尺寸与格式

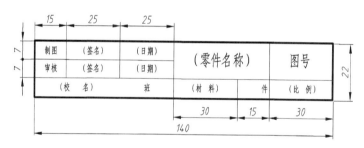

图 1-3　学习期间简化的标题栏格式

4.附加符号

(1)对中符号。为了在图样复制和微缩摄影时定位方便,应在图纸各边长的中点处分别画出对中符号。对中符号用短粗实线绘制,线宽不小于 0.5 mm,长度从纸边界开始伸入图框内约 5 mm。当对中符号处在标题栏范围内时,伸入标题栏部分省略不画,如图1-4所示。

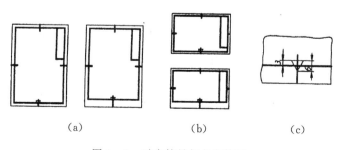

(a)　　　　　　　(b)　　　　　　　(c)

图 1-4　对中符号与方向符号

（2）方向符号。当标题栏位于图纸右上角时，为了明确绘图与看图的方向，应在图纸的下边对中符号处画出一个方向符号，其所处位置如图 1-4(a)、(b)所示。方向符号是用细实线绘制的等边三角形，其大小如图 1-4(c)所示。

在图样中绘制方向符号时，其方向符号的尖角应对着读图者，即尖角为看图的方向，但标题栏中的内容及书写方向仍按常规处理。

1.1.2　比例(GB/T 14690－1993)

比例是指图中图形与其实物相应要素的线性尺寸之比。

绘制图样时，应尽可能按物体的实际大小采用 1∶1 的原值比例画图，但由于物体的大小及结构的复杂程度不同，有时还需要放大或缩小。当需要按比例绘制图样时，应选择表1-2 中规定的比例。

表 1-2　国家标准规定的比例系列

种　　类	比　　例
原值比例	1∶1
放大比例	5∶1,2∶1,5×10ⁿ∶1,2×10ⁿ∶1,1×10ⁿ∶1; 必要时，也允许选用:4∶1,2.5∶1,4×10ⁿ∶1,2.5×10ⁿ∶1
缩小比例	1∶2,1∶5,1∶10,1∶(2×10ⁿ),1∶(1.5×10ⁿ),1∶(1×10ⁿ); 必要时，也允许选用:1∶1.5,1∶2.5,1∶3,1∶4,1∶6, 1∶(1.5×10ⁿ),1∶(2.5×10ⁿ),1∶(3×10ⁿ),1∶(4×10ⁿ),1∶(6×10ⁿ)

注:n 为正整数。

比例一般应标注在标题栏中的比例栏内。必要时，可在视图名称的下方或右侧标注比例，如 $\dfrac{\text{I}}{2\,:\,1}$、$\dfrac{A}{1\,:\,100}$、$\dfrac{B-B}{2.5\,:\,1}$、平面图 1∶100 等。图 1-5 表示同一物体采用不同比例画出的图形。注意，无论使用什么比例绘制图样，标注的尺寸都是物体的实际大小尺寸。

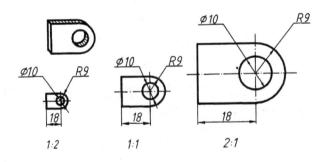

图 1-5　用不同比例画出的图形

1.1.3　字体(GB/T 14691－1993)

字体是图样中的一个重要部分。国家标准规定图样中书写的字体必须做到字体工整，笔画清楚，间隔均匀，排列整齐。

1. 字高

字体高度（用 h 表示）的公称尺寸系列为 1.8 mm、2.5 mm、3.5 mm、5 mm、7 mm、

10 mm、14 mm、20 mm。当需要书写更大的字时,其字体高度应按$\sqrt{2}$的比率递增。字体高度代表字体的号数。例如,10 号字即表示字高为 10 mm。

2. 汉字

汉字应写成长仿宋体字,并应采用中华人民共和国国务院正式公布推行的《汉字简化方案》中规定的简化字。汉字的高度 h 不应小于 3.5 mm,其字宽一般为 $h/\sqrt{2}$。例如,10 号字的字宽约为 7.1 mm。书写长仿宋体汉字的要领是:横平竖直,起落分明,结构均匀,粗细一致,呈长方形。长仿宋体汉字的示例如图 1-6 所示。

10号字

字体工整　笔画清楚　间隔均匀

7号字

线平竖直　注意起落　结构均匀　填满方格

5号字

技术要求　机械制图　电子工程　汽车制造　土木建筑

图 1-6　长仿宋体汉字的示例

3. 字母和数字

字母和数字分为 A 型和 B 型两类。其中,A 型字体的笔画宽度 d 为字高的 1/14,B 型字体的笔画宽度 d 为字高的 1/10。在同一张图样上,只允许选用一种类型的字体。

字母和数字可写成斜体或直体,一般采用斜体。斜体字的字头向右倾斜,与水平基准线成 75°。

技术图样中常用的字母有拉丁字母和希腊字母两种,常用的数字有阿拉伯数字和罗马数字两种。字母和数字的示例如图 1-7 所示。

图 1-7　字母和数字的示例

1.1.4　图线（GB/T 17450—1998）

图线是指起点和终点间以任何方式连接的一种几何图形，形状可以是直线或曲线、连续线或不连续线。图线的起点和终点可以重合，例如一条图线形成圆时的情况。当图线长度小于或等于图线宽度的一半时，称为点。

1. 线型

GB/T 17450—1998 中规定了 15 种基本线型的代号、型式及其名称，见表 1-3。

表 1-3　15 种基本线型的代号、型式及其名称

代号 No.	基本线型	名　称
01	———————————	实线
02	— — — — — — —	虚线
03	- - - - - - -	间隔画线
04	—·—·—·—·—	点画线
05	—··—··—··—	双点画线
06	—···—···—	三点画线
07	·············	点线
08	—·—·—·—·—	长画短画线
09	—··—··—··	长画双短画线
10	—·—·—·—·—	画点线
11	——·——·——	双画单点线
12	—··—··—··	画双点线
13	——··——··	双画双点线
14	—···—···—	画三点线
15	——···——··	双画三点线

表 1-4 中列出了绘制工程图样时常用的图线名称、图线型式、图线宽度及其主要用途。图 1-8 所示为图线的应用举例。

表 1-4　常用的工程图线名称及主要用途

图线名称	图线型式	代号	图线宽度	主要用途
粗实线	———————	A	d	可见轮廓线
细实线	———————	B	约 $d/2$	尺寸线、尺寸界线、剖面线、辅助线重合断面的轮廓线、引出线、可见过渡线 螺纹的牙底线及齿轮的齿根线
波浪线	～～～～～	C	约 $d/2$	断裂处的边界线 视图和剖视图的分界线
双折线	—⋀—⋀—⋀—	D	约 $d/2$	断裂处的边界线

图线名称	图线型式	代号	图线宽度	主要用途
虚线	$\begin{array}{c}1\qquad\approx 4\end{array}$	F	约 $d/2$	不可见的轮廓线 不可见的过渡线
细点画线	<1	G	$d/2$	轴线、对称中心线、轨迹线 齿轮的分度圆及分度线
粗点画线	<1	J	d	有特殊要求的线或表面的表示线
双点画线	<1	K	$d/2$	相邻辅助零件的轮廓线、中断线 极限位置的轮廓线、假想轮廓线

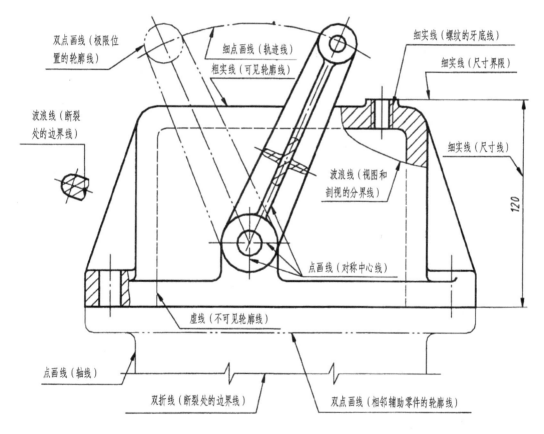

图 1-8　图线的应用举例

2. 线宽

所有线型的图线宽度应按图样的类型和尺寸大小在下列数系中选择：

0.3 mm，0.18 mm，0.25 mm，0.35 mm，0.5 mm，0.7 mm，1 mm，1.4 mm，2 mm

该数系的公比为 $1：\sqrt{2}$（$\approx 1：1.4$）。

机械图样中的图线分为粗线型和细线型两种。粗线型宽度 d 应根据图形大小和复杂程

度在 $0.5\sim2$ mm 选取，细线型的宽度约为 $d/2$。

3. 图线的画法和注意事项

图线画法示例如图 1-9 所示。

(1)同一张图样中，同类图线的宽度应一致。虚线、点画线和双点画线的线段长短和间隔应各自大致相等。

(2)虚线、点画线或双点画线和粗实线或它们自己相交时应线段相交，而不应空隙相交。

(3)绘制圆的对称中心线时，圆心应为线段的交点，首尾两端应是线段，而不是短画或点，且应超出图形轮廓线 $2\sim3$ mm。

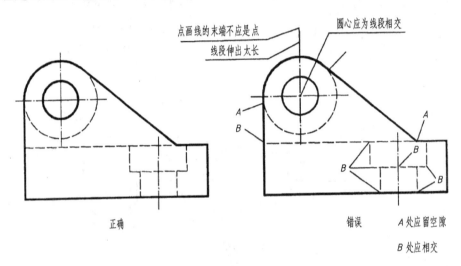

图 1-9　图线画法示例

(4)当在较小的图形上绘制点画线或双点画线有困难时，可用细实线代替。

(5)当虚线、点画线或双点画线是粗实线的延长线时，连接处应空开。

(6)当各种线条重合时，应按粗实线、虚线、点画线的优先顺序画出。

1.1.5　尺寸注法(GB/T 4458.4－2003)

1. 尺寸标注的基本规则

(1)物体的真实大小应以图样上所标注的尺寸数值为依据，与图形的大小及绘图的准确度无关。

(2)图样中(包括技术要求和其他说明)的尺寸以 mm 为单位时，不需标注计量单位的代号或名称。如采用其他单位，则必须注明相应计量单位的代号或名称。

(3)图样中所标注的尺寸为该图样所示物体的最后完工尺寸，否则应另加说明。

(4)零件上各结构的每一尺寸一般只标注一次，并应标注在反映该结构最清晰的图形上。

2. 尺寸的组成形式

图样上标注的每一个尺寸，一般都由尺寸界线、尺寸线和尺寸数字三部分组成，其相互关系如图 1-10 所示。

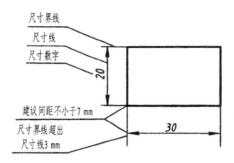

图 1-10　尺寸的组成形式

1）尺寸界线

尺寸界线用细实线绘制，并应从图形的轮廓线、轴线或对称中心线处引出。也可利用轮廓线、轴线或对称中心线作尺寸界线，如图 1-11 所示。

尺寸界线一般应与尺寸线垂直，当尺寸界线贴近轮廓线时，允许尺寸界线与尺寸线倾斜。在光滑过渡处标注尺寸时，必须用细实线将轮廓线延长，从它们的交点处引出尺寸界线，如图 1-12 所示。

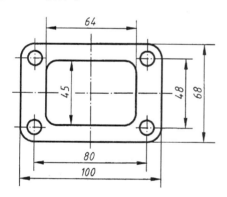

图 1-11　尺寸界线的正确使用

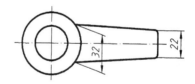

图 1-12　尺寸界线的正确使用

2）尺寸线

尺寸线用细实线绘制，其终端可以有箭头和斜线两种形式。一般机械图样的尺寸线终端采用箭头形式（小尺寸标注除外），土建图样的尺寸线终端采用斜线的形式，如图 1-13 所示。当尺寸线与尺寸界线相互垂直时，同一张图样中只能采用一种尺寸终端的形式。

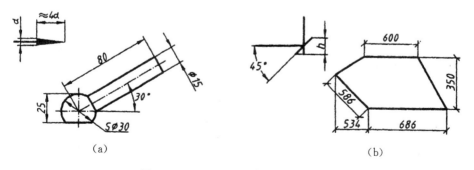

（a）　　　　　　　　　　　　　　　　（b）

图 1-13　尺寸线终端采用的两种形式

注意:在同一图样中箭头与短斜线不能混用,箭头尖端必须与尺寸界线接触,不得超出,也不得分开。箭头尾部宽度和粗实线一样。尺寸线必须单独画出,不能用其他图线代替,也不能与其他图线重合或画在其延长线上,如图 1-14 所示中尺寸 30、10。尺寸引出标注时,不能直接从轮廓线上转折,如图 1-14(b)中的 R15 所示。

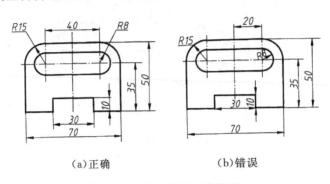

(a)正确　　　　　　　　(b)错误

图 1-14　尺寸线的正确使用

3)尺寸数字

线性尺寸的数字一般应注写在尺寸线的上方,竖直方向的尺寸应注写在尺寸线的左侧,字头朝左。也允许注写在尺寸线的中断处,但是同一张图纸只能采用一种形式。当位置不够时,也可以引出标注,如图 1-15 中的 SR5。尺寸数字不可被任何图线所通过,当无法避免时,必须将该图线断开,如图 1-15 中的 20、28 和 16。国标还规定了一些特定的尺寸符号,如表 1-5 所示。

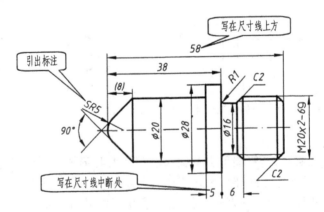

图 1-15　轴类零件尺寸标注示例

表 1-5　尺寸标注常用符号及缩写词

名词	直径	半径	球直径	球半径	厚度	正方形	45°倒角	深度	沉孔或锪平	埋头孔	均布
符号或缩写词		R	S	SR	t	□	C	▼	⊔	∨	EQS

尺寸数字的方向一般应采用图 1-16(a)所示的方法注写,尽可能避免在图示 30°范围内标注尺寸,当无法避免时可按图 1-16(b)所示的形式标注。

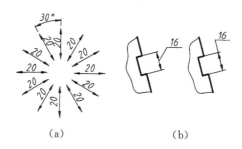

（a）　　　　　　　　　　（b）

图 1-16　线性尺寸数字标注方法

3）各类尺寸注法

表 1-5 列出了一些常用的尺寸注法。

表 1-6　各类尺寸的基本注法

项目	说　　明	图　　例
线性尺寸	（1）尺寸线必须与所标注的线段平行。 （2）两平行的尺寸线之间应留有充分的空隙，以便填写尺寸数字。 （3）标注两平行的尺寸应遵循"小尺寸在里，大尺寸在外"的原则	
直径与半径尺寸	（1）标注整圆或大于半圆的圆弧时，尺寸线要通过圆心，以圆周轮廓线为尺寸界线，尺寸数字前加注直径符号"∅"。 （2）标注小于或等于半圆的尺寸时，应在尺寸数字前加注半径符号"R"。 （3）当圆弧的半径过大或在图纸范围内无法标注其圆心位置时，可采用折线形式；若圆心位置不需注明，则尺寸线可只画靠近箭头的一段	
球面尺寸	（1）标注球面的直径尺寸或半径尺寸时，应在符号"∅"或"R"前加注符号"S"，如图（a）所示。 （2）对于螺钉、铆钉的头部、轴和手柄的端部等，在不致引起误解的情况下，可省略符号"S"，如图（b）所示	
角度尺寸	角度的数字一律写成水平方向，并注写在尺寸线中断处，必要时可注写在尺寸线上方或外侧，也可以引出标注	

项目	说　　明	图　　例
对称图形	当对称机件的图形只画出一半或略大于一半时,尺寸线应略超过对称中心线或断裂处的边界线,并在尺寸线一端画出箭头	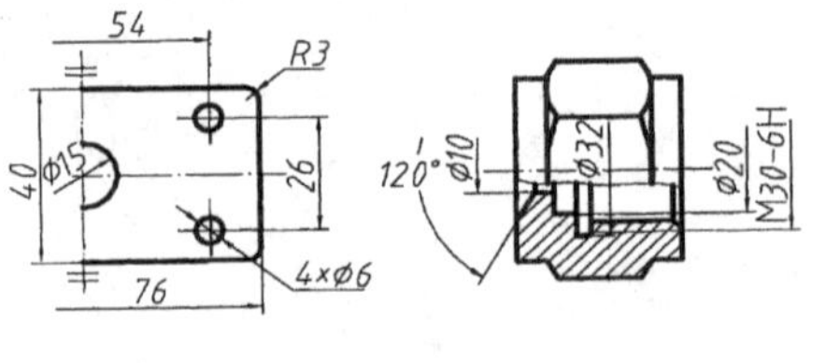
方头结构	表示断面为正方形结构尺寸时,可在正方形尺寸数字前加注符号"□",如□14,或用 14×14 代替□14	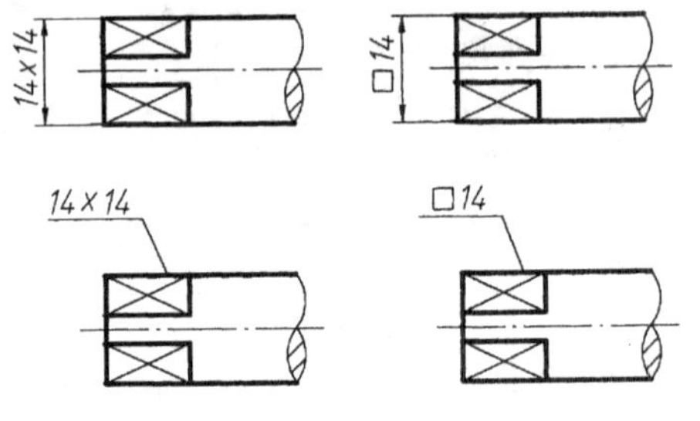
小尺寸	(1)在没有足够位置画箭头或注写尺寸数字时,可将箭头或数字布置在外面,也可将箭头和数字都布置在外面。 (2)几个小尺寸连续标注时,中间的箭头可用斜线或圆点代替	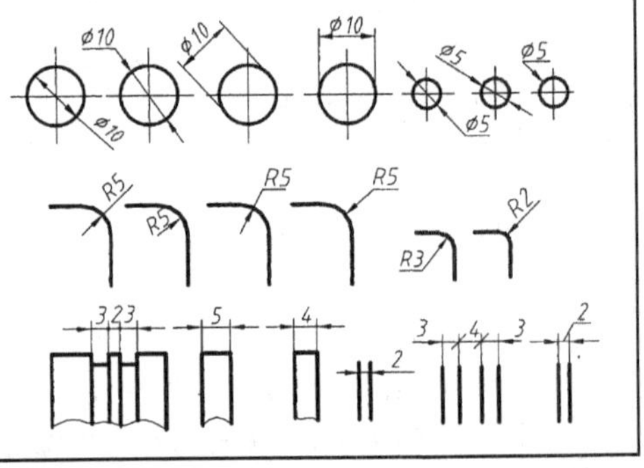

1.1.6　平面图形的画法及尺寸标注

平面图形一般由若干线段（直线或圆弧）所组成,而线段的性质由尺寸的作用来确定。因此,为了正确绘制平面图形,必须首先要对平面图形进行尺寸分析和线段分析。

1.平面图形的尺寸分析

平面图形中的尺寸按其作用,可分为定形尺寸和定位尺寸。

1)定形尺寸

确定几何元素形状及大小的尺寸称为定形尺寸。如图 1-17(a)所示的平面图形,是由两个封闭图框组成,一个是内部小圆,一个是外面带圆角的矩形。图中的尺寸 20 确定小圆的形状和大小,尺寸 100、70、R18 确定带圆角矩形的形状和大小,因此, 20、100、70、R18 都是定形尺寸。

2)定位尺寸

确定各几何元素之间相对位置的尺寸称为定位尺寸。如图 1-17(a)中的尺寸 25 和 40,是用来确定小圆与带圆角矩形之间相对位置的,因此该两个尺寸是定位尺寸。

3)尺寸基准

在标注尺寸时,作为尺寸起点的几何元素被称为尺寸基准。对于平面图形,必须要有两个方向的尺寸基准,即 X 方向和 Y 方向应各有一个基准。如图 1-17(a)中所示,如果以下边线和左边线为基准,则应标注尺寸 25 和 40 来确定小圆的位置;如果选择以上边线和右边线为基准,要确定小圆的位置,则应标注尺寸 45 和 60,如图 1-17(b)所示。由此可见,选择的尺寸基准不同,所标注出的尺寸也不同。

在平面图形中,通常可选取图形的对称线、图形的较长轮廓线或者圆心等作为尺寸基准。如在图 1-17(c)中,确定 4 个小圆位置的定位尺寸 80,就是以圆心作为尺寸基准。

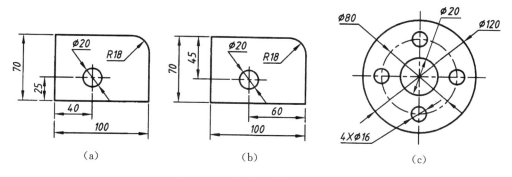

(a) (b) (c)

图 1-17　平面图形的尺寸分析

2. 平面图形的线段分析

平面图形中的线段按所注尺寸情况可分为三类。

1)已知线段

定形尺寸和定位尺寸全部给出的线段称为已知线段(根据图形所注的尺寸,可以直接画出的圆、圆弧或直线)。如图 1-18 所示的平面图形中,圆 8、圆弧 R9 和 R12,直线 L_1 和 L_2 都是已知线段。

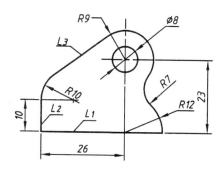

图 1-18　平面图形的线段分析

2)中间线段

定形尺寸和一个方向定位尺寸给出的线段称为中间线段(除图形中所注的尺寸外,还需根据一个连接关系才能画出的圆弧或直线)。如图 1-18 中的圆弧 R10 是中间线段。

3）连接线段

只给出定形尺寸，而两个方向定位尺寸均未给出的线段称为连接线段（需要根据两个连接关系才能画出的圆弧或直线）。如图 1-18 所示的平面图形中，圆弧 R7 和直线 L_3 是连接线段。

3. 平面图形的画图步骤

在画平面图形时，首先应对平面图形进行尺寸分析和线段分析，在此基础上，再按以下画图步骤画图：先画出作图基准线，确定图形的位置；再画已知线段；其次画中间线段；最后画连接线段。图 1-19 所示为图 1-18 所示平面图形的具体画图步骤。

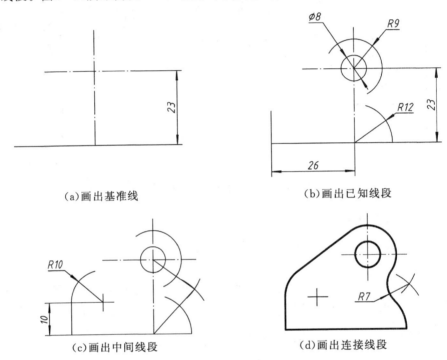

（a）画出基准线　　　　　　　　　（b）画出已知线段

（c）画出中间线段　　　　　　　　（d）画出连接线段

图 1-19　平面图形的画图步骤

4. 平面图形的尺寸注法

平面图形尺寸标注的基本要求，是要能根据平面图形中所注尺寸完整无误地确定出图形的形状和大小。为此，尺寸数值必须正确，尺寸数量必须完整（不遗漏，不多余）。

在标注平面图形尺寸时，首先应分析平面图形的结构，选择好合适的尺寸基准，然后确定图形中各线段的性质，即哪些是已知线段，哪些是中间线段，哪些是连接线段，最后按已知线段、中间线段和连接线段的顺序，逐个注出尺寸。

我们在确定图形中各线段的性质时，必须遵循这条规律，即：在两已知线段之间若只有一条线段与其连接时，此线段必为连接线段；若有两条以上线段与其连接时，只能有一条线段为连接线段，其余为中间线段。因此，标注尺寸时必须注意每个线段的尺寸数量，否则必然产生矛盾。

下面以图 1-20 为例，说明平面图形的尺寸注法和步骤。

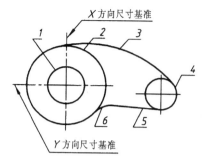

（a）选择尺寸基准并进行线段分析

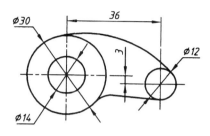

（b）确定已知线段并标注

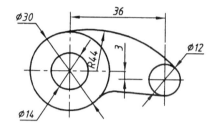

（c）确定中间线段并标注(1)

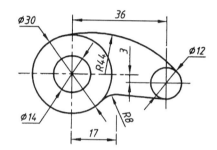

（d）确定连接线段并标注(1)

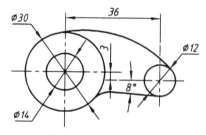

（e）确定中间线段并标注(2)

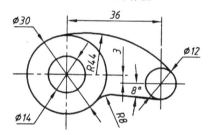

（f）确定连接线段并标注(2)

图 1-20　平面图形的尺寸注法

　　（1）分析图形结构,确定尺寸基准。该图由 6 条线段构成,上下左右均不对称,应选较大圆心的中心线作为 X 方向尺寸基准和 Y 方向尺寸基准,如图 1-20(a)所示。

　　（2）分析线段性质,确定已知线段并标注相应尺寸。由于 14 和 30 圆的中心线在基准线上,因此 14 和 30 圆为已知线段,而且该圆心到两个方向尺寸基准的定位尺寸均为零。再选 12 圆为另一已知线段,则须标注其定形尺寸(12)和定位尺寸(36 和 3),如图 1-20(b)所示。

　　（3）确定中间线段和连接线段并标注相应尺寸。图形上部的 R44 圆弧是两已知线段之间的唯一圆弧,必是连接线段,因此只需标注其定形尺寸(R44),不能标注定位尺寸,如图 1-20(c)所示。

　　在图形下部 30 和 12 两已知线段之间有两条线段:R8 圆弧和一直线。若选直线为连接线段,则 R8 必为中间线段,这时除标注定形尺寸(R8)外,还需标注其定位尺寸(17),如图 1-20(d)所示。若选 R8 为连接线段,则直线必为中间线段,这时需标注直线的一个定位尺寸(8°);而 R8 不能标注定位尺寸,如图 1-20(e)和图 1-20(f)所示。

1.2 工程图的投影

1.2.1 投影的基本知识

将空间三维形体表达为二维平面图形的基本方法是投影法。如图 1-21 所示，假设空间有一平面 P，以及平面外的一点 S 和 A。将 S、A 两点连为直线，并作出 SA 与 P 平面的交点 a。点 a 就称为 A 点在 P 平面上的投影；平面 P 称为投影面；点 S 称为投射中心；直线 SA 称为投射线。这种产生图形的方法称为投影法。

工程上常用的投影法有如下两类：

1）中心投影法

所有的投射线相交于一点的投影法称为中心投影法，如图 1-21 所示。中心投影法常用来绘制具有立体感的透视图。

2）平行投影法

投射线相互平行，投射中心远离投影面的投影法称为平行投影法。其中投射线与投影面垂直的平行投影法称为正投影法，如图 1-22(a) 所示。工程图样主要用正投影法绘制。投射线与投影面倾斜的平行投影称为斜投影法，如图 1-22(b) 所示。

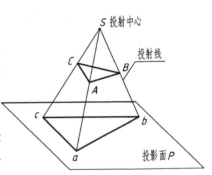

图 1-21　投影的形成

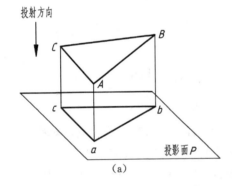

(a)

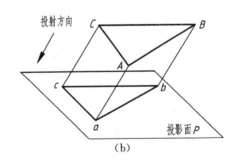

(b)

图 1-22　平行投影法

在机械制图中使用的主要是正投影法，故下面只列出正投影法的投影特性。

①实形性。物体上平行于投影面的直线，其投影反映直线的实长；平行于投影面的平面，其投影反映平面的实形。

②积聚性。物体上垂直于投影面的直线，其投影积聚成为一个点；垂直于投影面的平面，其投影积聚成一条直线。

③缩变性。物体上倾斜于投影面的直线，其投影为小于直线实长的线段；倾斜于投影面的平面，其投影形状小于平面的实际形状，且缩变为该平面的类似形。

1.2.2　空间八角体系投影

1. 三投影面体系的建立

设立互相垂直的三个投影面如图 1-23 所示,组成一个三面投影体系,其中处于正面直立位置的平面称为正立投影面,用大写字母 V 表示,简称正面或 V 面;处于水平位置的平面称为水平投影面,用大写字母 H 表示,简称水平面或 H 面;与 V、H 面都垂直的投影面,称为侧立投影面,简称侧面,用 W 表示。V 面和 H 面、W 面和 H 面、W 面和 V 面的交线都称为投影轴,分别记为 OX、OY 和 OZ。三投影面的交点记为原点 O,此三投影面体系将空间分为八分角。

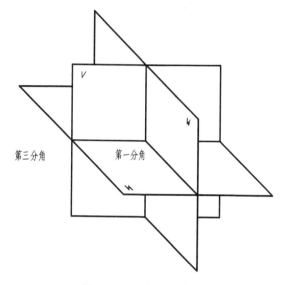

图 1-23　三投影面体系

2. 图的摆放位置

将物体放在如图 1-24 所示的三面体系中第一分角内投影,并使其处于观察者与投影面之间而得到正投影的方法,称第一角画法,用正投影法绘制出物体的图形称为视图。中国、

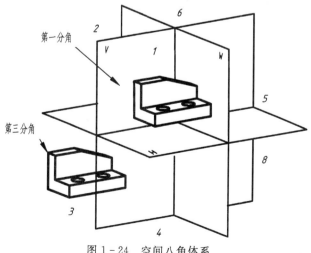

图 1-24　空间八角体系

德国、法国、俄罗斯、波兰和捷克等国采用第一角画法,其默认的六个基本投影视图摆放位置如图 1-25 所示。

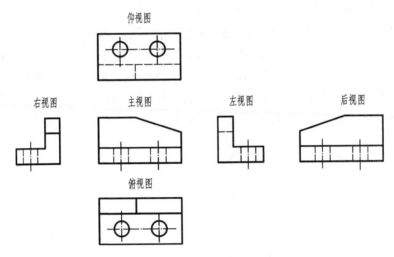

图 1-25 第一角画法视图的标准摆放位置

第三角画法就是将物体放在第三分角内,使投影面处于观察者与物体之间得到正投影的方法,其默认的六个基本视图摆放位置如图 1-26 所示。美国、加拿大、澳大利亚等国采用第三角画法,有些国家这两种方法可并用。

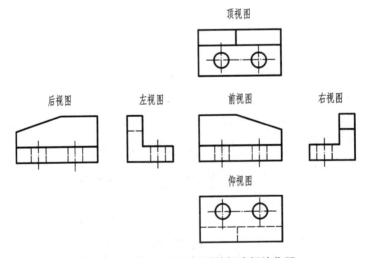

图 1-26 第三角画法视图的标准摆放位置

当按标准的位置摆放视图时不需要注明视图名称,否则需要注明。一般国外的软件,如 CATIA、UG、Pro/E 等默认的视图,均采用第三角画法投影视图,而 AutoCAD 没有自动投影视图,并且每个视图之间没有相互关系,所以较为自由,由用户自己定义各个视图的投影方向,更方便使用。

因为一般物体由三个视图就能表达清楚形状,所以工程图中常采用三视图。

为了识别第一角画法和第三角画法,规定了相应的识别符号,如图 1-27 所示,该符号一般标在所画图纸标题栏的上方或左方。

（a）第一角画法　　　（b）第三角画法

图 1-27　第一角和第三角画法识别符号

3. 三视图的形成及其投影规律

　　将物体放在第一分角内,从前向后投射得到的图形称为主视图;从上向下投射,得到的图形称为俯视图;从左向右投影,得到的图形称为左视图,如图 1-28 所示。因为三面投影体系是空间的,在图纸上不好表达,所以将水平投影面与侧立投影面之间沿 Y 轴剪开,水平投影面绕 X 轴向下旋转 $90°$,侧立投影面绕 Z 轴向后旋转 $90°$,如图 1-29 所示。这样三视图就可以画在一张纸上了,通常我们去掉表示投影面的边框线绘制三视图,如图 1-30所示。

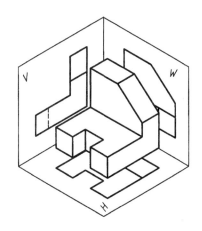

图 1-28　物体在第一分角投影中投影

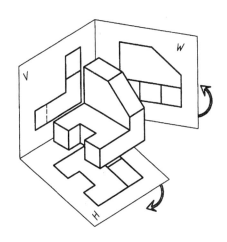

图 1-29　水平投影面与侧面投影面的展开方向

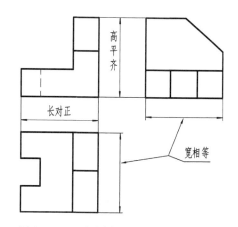

图 1-30　三视图在一张纸上的标准位置

　　从图 1-30 中可以看出:

　　①主视图反映机件的上下、左右位置关系,即反映机件的高度和长度;

　　②俯视图反映机件的前后、左右位置关系,即反映机件的宽度和长度;

③左视图反映机件的前后、上下位置关系,即反映机件的宽度和高度。

由此,三视图的投影规律可以概括为:主、俯视图<u>长对正</u>;主、左视图<u>高平齐</u>;俯、左视图<u>宽相等</u>(简称三等规律)。

需要特别注意,在俯视图和左视图中,确定"宽相等"时,要区别机件的前后位置关系,以远离主视图的一侧为前,反之为后。

1.3　基本几何体的三视图

在设计和图示机器零件时,通常把单一几何体称为基本几何体,如棱柱、棱锥、圆柱、圆锥、球和圆环等。

一般的基本几何体可分为平面立体和曲面立体。曲面立体即围成立体的表面部分或全部是曲面,本书主要学习常见的回转体:圆柱、圆锥、球、环。

1.3.1　平面立体的三视图

平面立体是指围成立体的所有表面都是平面。画平面立体的三视图主要是画立体表面上面与面交线的投影,当交线的投影可见时,画成粗实线,不可见时画成虚线;当粗实线与虚线重合时画成粗实线。

1. 棱柱（以五棱柱为例）

棱柱有两个平行的多边形底面,所有棱面都垂直于底面,称之为直棱柱;若棱柱底面为正多边形,则称之为正棱柱;侧面倾斜于底面的棱柱称之为斜棱柱。通常为画图方便,应使棱柱的底面平行于某个投影面,如图1-31(a)为直观投影图,(b)为投影后的三视图。

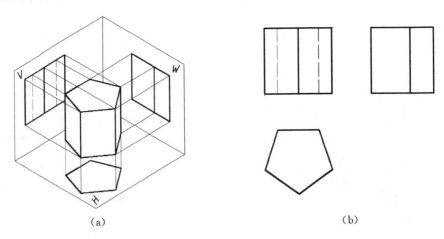

(a)　　　　　　　　　　　　　　　　　　(b)

图1-31　棱柱的三视图

2. 棱锥（以三棱锥为例）

棱锥有一个多边形的底面,所有的棱线都交于一点(顶点)。用底面多边形的边数来区别不同的棱锥,如底面为三角形,称为三棱锥。若棱锥的底面为正多边形,每条侧棱长度相等,称为正棱锥。如图1-32(a)为棱锥的直观投影图,(b)为投影后的三视图。

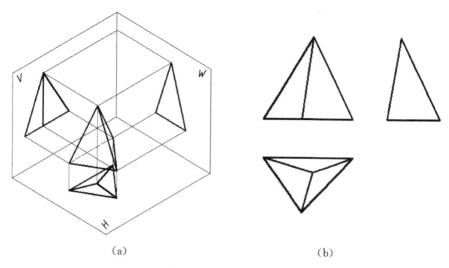

（a）   （b）

图 1 - 32 棱锥的三视图

1.3.2 回转体形成及其三视图的投影

1. 回转体的形成

回转体是由回转面或回转面与平面共同围成的立体,回转面是由一条母线绕着一条轴线旋转而形成的,如图 1 - 33 所示。母线可以是直线,也可以是曲线。其运动的轨迹构成为回转面。母线位于回转面上任一位置时的线称为素线。母线上任一点的轨迹均为圆,称为纬圆,如图 1 - 34 所示。所以当用一垂直于轴线的平面截切回转面时,切口的形状为圆。

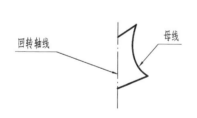

图 1 - 33 形成回转体的母线和轴线

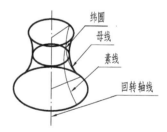

图 1 - 34 回转体的形成

构成曲面立体的曲面为回转面,则该立体称为回转体。常见的回转体有圆柱、圆锥、球体以及环等,如图 1 - 35 所示。

图 1 - 35 常见的回转体

2. 回转体投影的共同特点

（1）一个重要的概念:回转体上的转向轮廓线。

回转体上的转向轮廓线是对某一面投影而言的（在光滑曲面上并不真正存在），因而只需画出投射成为曲面轮廓线的那个投影，其余投影均不应画出。转向轮廓线也是曲面可见部分与不可见部分的分界线，如图 1-36 所示。

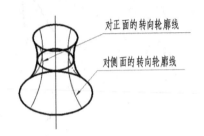

图 1-36　转向轮廓线

（2）回转体的轴线是回转体的构成要素，使用点画线绘出，常见的回转体的三视图及其投影特性见表 1-7。

（3）在轴线垂直的投影面上的投影是圆，而另外两个投影的形状相同。

表 1-7　常见的回转体的三视图及其投影特性

回转体	直观图	三视图	投影特性
圆柱			（1）轴线垂直于 H 面，俯视图为圆，圆柱面积聚在圆周上； （2）主视图、左视图是两个全等的矩形； （3）圆的直径就是圆柱的直径
圆锥			（1）轴线垂直于 H 面，俯视图为圆，圆锥面投影在圆内，无积聚性； （2）主视图、左视图是两个全等的三角形； （3）圆的直径就是圆锥底圆的直径
球			（1）球的三个视图都是圆，圆球面投影在圆周内，无积聚性； （2）圆的直径就是球的直径

第2章 立体表面的交线

平面立体是由顶点、棱线及平面组成的。平面立体的三视图就是点、直线和平面投影的集合。因此，为了准确画出立体的三视图及其表面的交线的投影，要先研究立体表面点、线、面的投影规律。同时，本章简单讲述回转体表面的截交线、相贯线的绘制，期待这部分内容可以使用计算机建模投影制作。

2.1 平面立体表面上点、直线、平面的投影

2.1.1 立体表面上点的投影

1.点在三投影面体系第一分角的投影规律

在三投影面体系的第一角中，空间点 A（空间点使用大写字母）分别向 H、V、W 面投影，得到三个投影点 a、a'、a''，如图 2-1(a)所示。其中 a 称为点 A 的水平投影，a' 称为点 A 的正面投影，a'' 称为点 A 的侧面投影（国标规定的表示方法）。规定保持 V 面正立不变，使 H 面绕 OX 轴、W 面绕 OZ 轴分别向下、向右旋转 $90°$，使三个投影面处在同一平面内，因投影面可根据需要扩大或缩小，故在实际画图时不必画出投影面的边框，如图 2-1(c)所示，只绘制出坐标轴，称点 A 的投影图，也可无轴投影。其间 OY 轴随 H 面旋转后以 OY_H 表示，随 W 面旋转后的位置以 OY_W 表示。

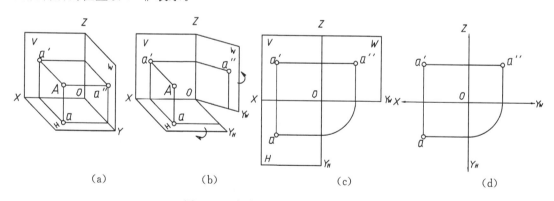

(a)　　　　　　(b)　　　　　　(c)　　　　　　(d)

图 2-1　点在三投影面体系中的投影

由此可以概括出点在三投影面体系第一角的投影规律：

(1)点的投影连线垂直于相应的投影轴，即 $a'a \perp OX$、$a'a'' \perp OZ$。

(2)点的投影到投影轴的距离，等于该点与相邻投影面的距离。

【例 2-1】如图 2-2 (a)所示，已知点 A 的正面投影 a' 和侧面投影 a''，试求其水平投影 a。

解　根据点的投影规律 $aa' \perp OX$，所以水平投影 a 在过正面投影 a' 而垂直于 OX 轴的

直线上；又水平投影 a 到 OX 轴距离等于侧面投影 a'' 到 OZ 轴的距离，所以可以直接量取 $a\,a_X = a''a_Z$；或利用 45°线定出水平投影 a 的位置，如图 2 - 2(b)所示。

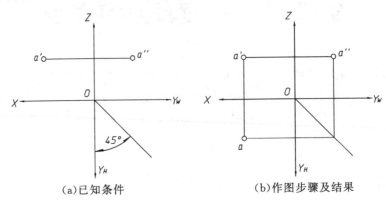

(a)已知条件　　　　　　　　(b)作图步骤及结果

图 2 - 2　求点的第三面投影

2. 两点的相对位置

　　两个点的投影沿上下、左右、前后三个方向所反映的坐标差，即两点对 H、W、V 投影面的距离差，能够确定该两点的相对位置。如图 2 - 3 所示，点 A 的 X 坐标小于 B 点的 X 坐标，说明点 A 在点 B 的右侧；点 A 的 Y 坐标大于点 B 的 Y 坐标，说明点 A 位于点 B 的前方；点 A 的 Z 坐标大于点 B 的 Z 坐标，说明点 A 在点 B 的上方。即点 A 位于点 B 的右、前、上方。

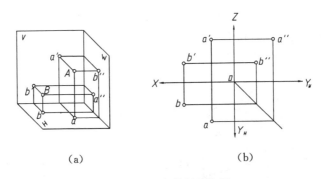

(a)　　　　　　　　　　　　(b)

图 2 - 3　两点的相对位置

　　如图 2 - 3 所示，X 坐标值大的点在左方；Y 坐标值大的点在前方；Z 坐标值大的点在上方。

3. 重影点

　　当空间两个点处于同一投射线上时，它们在与该投射线垂直的投影面上的投影必重合，此两点称为该投影面的重影点。显然重影点有两个坐标相同，如图 2 - 4(a)所示，A、B 两点处于同一条铅垂投射线上，故它们的水平投影重合。此时该两点的 X 坐标和 Y 坐标相等，而点 A 的 Z 坐标大于点 B 的 Z 坐标，说明点 A 在点 B 的正上方。

　　当两点的投影重影时，必然是一点的投影可见，另一点的投影不可见。如上述的 A、B 两点的水平投影重影，因 $Z_B < Z_A$，所以从上向下看时，点 B 不可见，在水平投影图中 b 不可见。在投影图上常把不可见的投影点加上括号，如图 2 - 4(b)所示。

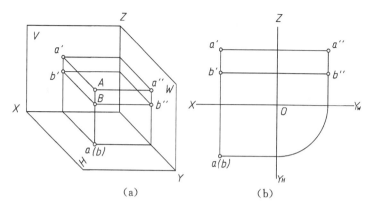

图 2-4 重影点的投影

2.1.2 立体表面上直线的投影

直线在三投影面体系中的位置,可分为三类:投影面的平行线,投影面的垂直线及一般位置直线。投影面的垂直线和投影面的平行线又称特殊位置直线。

直线与投影面的倾角,就是直线与其在投影面上的正投影的夹角。直线与 H 面、V 面和 W 面的夹角分别用 α、β、γ 表示。当直线平行于投影面时倾角为 $0°$;当直线垂直于投影面时倾角为 $90°$;当直线倾斜于投影面时倾角在 $0°\sim 90°$。

1. 投影面的平行线

投影面平行线的投影特性可概括为:

①在其平行的那个投影面上,投影反映实长,投影与坐标轴的夹角反映直线与另两个相邻投影面倾角的真实大小。

②另两个投影面的投影小于实长,与坐标轴成平行的关系。

如图 2-5 所示,长方体上的 AB、AC、BC 分别是正平线、水平线、侧平线。

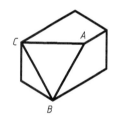

图 2-5 立体上的直线

投影面的平行线平行于一个投影面,且与另外两个投影面倾斜。投影面的平行线可分为正平线、水平线和侧平线三种(见表 2-1)。

表 2-1 投影面平行线的投影特性

名称	正平线($/\!/V$)	水平线($/\!/H$)	侧平线($/\!/W$)
立体图	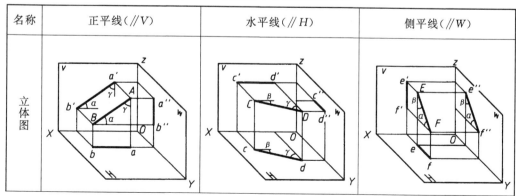		

名称	正平线（∥V）	水平线（∥H）	侧平线（∥W）
投影图	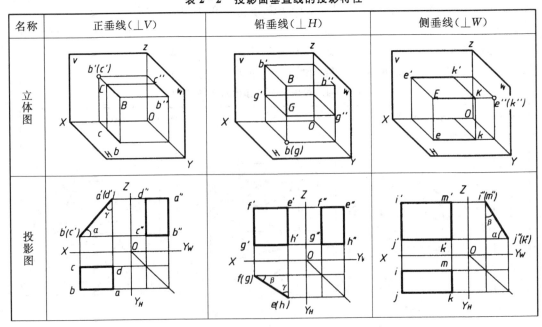		
投影分析	（1）正面投影 $a'b'$ 反映实长。 （2）正面投影 $a'b'$ 与 OX 轴和 OZ 轴的夹角 α、γ 分别为 AB 对 H 面和 W 面的夹角。 （3）水平投影 ab∥OX 轴，侧面投影 $a''b''$∥OZ 轴，且都小于实长	（1）水平投影 cd 反映实长。 （2）水平投影 cd 与 OX 轴和 OY_H 轴的夹角 β、γ 分别为 CD 对 V 面和 W 面的夹角。 （3）正面投影 $c'd'$∥OX 轴，侧面投影 $c''d''$∥OY_W 轴，且都小于实长	（1）侧面投影 $e''f''$ 反映实长。 （2）侧面投影 $e''f''$ 与 OZ 轴和 OY_W 轴的夹角 β、α 分别为 EF 对 V 面和 H 面的夹角。 （3）正面投影 $e'f'$∥OZ 轴，水平投影 ef∥OY_H 轴，且都小于实长
投影特性	（1）在直线所平行的投影面上的投影反映直线的实长，反映实长的投影与相应投影轴的夹角，反映直线与相应投影面的夹角。 （2）在其他两个投影面上的投影，分别平行于相应的投影轴，且小于直线的实长		

2. 投影面的垂直线

投影面的垂直线垂直于一个投影面，必定与另外两个投影面平行。投影面的垂直线可分为正垂线、铅垂线和侧垂线三种（见表 2 - 2）。

表 2 - 2　投影面垂直线的投影特性

名称	正垂线（⊥V）	铅垂线（⊥H）	侧垂线（⊥W）
立体图			
投影图			

续表

名称	正垂线(⊥V)	铅垂线(⊥H)	侧垂线(⊥W)
投影分析	(1)正面投影 $b'c'$ 积聚成一点。 (2)水平投影 bc,侧面投影 $b''c''$ 都反映实长,且 $bc\perp OX$,$b''c''\perp OZ$。	(1)水平投影 bg 积聚成一点。 (2)正面投影 $b'g'$,侧面投影 $b''g''$ 都反映实长,且 $b'g'\perp OX$,$b''g''\perp OY_W$	(1)侧面投影 $e''k''$ 积聚成一点。 (2)正面投影 $e'k'$,水平投影 ek 都反映实长,且 $e'k'\perp OZ$,$ek\perp OY_H$
投影特性	(1)在直线所垂直的投影面上的投影,积聚为一点。 (2)在其他两个投影面上的投影,均反映直线的实长,且垂直于相应的投影轴		

投影面的垂直线的投影特性可概括为:

在其垂直的投影面上的投影积聚成一点,另外两个投影面上的投影反映实长,并垂直于相应的坐标轴。

长方体上的 AB、AC、AD 分别是铅垂线、侧垂线、正垂线如图 2-6 所示。

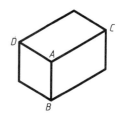

3. 一般位置直线

一般位置直线与三个投影面都倾斜。

图 2-6　立体上的直线

如图 2-7 所示,图 2-7(a)立体上的直线 AB,图 2-7(b)是 AB 在三个投影面上的投影的直观图,图 2-7(c)是 AB 的投影图三视图。

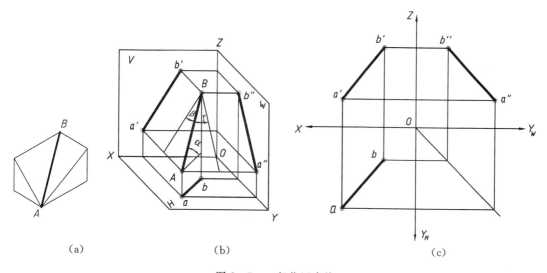

| (a) | (b) | (c) |

图 2-7　一般位置直线

(1)一般位置直线的投影特性:三个投影面上的投影都小于实长,具有缩变性。三个投影都倾斜于坐标轴,与坐标轴的夹角不反映 α、β、γ 的真实大小。

(2)直线上点的投影特性。

①从属性:点在直线上,点的投影必在直线的同面投影上。

②定比性:不垂直于投影面的直线上的点,分割直线段的长度比,在投影后保持不变。如图 2-8 所示 ,C 点在直线 AB 上,那么 $AC:CB=ac:cb=a'c':c'b'=a''c'':c''b''$。

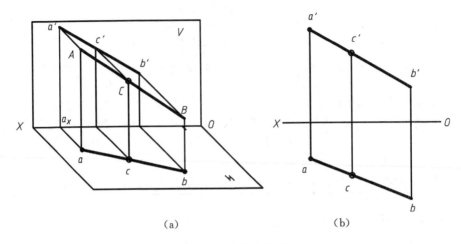

（a）　　　　　　　　　　　　　　　　（b）

图 2-8　直线上的点

2.1.3　平面立体上面的投影

在三面投影体系中，平面对投影面的相对位置可以分为：投影面垂直面，投影面平行面和一般位置平面三类。平面与投影面的倾角，就是平面与投影面所成的二面角，平面与 H 面、V 面和 W 面的倾角分别用 α、β、γ 表示。

投影面的垂直面和投影面的平行面，习惯称为特殊位置平面。下面讨论三种位置平面的投影特性。

1. 投影面的垂直面

垂直于一个投影面与另两个投影面倾斜的平面称为投影面的垂直面，如表 2-3 所示。垂直于 H 面的平面称铅垂面；垂直于 V 面的平面称正垂面；垂直于 W 面的平面称侧垂面。

表 2-3　投影面垂直面的投影特性

名称	正垂面（$\perp V$）	铅垂面（$\perp H$）	侧垂面（$\perp W$）
立体图			
投影图			

续表

名称	正垂面(⊥V)	铅垂面(⊥H)	侧垂面(⊥W)
投影分析	(1)正面投影积聚成一直线；它与 OX 轴和 OZ 轴的夹角分别为平面与 H 面和 W 面的真实倾角 α 及 γ。 (2)水平投影和侧面投影都是类似形	(1)水平投影积聚成一直线；它与 OX 轴和 OY_H 轴的夹角分别为平面与 V 面和 W 面的真实倾角 β 及 γ。 (2)正面投影和侧面投影都是类似形	(1)侧面投影积聚成一直线；它与 OZ 轴和 OY_W 轴的夹角分别为平面与 V 面和 H 面的真实倾角 β 及 α。 (2)正面投影和水平面投影都是类似形
投影特性	(1)在平面所垂直的投影面上的投影积聚为一倾斜直线，该斜线与相应投影轴的夹角，反映平面与相应投影面的夹角。 (2)在其他两个投影面上的投影，都是空间平面的类似形		

由表 2 - 3 可以概括出投影面垂直面的投影特性：

①在所垂直的投影面上的投影积聚为直线，此直线与投影轴的夹角，分别反映平面与其相邻两投影面的倾角。

②在另外两投影面上的投影具有缩变性，是缩小的类似形。

如图 2 - 9 所示为立体上的三种位置的垂直面。

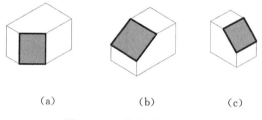

　　　(a)　　　　　　　(b)　　　　　　　(c)

图 2 - 9　立体上的垂直面

2. 投影面平行面

平行于一个投影面的平面称为投影面的平行面，如表 2 - 4 所示。平行于 V 面的平面称为正平面，平行于 H 面的平面称为水平面，平行于 W 面的平面称为侧平面。平面平行一个投影面，一定垂直于另外两个投影面。

表 2 - 4　投影面平行面的投影特性

名称	正平面(∥V)	水平面(∥H)	侧平面(∥W)
立体图			

名称	正平面（∥V）	水平面（∥H）	侧平面（∥W）
投影图	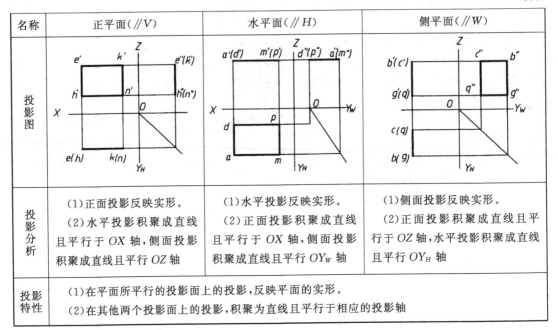		
投影分析	（1）正面投影反映实形。 （2）水平投影积聚成直线且平行于 OX 轴，侧面投影积聚成直线且平行 OZ 轴	（1）水平投影反映实形。 （2）正面投影积聚成直线且平行于 OX 轴，侧面投影积聚成直线且平行 OYw 轴	（1）侧面投影反映实形。 （2）正面投影积聚成直线且平行于 OZ 轴，水平投影积聚成直线且平行 OYH 轴
投影特性	（1）在平面所平行的投影面上的投影，反映平面的实形。 （2）在其他两个投影面上的投影，积聚为直线且平行于相应的投影轴		

由表 2－4 可以概括出投影面平行面的投影特性：

①在平行的投影面上的投影反映实形；

②在另外两投影面上的投影积聚为直线，且分别平行于相应的投影轴。

图 2－10 为立体上的三种位置的平行面。

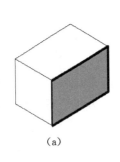　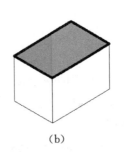　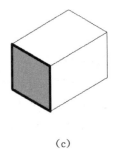

（a）　　　　　　　　　　（b）　　　　　　　　　　（c）

图 2－10　立体上的平行面

3. 一般位置平面

对三个投影面都倾斜的平面称为一般位置平面。显然一般位置平面的三面投影均有缩变性，是缩小的类似形，如图 2－11 所示。

4. 平面上的点、直线

根据几何原理：如果一个点在平面内的一条直线上，则该点位于此平面上；如果直线通过平面内的两点，或者通过平面内的一点且平行于平面内的一条直线，则该直线在此平面上。按此原理可进行有关平面上的点、直线的投影作图。

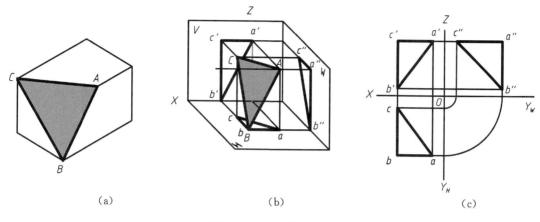

图 2-11 一般位置平面

【例 2-2】如图 2-12(a)所示,已知点 M 在 △ABC 平面上,现知点 M 的正面投影 m',试作出其水平投影。

作图 如图 2-12(b)所示:

(1)连接 $b'm'$,并延长交 $a'c'$ 于 d',并作出水平投影 d;

(2)连接 bd,过 m' 作投影连线,交 bd 于 m。

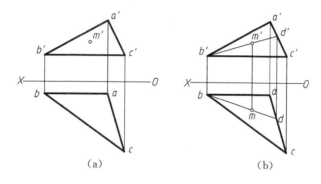

图 2-12 取平面上的点

【例 2-3】如图 2-13(a)所示,完成平面 $ABCDEF$ 的水平投影。

分析 已知 A、B、C 三点的两面投影,则平面 $ABCDE$ 位置确定;D、E 两点在该平面上,且知其正面投影,用平面上取点法可作出它们的水平投影,连接即为要求的水平投影。

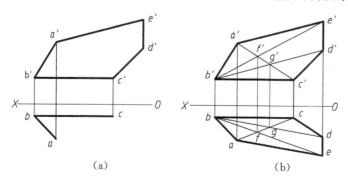

图 2-13 完成平面的投影

作图　作图过程如图 2 - 13(b)所示,读者看图自明。

2.2　回转体表面取点的投影

常见的回转体包括圆柱体、圆锥体、球体和圆环(本文不介绍)等。回转体表面取点,是后面学习绘制回转体相贯线和截交线的基础,所以必须掌握。

2.2.1　圆柱体表面取点

圆柱体是由圆柱面和上下平面围成。圆柱面可以看成是由直线绕与它平行的轴旋转 360°而成的。圆柱面在轴线垂直的投影面上的投影具有积聚性,所有的点、线都积聚在圆上。所以我们在圆柱面上取点的时候,首先利用其积聚性。

如图 2 - 14(a)所示,首先作转向轮廓线上的点 A,已知点 A 主视图,可以直接作出另外两个投影。

如图 2 - 14(b)所示,已知圆柱面上点 M 的正面投影 m' 及点 N 的侧面投影 n'',可先作出俯视图有积聚性的水平投影,再利用高平齐、宽相等,作出另一投影即可。

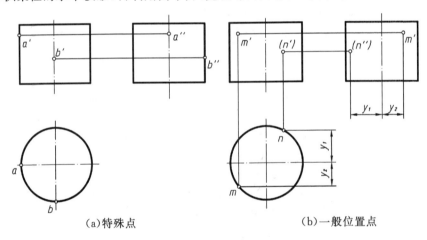

(a)特殊点　　　　　　　　　　　　(b)一般位置点

图 2 - 14　圆柱表面取点的三视图

2.2.2　圆锥体表面取点

圆锥体是由圆锥面和底面组成。圆锥面可以看成由直线 SA 绕与它相交的轴线 OS 旋转一周而成,如图 2 - 15(a)所示。因此,圆锥面的素线都是通过锥顶的直线。为方便作图,把圆锥轴线放置成投影面垂直线,底面成为投影面平行面。投影后,如图 2 - 15(b)所示,水平投影是圆,它既是圆锥底面的投影,又是圆锥面的投影。

在圆锥表面取点时,一般有以下 3 种情况。

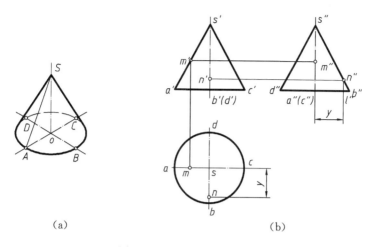

(a)　　　　　　　　　　　(b)

图 2-15　圆锥及点的投影

1. 特殊点作图

在圆锥的转向轮廓线上的点,可以直接在转向轮廓线的各个投影上作出来,如图 2-15 (b)所示。

2. 辅助素线法

如图 2-16(a)所示,求圆锥表面点 K 的投影。过锥顶 S 和点 K 作辅助素线 SL,即连接 $s'k'$ 并延长,与底面相交于点 l',对照投影关系,作出 L 点的水平和侧面投影,连线找到 SL 的水平投影 sl 和侧面投影 $s''l''$,再将 k' 根据点的投影特性作出点 k 和 k''。由于点 K 位于前、左圆锥面上,因此点 K 的三面投影均可见。

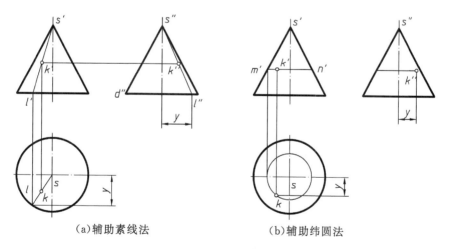

(a)辅助素线法　　　　　　　　　　(b)辅助纬圆法

图 2-16　辅助线法

3. 辅助纬圆法

如图 2-16(b)所示,过点 K 在圆锥面上作一纬圆(水平圆),即过 k' 作一水平线(纬圆的正面投影),与转向轮廓线相交于 m'、n' 两点,以 $m'n'$ 为直径作出纬圆的水平投影,k 一定在圆周上,再由 k' 和 k 求出 k''。该纬圆作点方法,适合一般的回转体表面取点。

2.2.3　球体表面取点

圆球由球面围成，球面可看作是由半圆作母线绕其过圆心的轴线旋转一圈而成。

圆球的三面投影都是与球的直径相等的圆，如图 2-17(a)所示。三个圆分别是球面对 V 面、H 面和 W 面的转向轮廓线，用点画线画它们的对称中心线。

球面上取点，转向轮廓线上的点，可以直接作出，如图 2-17(a)所示。球面上取点常用纬圆法。如图 2-25(b)所示，已知球面上的点 M 的正面投影(m')，求其他两面投影。根据 m' 的位置及可见性，可判断点 M 在上半个球的右、后部，因此点 m 可见，m'' 不可见。作图可采用辅助水平纬圆，即过 m' 作一直线，与转向轮廓线圆交于 k'、l'。以 $k'l'$ 为直径在水平投影上作出纬圆的水平投影，点 m 应在圆周上，再根据 m' 和 m 求出 m''。亦可采用辅助正平圆或侧平圆的方法，读者可自行分析。

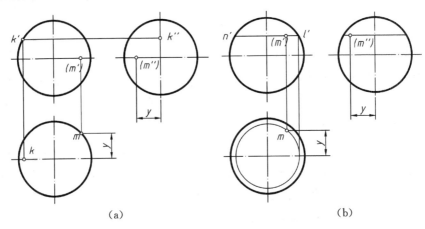

（a）　　　　　　　　　　　　　（b）

图 2-17　圆球的三视图

2.3　回转体的截交线

2.3.1　截交线的概念

两立体相交，立体与立体的表面所产生的交线称为相贯线。业内习惯上将平面立体与曲面立体的表面所产生的交线称为截交线，如图 2-18 所示；曲面立体与曲面立体的表面所产生的交线称为相贯线。

1.截交线的性质

(1)截交线既在截平面上，又在立体表面上，截交线上的每一点都是截平面和立体表面的共有点，这些共有点的连线就是截交线，是共有点的集合。

(2)截交线一般是封闭的平面曲线。

2.决定截交线形状的因素

(1)立体的形状。形状不同的立体，截交线的形状不同。

(2)截平面与立体的相对位置。同一立体，截平面不同的相对位置，产生的截交线的形状也不同。

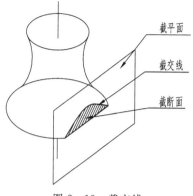

图 2-18　截交线

3. 求截交线的方法

求截交线就是求截平面与立体表面一系列共有点的集合,然后将其光滑地连接起来。

4. 平面截切平面立体

棱锥被平面截切,产生的截交线为多段直线,如图 2-19 所示,截交线为三角形,其三个顶点分别是三条侧棱与截平面的交点。因此,只要求出三个顶点在各投影面上的投影,然后依次连接各点的同面投影,即得到截交线的投影。所以平面立体的截交线就是找点连线作图(本节省略不讲述)。

图 2-19　平面截切三棱锥

2.3.2　圆柱的截交线

圆柱截交线的三种基本形状如图 2-20 所示:

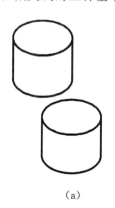
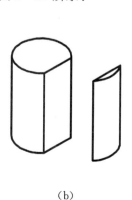
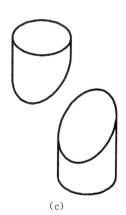

(a)　　　　　　　　　(b)　　　　　　　　　(c)

图 2-20　平面截切圆柱体

(1)截平面垂直于圆柱的轴线,截交线是圆(见图 2-20(a));

(2)截平面平行于圆柱的轴线,截交线是矩形(见图 2-20(b));

(3)截平面倾斜于圆柱的轴线,截交线是椭圆(见图 2-20(c))。

【例 2-9】已知开槽圆柱的主视图和俯视图,请作出左视图并说明作图方法,如图 2-21 所示。

　　　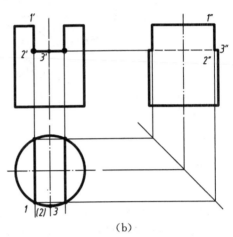

　　　　(a)　　　　　　　　　　　　　　　　　　　(b)

图 2-21　圆柱体开槽

分析　圆柱开槽实际上是由两个平行于轴线的侧平面和一个垂直于轴线的水平面截切形成。

作图

(1)侧平面截切圆柱面的截交线是铅垂线,正面投影为 1、2 两点的连线,根据点的投影规律求出其积聚成点的水平投影和侧面投影直线。四条截交线对称,方法相同。

(2)水平面截切圆柱为 2、3 两点之间一段圆弧。水平投影是圆柱面积聚的一段圆弧,侧面投影为一水平圆弧。

(3)两个截平面之间还有一条交线,为正垂线,正面投影积聚在点 2 上,侧面投影为虚线。

【例 2-10】已知圆柱体,如图 2-22 所示。现用一正垂面截切,试作出其投影。

分析

(1)空间分析:圆柱被正垂面 P 截切,由于截平面 P 与圆柱轴线倾斜,故其截交线是一个椭圆。

(2)投影分析:由于正垂面的正面投影有积聚性,故截交线的正面投影为一倾斜直线全部重合在正垂面上,而圆柱面的水平投影具有积聚性,故截交线的水平投影与圆柱面的水平投影重合,所以只须求出截交线的侧面椭圆投影即可。

作图　根据点的投影规律求出各点的投影,光滑地按顺序连接成椭圆。

(1)特殊点:转向轮廓线上的点:圆柱对正面的转向轮廓线上的 I、II 两点;圆柱对侧面的转向轮廓线上的点 III、IV 两点。

(2)极限位置点:最高点 II、最低点 I、最前点 III、最后点 IV、最左点 I、最右点 II。

(3)曲线特征点:椭圆曲线的长轴的端点 I、II,短轴两端点 III、IV。

（由于圆柱的特殊对称性,部分特殊点重合。）

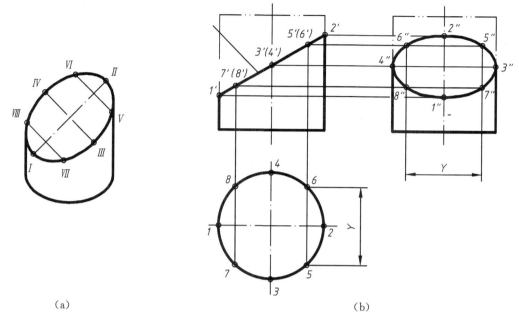

图 2 - 22　正垂面倾斜圆柱轴线的截交线作图

（4）一般位置点:为了准确作出椭圆线,在特殊点之间还需作出适当数量的一般点。如图 2 - 22(b)所示,Ⅴ、Ⅵ、Ⅶ、Ⅷ四个对称点,作图方法一样。为了光滑地连接曲线,还可以作出更多的一般位置点。

（5）依次光滑连接,判断可见性,即得截交线的侧面投影。

（6）擦去截切的部分轮廓线,加深所有轮廓线及椭圆,完成作图。

讨论　正垂面斜切圆柱体在空间截交线为椭圆,椭圆的短轴是圆柱的直径,而与其垂直的Ⅰ、Ⅱ两点是长轴。但是投影随着正垂面与圆柱轴线的夹角不同而变化,如果夹角小于 $45°$,长轴的投影仍然为长轴;如果夹角等于 $45°$,则投影长短轴相等,变成圆;如果夹角大于 $45°$,长轴的投影变成短轴。

2.3.3　圆锥的截交线

圆锥的截交线有五种基本形状,如图 2 - 23 所示。

（1）截平面垂直于圆锥的轴线时,截交线是圆,距离锥顶的距离越远,圆的直径越大,如图 2 - 23 （a）所示。

（2）截平面过圆锥的锥顶时,截交线是直线,如图 2 - 23(b)所示。

（3）截平面倾斜于圆锥的轴线时,根据角度不同,截交线的形状也不同:截平面与轴线的夹角大于圆锥半角时是椭圆,如图 2 - 23(c)所示;截平面与轴线的夹角等于圆锥半锥顶角时是抛物线,如图 2 - 23(d)所示;截平面与轴线的夹角小于圆锥半锥顶角或者小到平行于轴线时是双曲线,如图 2 - 23(e)所示。

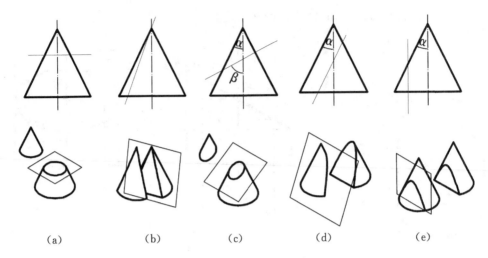

图 2-23　圆锥的截交线

【例 2-11】圆锥被平行于其轴线的侧平面截切,如图 2-24(a)所示,试作截交线的投影。

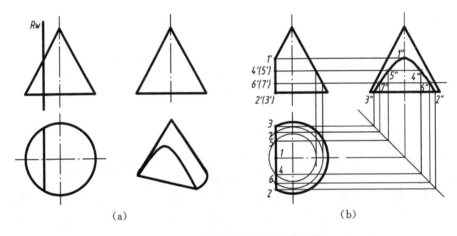

图 2-24　平行于圆锥轴线的截交线

分析　侧平面与圆锥的轴线平行,截交线是双曲线。双曲线的正面、水平投影积聚在 R 面上已知,求画双曲线的侧面投影。

作图　(1)特殊点:

①转向轮廓线上的点:对正面转向轮廓线上的点 1;

②特征点:双曲线的顶点 1;

③极限位置点:最高点 1,最低点 2、3,最前点 2,最后点 3(部分特殊点重合)。

根据点的投影规律,作出 1、2、3 点的侧面投影。

(2)一般位置点:一般点 4、5、6、7 的投影用辅助纬圆法求得。

(3)判断可见性并依次光滑连接各点,即得截交线的侧面投影。

2.3.4 球的截交线

圆球,无论怎么截切,截交线的形状都是圆,如图 2-25(a)所示。但是截平面相对投影面的位置不同,截交线的投影一般有三种形状:椭圆、直线、圆,如图 2-25(b)所示。

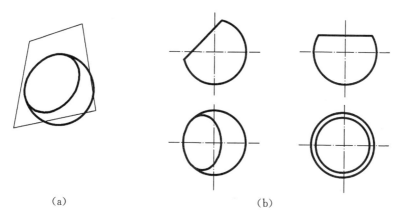

(a) (b)

图 2-25 球的截交线及投影

【例 2-12】求作半圆球开槽后的投影。

分析 半球开通槽实际上是由两个侧平面和一个水平面截切形成的,如图 2-26(a)所示。它们和半圆球表面的交线都是圆弧,这些圆弧的正面投影具有积聚性为已知,只需求作它们的水平投影和侧面投影。其作图的关键在于正确选取截交线圆弧的半径。

作图 侧平面截切球的截交线是圆弧,其水平投影积聚成直线,侧面投影为圆弧,注意半径。水平面截切球的水平投影是圆弧,利用纬圆可以作出其侧面投影,如图 2-26(b)所示。

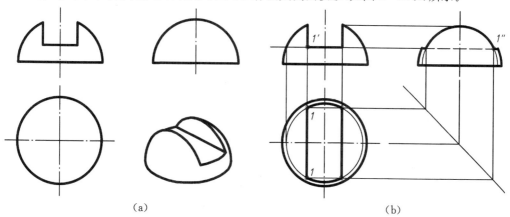

(a) (b)

图 2-26 半球开槽的截交线

2.4 回转体的相贯线

相贯:两立体相交称为相贯。

相贯线:相交两曲面立体表面的交线叫作相贯线,如图 2-27 所示。

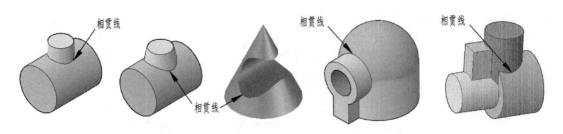

图 2-27 相贯线

2.4.1 相贯线的性质

(1)相贯线是两相交回转体表面的共有线,线上所有点都是两相交回转体表面的共有点。这是求相贯线投影的作图依据和方法。求相贯线投影即求立体表面的共有点的投影;相贯线一般是封闭的空间曲线。

(2)相贯线的形状决定于回转体的形状、大小以及两回转体的相对位置(一般情况下相贯线是空间曲线,特殊情况下为平面曲线或直线)。

常用的相贯线上点的投影的作图方法有:利用圆柱的积聚性和利用辅助平面。

相贯线的作图过程:

先找特殊点的投影,相贯线的特殊点为转向轮廓线上的点和极限位置点;然后求一般位置点的投影,具体做法是回转体表面取点;最后判断可见性,将曲线光滑地按顺序连接起来并加深。

2.4.2 圆柱与圆柱相贯

【例 2-13】两圆柱正交相贯如图 2-28 所示,已知水平投影和侧面投影,求正面投影。

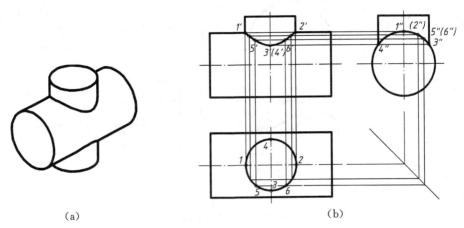

(a)　　　　　　　　　　　　(b)

图 2-28 两圆柱正交相贯线

分析

(1)特殊点:利用圆柱的积聚性特点,作出小圆柱和大圆柱的对正面转向轮廓线上的点1、2,小圆柱对侧面转向轮廓线上的点 3、4。极限位置点和转向轮廓线上的点重合。

(2)一般点:5、6 两点为一般位置点,利用水平投影和侧面投影的积聚性求出。可以类似地多取几个点,以便光滑连接。

(3)判别可见性,光滑连接。因为圆柱正交,所以后面的虚线和前面的实线完全重合。

(4)整理相贯立体在各投影中的投影轮廓线,擦去不要的线(特别注意 1、2 两点之间大圆柱的轮廓线)。

2.4.3　两圆柱正交相贯的基本形式及其投影特点

圆柱与圆柱的相贯线的形状,取决于立体的大小和相对位置,与两柱是叠加还是挖切没有关系,如图 2-29 所示,当两圆柱的直径和相对位置一样时,相贯线形状完全一样。

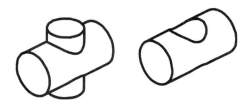

图 2-29　两圆柱的相贯线

当圆柱直径相对大小发生变化时,相贯线的变化趋势如图 2-30 所示。

水平圆柱的直径大于垂直圆柱的直径,相贯线弯向小圆柱,凸向大圆柱,如图 2-30(a)所示,直径差越小,最低点越接近两圆柱轴线的交点投影位置;当两圆柱直径相等时,相贯线的最低点为切点,投影与两轴线的交点重合,如图 2-30(b)所示,此时相贯线变成特殊的平面曲线——椭圆;当垂直的圆柱直径继续变大,相贯线变成如图 2-30(c)所示。

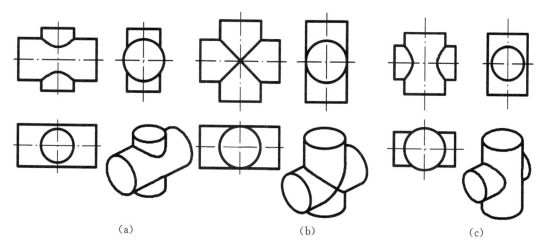

　　　(a)　　　　　　　　　　　　　(b)　　　　　　　　　　　　　(c)

图 2-30　正交圆柱直径变化的相贯线

2.4.4　辅助平面法作相贯线

当不能使用积聚性求得相贯线投影的时候,就需要利用辅助平面来绘制相贯线。这也是求两回转体相贯线的一般方法:利用辅助平面上及相交两立体表面三面共点的原理,求相贯线投影。举例说明如下。

【例 2-14】求圆柱和圆锥台相交的相贯线。

作图　一轴线垂直于正平面的四分之一圆柱与一轴线垂直于水平面的圆台相贯如图 2-31 所示。其中 1、2 两个转向轮廓线上的点很容易作出。求圆锥对侧面转向轮廓线上的点,过圆台轴线作一辅助侧平面与圆锥的交线为两直线,与圆柱相交一条直线,如图2-32(a)所示,找到圆锥对侧面转向轮廓线上的 3、4 两点,作出其另外两投影;作一辅助水平面与圆锥截交一个圆、与圆柱截交一条直线如图2-32(b)所示。这两条截交线的交点必为两立体表面的共有点,即为相贯线上的点,它既在辅助平面上的同时又在圆柱和圆锥表面上,所以是三面共点。同理作出若干点,依次连接可得到所求的相贯线如图 2-33 所示。

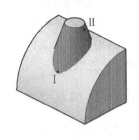

图 2-31　圆柱与圆台相贯

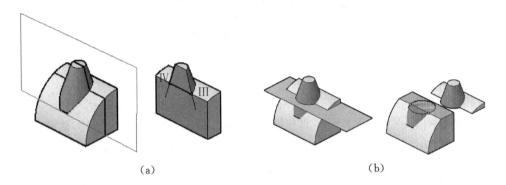

（a）　　　　　　　　　　　　（b）

图 2-32　辅助平面法求相贯线的点

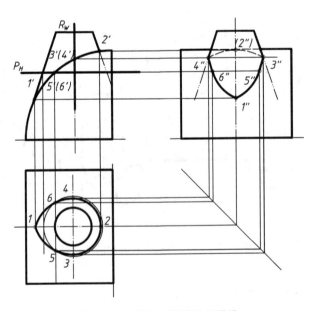

图 2-33　圆柱与圆锥的相贯线

选择辅助平面的原则:使辅助平面与两回转面的交线为能够准确画出的圆或直线。

【例 2-15】求圆台和半球的相贯线。

作图　作图方法与上例一样,如图 2-34 所示。

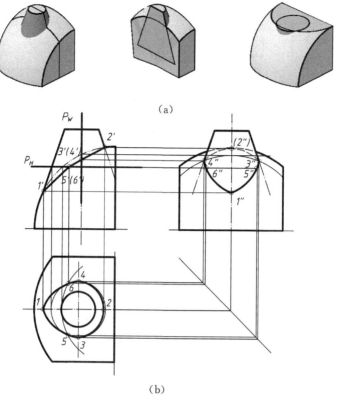

图 2-34　圆台和球的相贯线

2.4.5　特殊的相贯线

两回转体相交,其相贯线一般为空间曲线,但在特殊情况下也可是平面曲线(圆、椭圆)或直线。

(1)具有公共回转轴的两回转体相贯时,相贯线为垂直于公共回转轴线的圆,如图2-35所示。

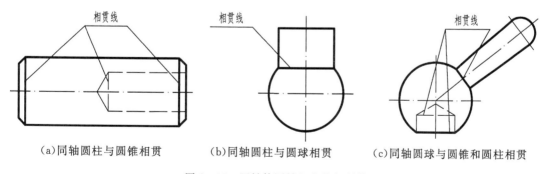

(a)同轴圆柱与圆锥相贯　　　(b)同轴圆柱与圆球相贯　　　(c)同轴圆球与圆锥和圆柱相贯

图 2-35　回转体同轴相交的相贯线

(2)具有公共内切球的两回转体相贯时,相贯线为椭圆。该椭圆在两回转体轴线所公共平行的那个投影面上的投影积聚为直线,如图2-36所示。

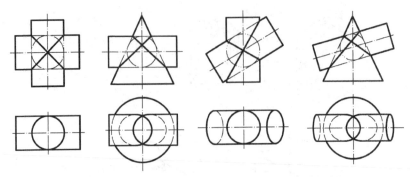

图 2-36　共切于同一个球面的圆柱、圆锥的相贯线

　　（3）轴线相互平行的两圆柱相贯，如图 2-37 所示。有公共锥顶的两圆锥相贯时，相贯线为直线，如图 2-38 所示。

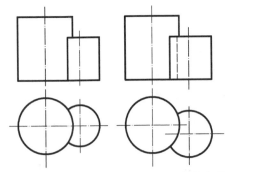

图 2-37　轴线相互平行的两圆柱相贯

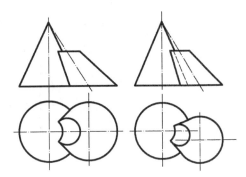

图 2-38　共锥顶的两圆锥相贯

2.4.6　相贯线的简化画法

　　两圆柱轴线正交相贯且直径不相等时，在不致引起误解的情况下，允许采用简化画法。作图方法是：以相贯两圆柱中较大圆柱的半径为半径，以圆弧代替相贯线的投影，如图 2-39 所示。

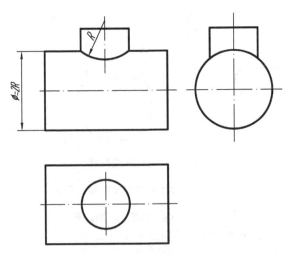

图 2-39　相贯线的近似画法

第3章 组合体

3.1 组合体的形体分析及画图方法

3.1.1 组合体的组合形式

机器零件大多可看成是由棱柱、棱锥、圆柱、圆锥、球等基本几何体组合而成。在本课程中,把由基本几何体按一定形式组合起来的形体统称为组合体。为了便于分析,按形体组合特点,将它们的形成方式分为以"叠加"为主和以"切割"为主的两种基本形式。

3.1.2 组合体的连接关系

无论哪种形式构成的组合体,各基本体之间都有一定的相对位置及表面连接关系,分析表面连接关系的意义在于画图时正确处理组合体各部分结合处的图线。

【例3-1】在如图3-1所示的组合体中,容易出现一些错误,请改正。

作图并分析组合体中形体表面之间的关系,有以下4个要点:

(1)两立体结合时,内部不画线,如图3-1中的1处;

(2)当两形体表面平齐时,结合处不存在分界线,图上就不应有线,如图3-1中的2处;反之,当两形体表面不平齐时,其间必定有分界线,图上必须画出线;

(3)当两形体表面彼此相交,则表面必须画出交线,如图3-1中的3处的主视图;

(4)当两形体表面彼此相切,则表面不能画出切线,如图3-1中的4处的主视图;

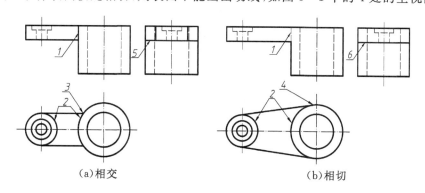

(a)相交　　　　　　　　　　　(b)相切

图3-1　组合体

另外注意5、6两处没有线,修改错误,正确答案如图3-2所示。

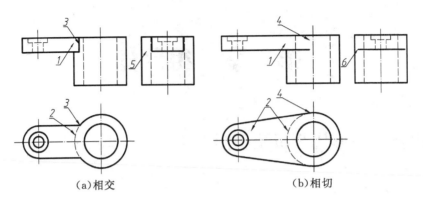

（a）相交　　　　　　　　　　　（b）相切

图 3-2　组合体答案

3.1.3　组合体三视图的画法

1. 以叠加为主的组合体视图的画法

形体分析法：假想将复杂的立体分解为若干个简单的形体，并分析各部分的形状、组合形式、相对位置以及表面连接关系，这种方法称为形体分析法，是画图、尺寸标注和读图的基本方法。

【例 3-2】绘制如图 3-3 轴承座合体的三视图。

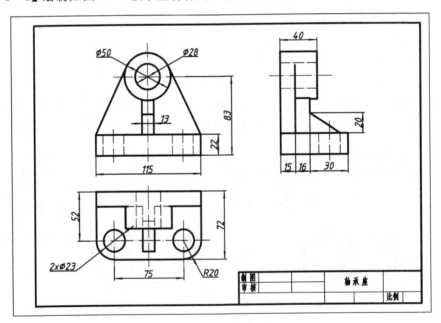

图 3-3　轴承座组合体

作图

（1）形体分析：轴承座是由下部长方体底板（挖了两个孔并圆角）、上部大圆柱（挖去小圆柱）、中间相切连接立板和肋板四部分组成；基本按照以叠加为主的组合体画图。

（2）选择主视图：选择最反映特征的方向并平稳放置，确定画图比例、图幅。

（3）布图：三个视图均匀分布，绘制布图定位线如图 3-4 所示。

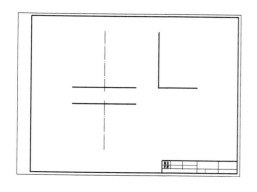

图 3-4　布图

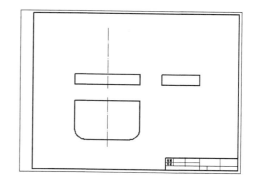

图 3-5　绘制底板

（4）画组合体的三视图，分部分绘制，三个视图一起同时绘制。

①绘制底板的三视图，长方体、切去两个圆角，如图 3-5 所示；绘制小孔中心线，挖去两个小圆孔，如图 3-6 所示；

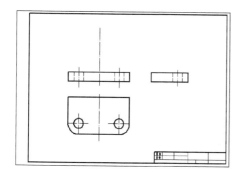

图 3-6　绘制底板小孔

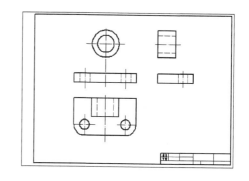

图 3-7　绘制圆柱体及孔

②绘制上面的大圆柱的三视图，再绘制挖去同心圆孔的三视图（注意虚线），如图 3-7 所示；

③绘制立板，与圆柱相切、与底板对齐，如图 3-8 所示；

④绘制肋板的三个视图，先绘制最具有特征的左视图，注意与圆柱相交的交线，以及结合部的虚线的画法，如图 3-9 所示，完成三视图；

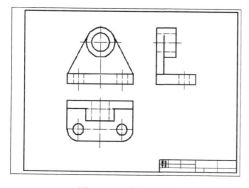

图 3-8　绘制立板

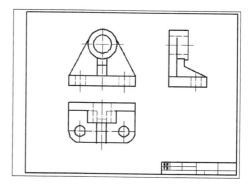

图 3-9　绘制肋板

⑤加深：擦去多余线条，加深所有线，先粗后细、先曲后直、先上后下、先左后右；所有线

一样加黑，特别注意细点画线。

2. 以切割为主的组合体视图的画法

对于以切割为主的组合体，可以按切割顺序依次画出切去每一部分后的三视图。

【例 3 - 3】绘制图 3 - 10 所示组合体的三视图。

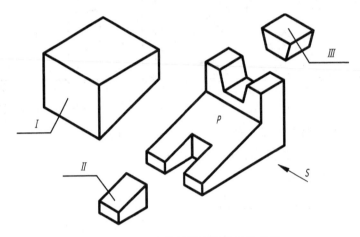

图 3 - 10　组合体的轴测图及形体分析

步骤

（1）形体分析。该组合体是在四棱柱中，在左上角切去一个形体 I，在左下角中间挖去一个形体 II，再在右上方中间挖去一个形体 III 形成的。画图时，注意分析每当切割掉一块形体后，在组合体表面所产生的交线及其投影。

（2）选择主视图。选择图 3 - 10 中箭头所指的方向为主视图的投射方向。

（3）画图步骤如图 3 - 11 所示。

（4）选比例定图幅。

（5）布置视图位置。

（6）画底稿。如图 3 - 11 的（a）～（d）所示，先画四棱柱的三视图，再分别画出切去形体 I、II、III 后的投影。注意画图时，应从形体特征明显的投影开始画起。

（7）检查、加深。除检查形体的投影外，主要还是检查面形的投影，特别是检查斜面投影的类似形。例如图 3 - 11 中的平面 P 按图示方向投影为一正垂面，则 P 面的主视图积聚为一直线，俯、左视图为类似形，如图 3 - 11（e）所示。图 3 - 11（f）为最后加深的三视图。

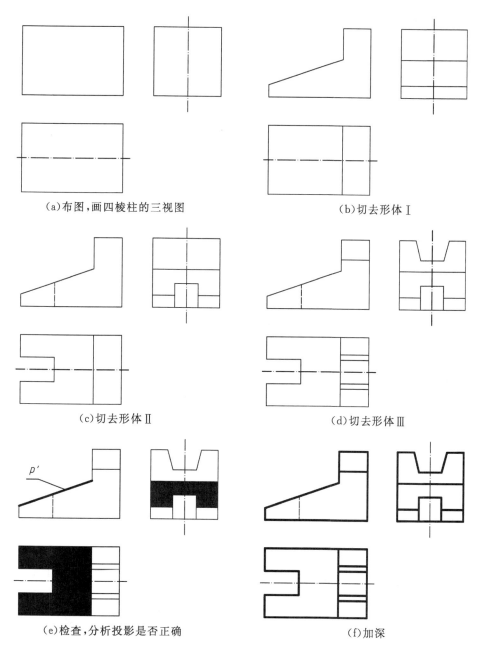

(a)布图,画四棱柱的三视图　　　　　　　(b)切去形体Ⅰ

(c)切去形体Ⅱ　　　　　　　　　　　　(d)切去形体Ⅲ

(e)检查,分析投影是否正确　　　　　　　(f)加深

图 3-11　画组合体三视图的步骤

3.2　组合体的尺寸标注

　　视图只能反映物体的形状,而物体的大小以及物体上各组成部分的相对位置则要由图中的尺寸来确定。尺寸是加工的依据,是装备精度的保障。

　　组合体是由基本体组成,要掌握组合体的尺寸标注,必须先掌握一些基本形体的尺寸标注。

1. 基本几何体的尺寸标注

标注立体的尺寸,一般要注出长、宽、高三个方向的尺寸。图 3－12 是几种常见立体的尺寸标注示例。值得注意的是,当完整地标注了尺寸之后,圆柱、圆台俯视图不用画也能确定它们的形状和大小;正六棱柱的俯视图中的正六边形的对边尺寸和对角尺寸只需标注一个,如有特殊需要都注上,其中一个作为参考尺寸而在尺寸数字上加括号注出。

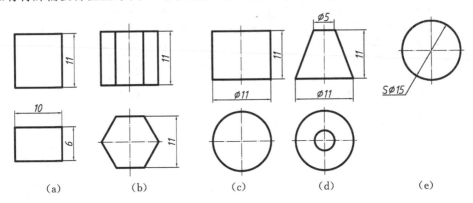

图 3－12　基本立体的尺寸标注示例

2. 截切立体和相贯立体的尺寸标注

对具有截面和切口的立体,除了注出立体的定形尺寸外,还应注出截平面的定位尺寸。标注两个相贯立体的尺寸时,则注出两相贯立体的定形尺寸和确定两相贯立体之间相对位置的定位尺寸。

由于截切平面与立体的相对位置确定后,立体表面的截交线也就被唯一确定,因此,对截交线不应再标注尺寸。同样,当两相贯立体的大小和相互间的位置确定后,相贯线也相应地确定了,也不应该再对相贯线标注尺寸。

图 3－13 是一些常见的截切和相贯立体的尺寸标注示例。图 3－13(a)中所注为定位尺寸;图 3－13(b)中所注为键槽的国标标注尺寸;图 3－13(c)和图 3－13(d)中,注出截交线尺寸 10 和 8 是错误的,图 3－13(e)中,注出了相贯线尺寸 $R6$ 也是错误的。

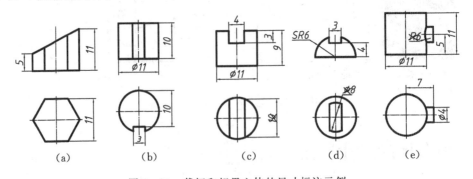

图 3－13　截切和相贯立体的尺寸标注示例

3. 常见板状形体的尺寸标注

图 3－14 是常见板状形体的尺寸标注示例。

要特别指出,有些尺寸的标注方法属规定标注方法,如图 3－14(a)所示底板的 4 个圆角,不管与小孔是否同心,均需注出底板的长度和宽度尺寸,圆角半径以及 4 个小孔的长度和宽度方向的定位尺寸。4 个直径相同的圆孔采用 4× 表示,而 4 个半径相同的圆角则不采用 4×R,仅标出一个 R,其余省略,如图 3-14(b)所示。当板状形体的端部是与板上的圆柱孔同轴线的圆柱面时,规定仅注出圆柱孔轴线的定位尺寸和外端圆柱面的半径 R,而不再注出总长尺寸,并且也不再标注总宽尺寸。

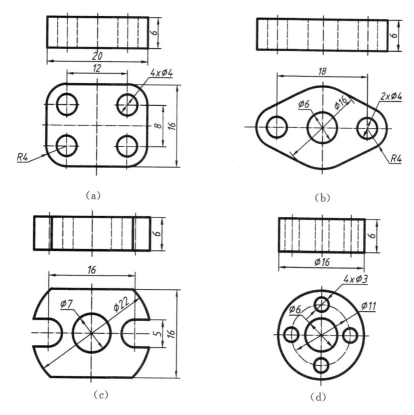

(a)　　　　　　　　　　　(b)

(c)　　　　　　　　　　　(d)

图 3-14　常见板状形体的尺寸标注示例

4. 组合体的尺寸标注

尺寸分为三种:定形尺寸、定位尺寸和总体尺寸。标注组合体尺寸的一般步骤是:先标定形尺寸,再标定位尺寸,最后整理总体尺寸。

组合体尺寸标注的要求:符合国标、正确(数值和标注形式)、完整 、清晰、合理。

标注的尺寸要做到:

(1)尽可能将尺寸注在反映基本形体形状和位置特征最明显的视图上;

(2)为使图面清晰,尺寸尽量注在视图之外;

(3)两视图的相关尺寸应尽量注在两个视图之间;

(4)尽量不要在虚线上标注尺寸。

【例 3-4】以如图 3-15 所示轴承座为例,标注尺寸和绘图的顺序一样,按四个形体进行标注。

步骤

(1)底座长方体的定形尺寸:长 115、宽 72、高 22,加圆角 R20;其中的 2 个圆柱孔定形尺寸直径 2× 23,定位尺寸 75 和 52；

（2）圆柱的定形尺寸：上部大圆柱直径 50、小圆柱直径 28 和圆柱的长度 40；高度定位尺寸 83（即 22＋61）；

（3）立板的长由底板决定，上部由相切关系决定，高度取决于大圆柱的定位尺寸，所以只需要标注厚度 15；

（4）肋板的定形尺寸：长度 16、高度 20、宽度 13，其他的取决于连接关系。

最后标注总体尺寸：115（总长）、72（总宽）、83（总高，注意当端部是圆或者圆弧时，总体尺寸标注到圆心），因为已经都有了，就不用重复标注了。如果前面大圆柱的定位尺寸从底板上面标的 61，即需要修改，去掉 61，标注 83 总高。

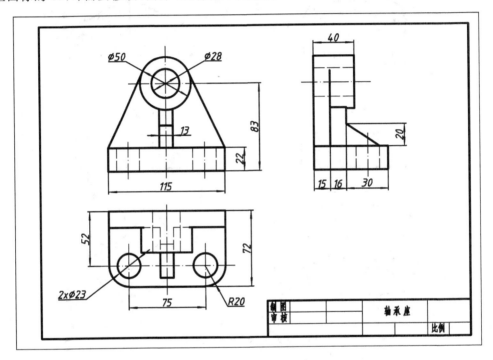

图 3-15　轴承座的尺寸

3.3　组合体的读图

3.3.1　读图必备的知识

（1）三视图的投影规律：几个视图联合分析，抓住形体特征。

（2）基本几何体的投影：熟练掌握棱柱、棱锥、圆柱、圆锥、球等的投影。

（3）线面的投影特性，视图中的线框可能由以下原因产生：

①平面的投影；②曲面的投影；③复合面的投影；④孔洞的投影。

（4）视图上图线的意义，可能由以下原因产生：

①平面的交线；②面的积聚性投影；③回转体的轮廓线。

3.3.2　读图的几个注意点

建立一个"柱"的概念:一个视图是平面图形(底面形状),也就是特征图,另外两个投影是矩形(高度),如图 3-16 所示。读图的时候,要先看特征图,由此很容易想出其形状,可以称其为广义的柱(拉伸体)。

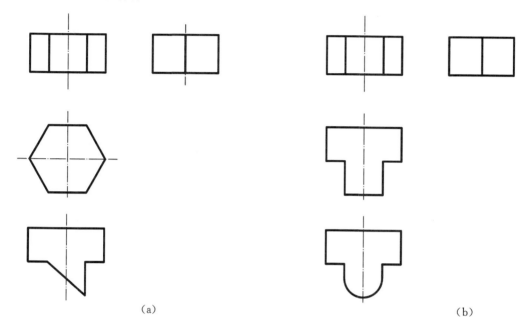

（a）　　　　　　　　　　　　　　　　　　　　（b）

图 3-16　广义的柱平面图

(1)判断叠加还是挖切(只看一个图不行)。如图 3-17 所示,不能只看主视图和俯视图,还要看左视图,判断两个圆柱是叠加还是挖切。

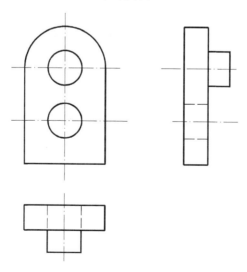

图 3-17　叠加挖切圆柱

　　注意可见性：如图 3-18 所示平面立体，两组视图的俯视图和左视图一样，必须根据主视图实线和虚线，判断挖切位置。

　　（2）特殊平面的位置。特殊平面特指两种：一是投影面的平行面，在其所平行的平面中，投影是实形，另外两个投影积聚成一条直线；二是投影面的垂直面，在其所垂直的平面中，投影积聚成一条倾斜于投影轴的直线，另外两个投影是类似形。

　　（3）一般位置直线。一般为两个投影面垂直面的交线，习惯称为双斜线。其在两个投影中都是斜线，在第三个投影中也是斜线，可以找出直线的两个端点分别投影，连接投影点作出直线的投影。

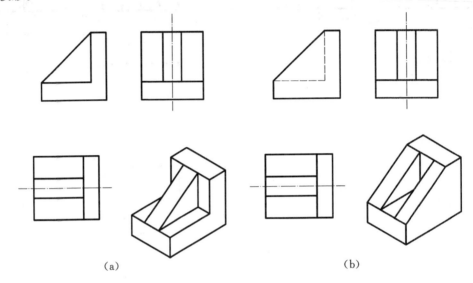

（a）　　　　　　　　　　　　　　　　　　　（b）

图 3-18　平面立体的挖切位置

3.3.3　读图的基本方法

1.形体分析法

　　（1）看视图，分线框。根据视图之间的投影关系，可大致看出整个立体的构成情况。然后选取反映立体结构特征最明显的视图（一般选取主视图）分成几个线框。每个线框都是一个基本几何体（或简单立体比如"柱"）的投影。这是分析叠加类组合体的常用方法。

　　（2）对投影，定形体。根据投影规律（长对正、高平齐、宽相等），逐一找出各线框的其余两投影。将每个线框的各个投影联系起来，按照基本几何体的投影特点，确定出它们的几何形状。

　　（3）综合起来想整体。确定了各个线框所表示的立体后，再根据视图去分析各基本几何体（或简单立体）的相对位置和表面关系，即可以想象出整个立体的结构形状。

　　例如，如图 3-19 所示，将主视图分为四个线框，很容易地对应其他投影确定其各个部分的形体，如图 3-20 所示，综合起来想出总体如图 3-21 所示。

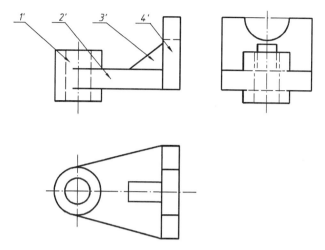

图 3-19　看视图分线框

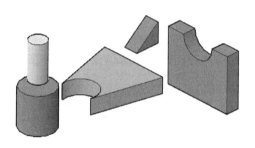

图 3-20　对投影定形体

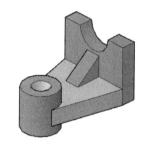

图 3-21　综合起来想整体

例如,如图 3-22 所示,该例子是常见的典型层次题目。已知主俯两个视图,求左视图。先将主视图分为 3 个线框,再对应俯视图 3 个线框,由此很容易对应其他投影确定其各个部分的形体,如图 3-23 所示。考虑孔和前面立体的细节,综合起来想出总体平面图如图 3-24所示,立体图如图 3-25 所示。

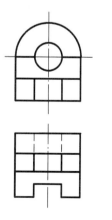

图 3-22　层次例题

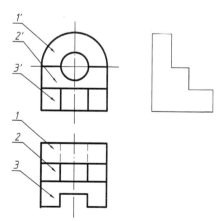

图 3-23　看视图分线框

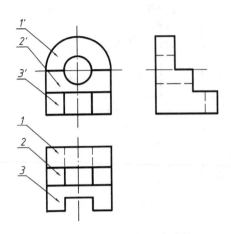

图 3-24　对投影定形体　　　　　图 3-25　综合起来想整体

2. 线面分析法

每一个立体都是由面(平面或曲面)围成的,各立体表面相交构成直线。线面分析法是指:分析立体的面、线的形状和相对位置,进而确定立体形状的方法。

对于采用挖切方式形成的组合体,仅用形体分析法往往难以读懂,尚需在形体分析的基础上辅助以线面分析法读图。

(1)看视图,分线框。一个线框表示一个平面或曲面;一条图线表示面与面交线的投影、曲面转向轮廓线或者有积聚表面的投影;视图中两线框如有公共边界则表示两个面是相交的或错开的。

(2)对投影,定形体。投影上每个线框代表立体上的一个表面。通过对应另外两个投影可以看出其面的特性。

(3)分析特殊线段。通过绘制垂直面和找点求一般位置直线。

【例 3-5】已知平面立体两个视图,如图 3-26 所示,求俯视图。

作图　首先将主视图分为两个线框,如图 3-27 所示;对应左视图投影对应同高的线,如图 3-28 所示,找出对应的线面;综合起来想出总体如图 3-29 所示,投影面的平行面和垂直面及一般位置直线,检验是否正确。

编者感觉该线面分析法不是很好理解的方法,本书作者通过多年的教学和设计经验总结一个全新的线面作图方法,可以非常容易并准确地绘制出平面立体的第三个视图,举例说明如下。

  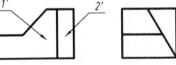

图 3-26　平面立体的两个视图　　　　　图 3-27　看视图分线框

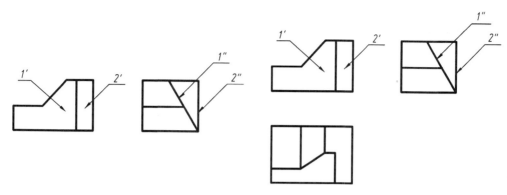

图 3-28 对投影分析对应线面   图 3-29 定形体并分析特殊线面

【例 3-6】已知两个视图求第三视图是检验是否掌握读图的方法,分析如图 3-30 所示的主视图和左视图,并画出其俯视图。

作图 (1)作出所求投影的平行面。如求水平投影,即先作出所有的水平面,其在水平面的投影都是反映真实形状的矩形,如图 3-31 所示:面 1 为底面水平面、面 2 为槽底水平面,面 3 为顶面水平面。

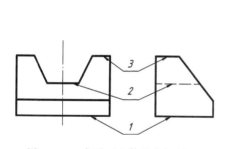

图 3-30 求平面立体的俯视图

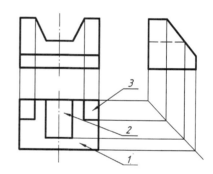

图 3-31 作出水平面的投影

(2)作出双斜线。通过找点作出一般位置直线 AB(双斜线:正垂面 Q 和侧垂面 P 的交线),如图 3-32 所示。

(3)判断正确性。在水平投影中找出正垂面 Q 和侧垂面 P 的类似形,确定绘图的正确性,如图 3-33 所示。

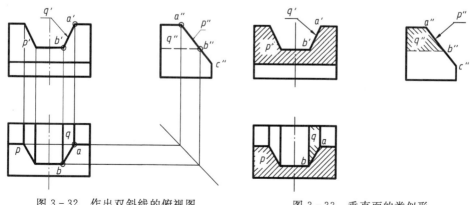

图 3-32 作出双斜线的俯视图   图 3-33 垂直面的类似形

3.4 轴测图

3.4.1 轴测图的形成

将物体连同确定该物体的空间直角坐标系一起,用平行投影法沿不平行于任意坐标平面的方向投射在投影面 P（称为轴测投影面）上,所得到的图形称为轴测投影或轴测图。用正投影方法形成的轴测图称为正轴测图,如图 3-34 所示;用斜投影法形成的轴测图称为斜轴测图,如图 3-35 所示。

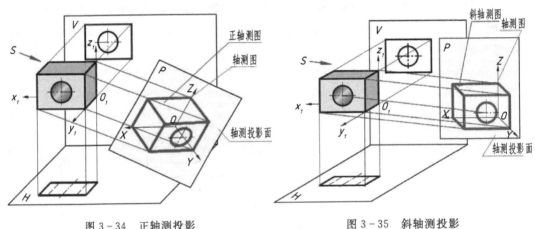

图 3-34　正轴测投影　　　　　　图 3-35　斜轴测投影

3.4.2 轴测图的轴间角和轴向伸缩系数

如图 3-34 所示,物体上空间直角坐标系的坐标轴在轴测投影面 P 上的投影 OX、OY、OZ 称为轴测轴,简称 X 轴、Y 轴和 Z 轴。它们之间的夹角 $\angle XOY$、$\angle XOZ$ 和 $\angle YOZ$ 称为轴间角。轴向伸缩系数定义为轴测轴上的线段与空间坐标轴上对应线段的长度之比。X、Y、Z 轴的轴向伸缩系数分别用 p_1、q_1、r_1 表示。

3.4.3 轴测图的分类

根据三个轴向伸缩系数是否相等,正轴测图和斜轴测图各自又可分为三种:正等测、正二测、正三测及斜等测、斜二测和斜三测。其中,正等轴测图具有作图相对简单、立体感较强等优点,在工程上得到广泛应用。

3.4.4 轴测图的投影规律

轴测图是用平行投影法得到的,因此其具有平行投影的基本规律,即

(1)平行性。立体上相互平行的线段,在轴测图上仍互相平行。

(2)定比性。立体上平行于坐标轴的线段,在轴测图中也平行于坐标轴,且其轴向伸缩系数与该坐标轴的轴向伸缩系数相同;该线段在轴测图上的长度等于沿该轴的轴向伸缩系数与该线段长度的乘积。

　　由此可见,在绘制轴测图时,立体上平行于各坐标轴的线段,在轴测图上也平行于相应的轴测轴,且只能沿轴测轴的方向、按相应的轴向伸缩系数来度量,沿轴测轴方向可直接测量作图就是"轴测"二字的含义。

3.4.5　正等轴测图的画法

　　一般将 Z 轴画成垂直方向。正等轴测图的轴间角 $\angle XOY = \angle YOZ = \angle XOZ = 120°$,轴向伸缩系数 $p_1 = q_1 = r_1 = 0.82$。为简便起见,常采用简化的轴向伸缩系数等于 1 作图(即 $p = q = r = 1$),如图 3-36 所示。这样,物体上平行于坐标轴的线段,在轴测图上均按真实长度绘制。此时,画出的正等轴测图比实际物体放大了约 $1/0.82 \approx 1.22$ 倍,但形状保持不变。

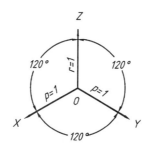

图 3-36　正等测的轴间角及简化轴向伸缩系数

3.4.6　立体正等轴测图的画法

1.平面立体正等轴测图的画法

　　绘制平面立体正等轴测图的基本方法是按照"轴测"原理,根据立体表面上各顶点的坐标确定其轴测投影,连接各顶点即完成平面立体轴测图的绘制。对立体表面上平行于坐标轴的轮廓线,可在该线上直接量取尺寸,如图 3-37 所示。实际绘图时还可根据物体的形状、特征采用切割或组合的方法,并且这些方法也适用于其他种类的轴测图。

　　下面举例题说明平面立体正等轴测图的画法。

　　【例 3-9】作出图 3-37(a)所示正六棱柱的正等轴测图。

　　分析　在绘制轴测图时,确定恰当的坐标原点和坐标轴是很重要的,原则是作图简便,这样可以减少不必要的作图线。针对图 3-37(a)所示的正六棱柱,将坐标原点选在顶面的中心比较方便。

　　作图　具体绘制步骤如下:

　　(1)在已知视图上选取坐标原点和坐标轴,如图 3-37(a)所示;

　　(2)画轴测轴,并根据俯视图定出 A_1、D_1、G_1 和 H_1 点,如图 3-37(b)所示;

　　(3)过 G_1、H_1 两点作 OX 轴的平行线,按 X 坐标求得 B、C、E、F 点,并依次连接 A、B、C、D、E、F 各点,即得顶面的正等轴测图,如图 3-37(c)所示;

　　(4)将顶面各点向下平移距离 h,得底面轴测投影,依次连接各点如图 3-37(d)所示;

　　(5)擦去多余的作图线,加深可见轮廓线,即完成正六棱柱正等轴测图的绘制如图 3-37(e)所示。

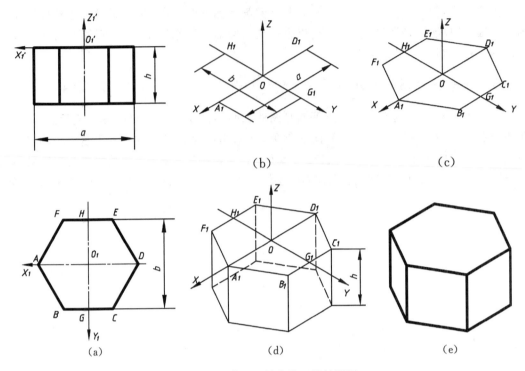

图 3 - 37　作正六棱柱的正等轴测图

【例 3 - 10】作出图 3 - 38(a)所示垫块的正等轴测图。

分析　垫块是比较简单的平面组合体，可将其看成是从长方体上先切去一个三棱柱，再从前上方切去一个四棱柱后形成的。

作图　具体绘制步骤如下：

(1)在已知视图上选取坐标原点和坐标轴，如图 3 - 38(a)所示。

(2)画轴测轴，根据立体的长、宽、高画出长方体的轴测图如图 3 - 38(b)所示。

(3)切去位于立体左上方的三棱柱，根据相应尺寸画出其轴测图如图 3 - 38(c)所示。

(4)再切去前上方的四柱，画出其轴测图如图 3 - 38(d)所示；

(5)擦去多余的作图线，加深可见的棱边，完成全图如图 3 - 38(e)所示。

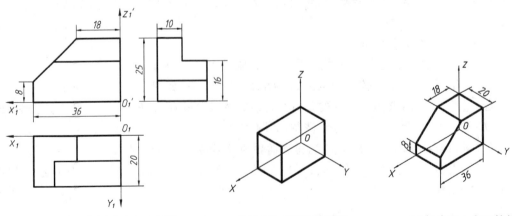

(a)在三视图中确定坐标轴　　　(b)画长方体的轴测图　　　(c)切去左上方三棱柱

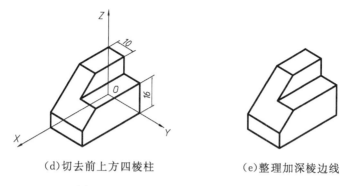

（d）切去前上方四棱柱　　　　　　（e）整理加深棱边线

图 3-38　垫块正等轴测图的绘图步骤

3.4.7　曲面立体正等轴测图的画法

1. 平行于坐标面的圆的正等轴测图的画法

（1）圆的正等轴测性质。

根据轴测图的形成原理可知,平行于坐标平面的圆的正等轴测图为椭圆,如图 3-39 所示,平行于 XOY 面的圆的正等轴测图(椭圆)的长轴垂直于 Z 轴,短轴则平行于 Z 轴;平行于 YOZ 面的圆的正等轴测图的长轴和短轴分别垂直和平行于 X 轴;而平行于 XOZ 面的圆的正等轴测图的长轴垂直于 Y 轴,短轴则平行于 Y 轴。这三个椭圆的形状和大小完全相同,但方向不同。

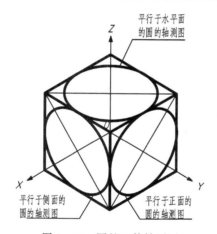

图 3-39　圆的正等轴测图

（2）平行于 XOY 面的圆的正等轴测图的近似画法。

为简便作图,平行于 XOY 面的圆的正等轴测图(椭圆)常采用近似画法,即菱形法。现以图 3-40(a)所示的平行于 $X_1O_1Y_1$ 面的圆的正等轴测投影为例,来说明这种近似画法。

具体的作图过程如下:

①作圆的外切正方形如图 3-40(a)所示;

②作轴测轴和切点 A、B、C、D,通过这些点作外切正方形的轴测菱形,并作对角线,如图 3-40(b)所示;

③过切点 A、B、C、D 作各相应边的垂线,相交得 O_1、O_2、O_3、O_4 点。O_1、O_2 即是短轴对角线上的顶点,O_3、O_4 在长轴对角线上(如图 3-40(c)所示);

④以 O_3、O_4 为圆心,O_3D 为半径作圆弧 $\overset{\frown}{AD}$、$\overset{\frown}{BC}$;以 O_1、O_2 为圆心,O_1A 为半径作圆弧 $\overset{\frown}{AB}$、$\overset{\frown}{CD}$,即完成圆的正等轴测图(如图 3-40(d)所示)。

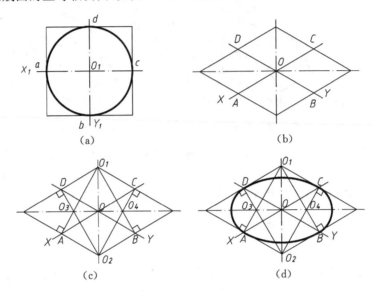

图 3-40　正等轴测圆的近似画法

2. 回转体的正等轴测图的画法

掌握了平行投影面圆的正等轴测画法,就不难画出回转体的正等轴测图。

【例 3-11】作出图 3-41(a)所示圆柱的正等轴测图。

作图　具体绘制步骤如下:

(1)选定坐标原点和坐标轴如图 3-41(a)所示;

(2)画轴测轴,用菱形法先画出顶面圆的正等轴测图——椭圆,将顶面椭圆的各段圆弧的圆心向下平移一个圆柱高度,画出底面椭圆的可见部分,如图 3-41(b)所示;

(3)作上下椭圆的公切线即轴测投影的转向轮廓线,擦去多余的作图线,并加深轮廓线即完成全图,如图 3-41 (c)所示。

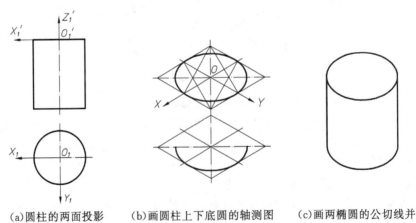

(a)圆柱的两面投影　　(b)画圆柱上下底圆的轴测图　　(c)画两椭圆的公切线并
　　　　　　　　　　　　　　　　　　　　　　　　　　　擦去辅助线后加深

图 3-41　圆柱的正等轴测图

3.圆角的正等轴测图的画法

物体上的圆角是圆周的四分之一。从平行于坐标面的圆的正等轴测图的画法中可以得出圆角的正等轴测投影的画法。

现以图 3-42(a)所示立方体上的两圆角为例,介绍圆角的正等轴测图的画法。具体方法如下:

(1)在立方体顶部平面上,由角顶在两条夹边上量取圆角半径得到切点,过切点作相应边的垂线,以其交点为作图圆心,以该交点到切点的距离为半径画圆弧(如图 3-42(b)所示);

(2)将该圆弧的圆心向下平移板的厚度 h,即得底面上对应圆角的圆心,同样作底面上对应的圆弧即得该圆角的轴测投影(如图 3-42(c)所示);

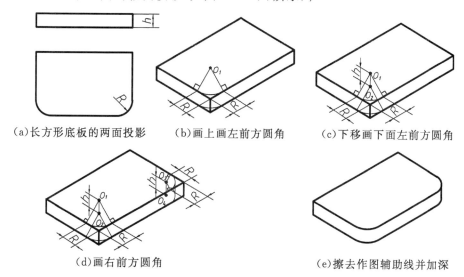

(a)长方形底板的两面投影　　(b)画上画左前方圆角　　(c)下移画下面左前方圆角

(d)画右前方圆角　　　　　　(e)擦去作图辅助线并加深

图 3-42　圆角的正等轴测图的画法

(3)以同样方法作立方体上另一圆角的轴测投影(如图 3-42(d)所示);

(4)作同一圆柱面内两圆弧的公切线,加深轮廓的可见部分,擦去多余的作图线,即完成图3-42(a)所示带圆角立方体的正等轴测图(如图 3-42(e)所示)。

3.4.8　组合体正等轴测图的画法举例

画组合体的正等轴测图时,先用形体分析法将组合体分解,再按分解的形体依次绘制。

【例 3-12】绘制如图 3-43 所示支架的正等测轴测图。

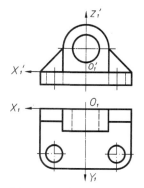

图 3-43　支架的两视图

分析　该支架由底板、立板及两侧两个三角筋板组成。底板上有两个圆角和两个小孔，立板上为半圆头带孔板，结构左右对称。

作图　作图步骤见图 3 - 44，具体如下：

(1)据形体分析，可取底板上平面的后边的中点为原点，确定轴测轴（如图 3 - 44(a)所示）；

(2)作底板及立板的正等轴测图，并在立板上绘制半圆柱体的轴测图（如图 3 - 44(b)所示）；

(3)作底板上两圆角及筋板的正等轴测图（如图 3 - 44(c)所示）；

(4)绘制底板及立板上圆孔的正等轴测图（如图 3 - 44(d)所示）；

(5)加深轮廓线可见部分，擦去多余作图线，即完成全图（如图 3 - 44(e)所示）。

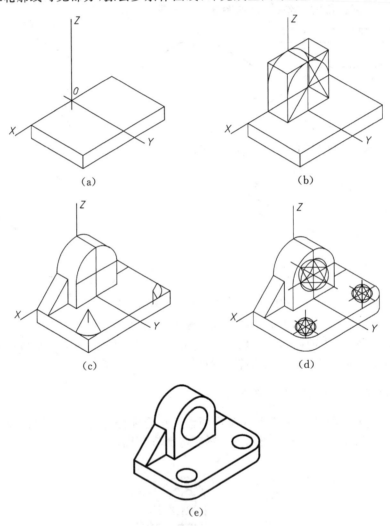

图 3 - 44　支架的正等轴测图的作图步骤

第4章 机件常用的表达方法

4.1 视图

4.1.1 六个基本视图

当机件复杂时,仅从三个方向投影表达,可能不能表达清楚其结构。为表达工程机件上下、左右和前后六个方向上的结构及形状,国家标准规定:将机件放置在一个由六面体的六个面组成的空盒中,用正投影的方法将机件向六个面进行投射,所得的六个视图称为基本视图,分别为主视图、后视图(由后向前投射)、左视图、右视图(由右向左投射)、俯视图及仰视图(由上向下投射)。

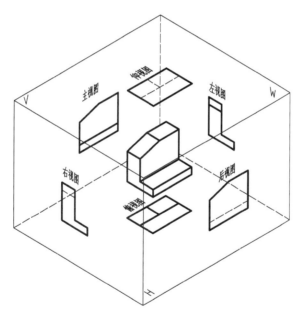

图 4 - 1 基本视图的形成

基本投影面展开的方法:保持正立投影面(主视投影面,即 V 面)不动,其余五个投影面按图 4 - 2 中箭头所示的方向旋转至与正立投影面共面。视图经展开后,各基本视图的配置如图 4 - 3 所示。在同一张图纸中,按展开位置配置各视图时,视图的名称可不标注。

六个基本视图之间仍符合"长对正,高平齐,宽相等"的三等投影规律,即

①主、俯、仰视图长对正(后视图与主、俯、仰视图长相等,但左右相反);

②主、左、右、后视图高平齐;

③俯、仰、左、右视图宽相等。

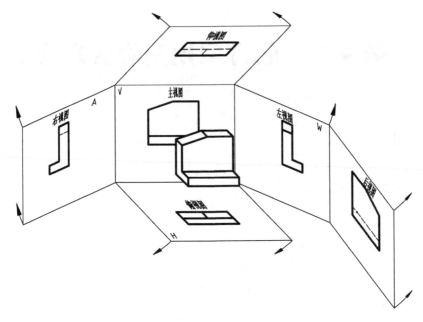

图 4-2　基本视图的展开

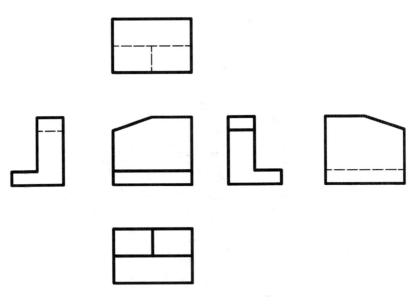

图 4-3　基本视图的配置

虽然有六个基本视图，但在选择工程机件的表达方案时，不是任何工程机件都需要画出六个基本视图。应根据其具体的结构特点，选用视图数量最少、又能清楚表达工程机件结构特征的方案。一般情况下应优先选用主、俯、左三视图。

4.1.2　其他辅助视图

1.向视图

有时为了合理利用图纸，视图不按图 4-3 进行配置，而采用自由配置的一种视图，这视图称为向视图。

　　向视图必须进行标注。标注方法是在视图相应位置的附近用箭头指明其投射方向,并在箭头旁注上大写的拉丁字母,同时在向视图的上方标注相同的字母,如图 4-4 所示。所要注意的是箭头应与基本投影面垂直,字母应水平注写,并尽量标在主视图的旁边。

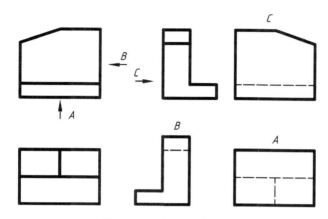

图 4-4　向视图及其标注

2. 局部视图

　　将机件的某一部分向基本投影面投射,所得的不完整的视图称为局部视图。当一些机件的结构较为复杂(如图 4-5(a)所示),采用一定数量的基本视图后还不足以表达清楚,或者在某个基本视图方向上仅有局部的特征需表达,没必要完全画出整个视图时,便可采用局部视图。

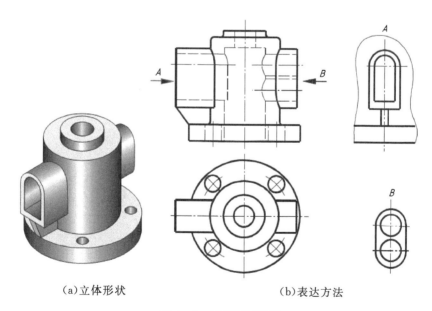

（a）立体形状　　　　　　　　　（b）表达方法

图 4-5　局部视图举例

　　采用局部视图时应注意:

　　(1)当局部视图按投影关系配置,中间又没有被其他图形隔开时,可不进行标注。否则,应对其进行标注,局部视图的标注与向视图相同。

（2）为看图方便，局部视图应尽量配置在其箭头所指的方向上，同时为布局的合理，也可以按向视图的形式进行配置。

（3）局部视图中，机件的断裂边界处要用细波浪线或双折线画出（如图 4－5(b)中的 A 向视图）。当局部结构外轮廓线呈完整的封闭图形时，波浪线可省略不画（如图 4－5(b)中 B 向视图）。

3. 斜视图

将物体向不平行于基本投影面的平面投射所得的视图，称为斜视图。当物体上有倾斜结构需要表达时，可采用斜视图来表达该倾斜结构的实形。

如图 4－6(a)所示的压紧杆三视图，不能表达倾斜部分圆柱面的真实形状。而且给画图带来很大麻烦。为表达其上倾斜结构的真实形状，更便于画图，可增加一个平行于该倾斜结构且垂直于某一基本投影面的新投影面 P，将倾斜结构向该新投影面 P 投影，再按投影方向将新投影面 P 旋转到基本投影面 V 上，可以得到斜视图（如图 4－6(b)所示）。

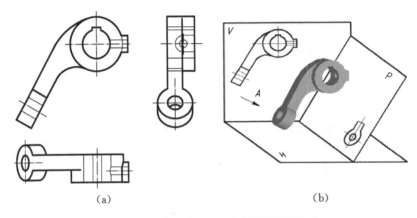

（a）　　　　　　　　　　　　　　　（b）

图 4－6　压紧杆的三视图及斜视图的形成

画斜视图时应注意：

（1）斜视图一般只用于表达机件上倾斜部分的实形，故其余部分可不画出，用细波浪线或双折线断开（如图 4－7(a)所示）。当局部结构的外轮廓线呈完整封闭的图形时，波浪线可省略不画。

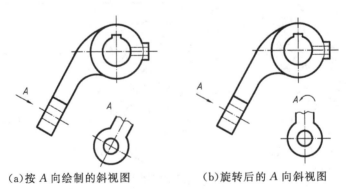

（a）按 A 向绘制的斜视图　　　　　　　　（b）旋转后的 A 向斜视图

图 4－7　斜视图的配置

（2）斜视图一般按投影关系配置，必要时可配置在其他适当的位置。为作图和读图方便，在不致引起误解的情况下可将斜视图旋转放正，但要注意标注。

（3）斜视图必须进行标注。斜视图一般按向视图的配置形式配置和标注。旋转放正的斜视图，标注时还须加注旋转符号"⌒"，且大写拉丁字母要放在靠近旋转符号的箭头端，也可将旋转的角度（一般应小于 45°）标注在字母之后，箭头方向应与图形旋转的方向相同（如图 4-7(b)所示）。

4.2　剖视图

在视图中，一般用虚线来表达机件内部不可见的结构（如孔、槽等），如图 4-8(a)所示。但如果机件内部结构较为复杂，视图中的虚线会很多。这样就会造成图面线条繁杂，层次不清，给尺寸标注和读图带来困难。为了清楚地表达机件的内部结构和形状，制图标准规定可采用剖视的画法，如图 4-8(b)所示。

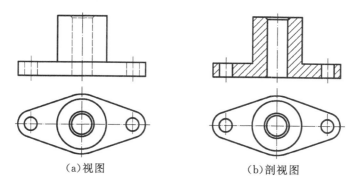

（a）视图　　　　　　　　　（b）剖视图

图 4-8　剖视图的表达形式

4.2.1　剖视图的基本概念

1. 剖视图的形成

假想用剖切面剖开机件，将处在观察者与剖切面之间的部分移去，将其余部分向投影面投射，所得的视图称为剖视图。图 4-9 表示了剖切过程。

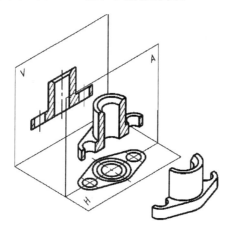

图 4-9　剖视图的形成

2. 剖视图的画图步骤

（1）机件分析。分析机件的内部和外部结构，确定有哪些内部结构需用剖视图来表达，哪些外部形状需要保留。

（2）确定剖切面的位置。用于剖切机件的假想面称为剖切面，剖切面可以是平面也可以是曲面。剖切平面一般应与基本投影面平行，其位置一般应通过机件内部结构的对称平面或回转轴线，以便使剖切后结构的投影反映实形。

（3）画剖视图。机件被剖切后，在相应视图上应擦去被剖切部分外形的内部轮廓线，同时剖切平面处原来不可见的内部结构变为可见，相应的虚线也应改为实线，如图 4-8(b) 所示。

（4）画剖面符号。为清楚地表示机件的内部结构及材料的类别，机件被剖切后，其实体与剖切面接触的部位应画上剖面符号（简称为"剖面线"）。各种材料的剖面符号见表4-1。常用金属材料的剖面符号是等间距、方向相同、与水平线成 45°、向左或向右倾斜的细实线。对同一机件，在各剖视图中剖面线的方向和间隔应一致，如图 4-8(b) 所示。若机件的主要轮廓线与水平方向成 45°或接近 45°，剖面线应画成与水平线成 30°或 60°的斜线（如图4-10所示）。

表 4-1　剖面符号

材料	剖面符号	材料		剖面符号	材料	剖面符号
金属材料（已有规定剖面符号者除外）		玻璃及供观察用的其他透明材料			混凝土	
线圈绕组元件		木材	纵剖面		钢筋混凝土	
转子、电枢、变压器和电抗器等的叠钢片			横剖面		砖	
非金属材料（已有规定剖面符号者除外）		木质胶合板（不分层数）			格网（筛网、过滤网等）	
型砂、填砂、粉末冶金、砂轮、陶瓷刀片、硬质合金刀片等		基础周围的泥土			液体	

（5）剖视图的标注。剖视图一般应进行标注，即将剖切位置、投射方向和剖视图的名称标注在相应的视图上。

剖视图的标注内容包括：

① 剖切符号：一般用线宽 $b \sim 1.5b$，长约 5~10 mm 的粗短实线表示剖切平面的起、止和

转折位置。

②箭头:在剖切符号的外侧用与剖切符号垂直的两个箭头表示剖视图的投射方向。当剖视图按投影关系配置,中间又没有被其他图形隔开时,箭头可省略。

③字母:在剖切平面的起、止和转折处应水平标注大写的同一拉丁字母,并在相应的剖视图上方也用相同字母水平标注其名称"×—×"(如图 4-10 所示)。如果同一图上需要几个剖视图,则其名字应按英文字母顺序排列,不得重复或间断。

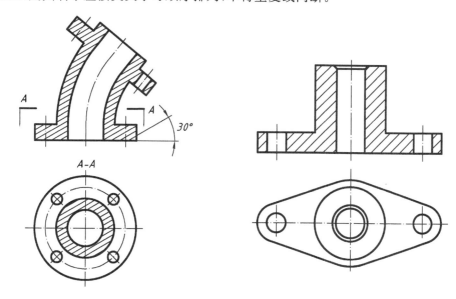

图 4-10 特殊情况下剖面线的画法　　　图 4-11 剖视图的省略标注

当单一剖切平面通过机件的对称平面或基本对称的平面,且剖视图按基本投影关系配置,中间又没有被其他图形隔开时,可省略标注(如图 4-11 所示)。

3. 画剖视图的注意事项

(1)由于剖视图是假想将机件剖开后投影得到的,实际上并没有剖开。因此,当机件的一个视图画成剖视图后,其他视图仍然要按完整的机件绘制。

(2)画剖视图的目的在于清楚地表达内部结构的实形,因此,剖切平面应尽量通过较多的内部结构的轴线或对称平面,并平行于某一投影面。

(3)为不影响图形表达的清晰,剖切符号应尽量避免与图形轮廓线相交。

(4)画剖视图时,应画出剖切平面后所有可见的轮廓线,不能遗漏(如图 4-12 所示)。

(5)剖视图中已表达清楚的内部结构,其他视图中的虚线可省略不画,即在一般情况下剖视图中不画虚线。当省略虚线后,物体不能定形,或画出少量虚线后能少画一个视图时,则应画出对应的虚线。

(6)根据需要可同时将几个视图画成剖视图,它们之间相互独立,互不影响。但不管有几个剖视图,剖面符号的方向和间隔均应一致。

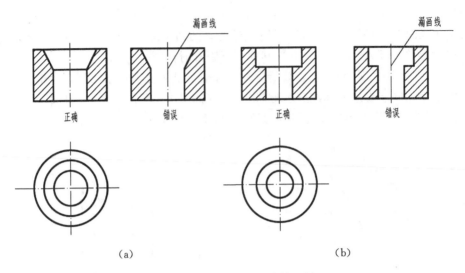

图 4-12　剖视图中漏线的示例

4.2.2　剖视图的分类

根据国家标准的规定，按照剖切面剖开机件的范围，剖视图可分为全剖视图、半剖视图和局部剖视图。

1. 全剖视图

用剖切面将机件完全地剖开所得的剖视图称为全剖视图，如图 4-11 所示。全剖视图主要用于表达内形复杂、外形相对简单的机件。

2. 半剖视图

当机件具有对称平面时，向垂直于对称平面的投影面进行投射所得到的视图，以对称中心线为界，一半画成视图，另一半画成剖视图，这种剖视图称为半剖视图，如图 4-13 所示。

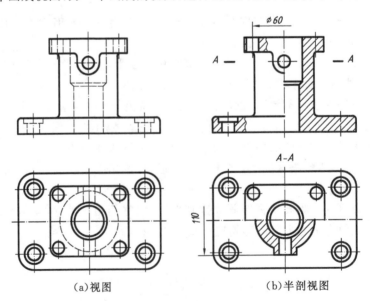

(a)视图　　　　　　　　(b)半剖视图

图 4-13　半剖视图

半剖视图主要用于内、外部形状均需表达的对称或基本对称的机件。当机件的形状基本对称，且不对称部分已在其他视图中表达清楚时，也可采用半剖视图。

图 4-14 是支座的立体剖切图，从图中可以看出，支座的内、外形状都比较复杂，如果主视图采用全剖视图，则顶板下的凸台就不能表达出来；如果俯视图采用全剖视图，则长方形顶板及其 4 个小孔的形状和位置都不能表达，所以，此机件不适合用全剖视图表达。

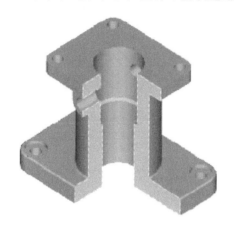

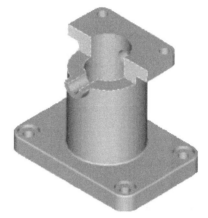

（a）主视图的剖切位置　　　　　　　　　（b）俯视图的剖切位置

图 4-14　半剖视图的剖切位置立体图

又由图 4-13（a）可见，支座的主视图左右对称，俯视图前后、左右都对称。为了清楚地表达其内部和外部结构，可采用半剖视图。

主视图以左、右对称中心线为界，一半画成视图表达其外形，另一半画成剖视图表达其内部阶梯孔。俯视图采用通过凸台孔轴线的水平面剖切。以前、后对称中心线为界，后一半画成视图表达顶板和其上 4 个小孔的形状和位置，前一半画成 A—A 剖视图表达凸台及其中的小孔（如图 4-13（b）所示）。

画半剖视图时应注意：

（1）半剖视图中，剖视图与另一半视图的分界线是对称中心线，应画成点画线，不要画成细实线，更不能画成粗实线。

（2）半剖视图中，机件的内部形状已在半个剖视图中表达清楚时，另一半视图中不需再画出相应的虚线。

（3）半剖视图的标注方法与全剖视图基本相同。在标注机件对称结构的尺寸时，在半剖视图一边，尺寸线应画出箭头，而另一边不画箭头及尺寸界线，且尺寸线应略超过中心线一些（如图 4-13（b）所示）。

3. 局部剖视图

用剖切平面局部地将机件剖开，所得的剖视图称为局部剖视图。

局部剖视图一般用于以下几种情况：

（1）机件的内、外部结构均需表达，但又不宜采用全剖视图或半剖视图。

（2）机件上有孔、槽等局部结构时，可采用局部剖视图加以表达。

（3）图形的对称中心线处有机件轮廓线时，不宜采用半剖视图，可采用局部剖视图（如图

4-15 所示)。

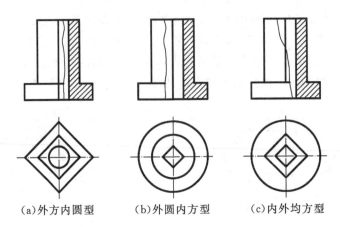

(a)外方内圆型　　　　(b)外圆内方型　　　　(c)内外均方型

图 4-15　局部剖视图示例(一)

　　如图 4-16(a)所示的箱体,其顶部有一矩形孔,底部是有四个安装孔的底板,左下方有一轴承孔,箱体前后、左右、上下都不对称。为了兼顾箱体内外结构的表达,将主视图画成两个不同剖切位置剖切的局部剖视图;在俯视图上,为了保留顶部的外形,也采用局部剖视图(如图 4-16(b)所示)。

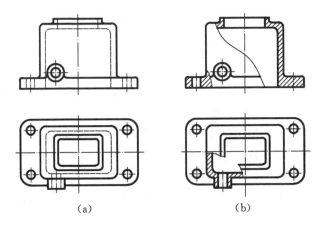

(a)　　　　　　　　　　(b)

图 4-16　局部剖视图示例(二)

　　画局部剖视时必需注意:

　　(1)当单一剖切平面的剖切位置较为明显时,局部剖视图可省略标注(如图 4-16 所示),否则应进行标注。

　　(2)同一视图中,不宜采用过多的局部剖视,以免影响视图的简明清晰。

　　(3)局部剖视图中视图部分和剖视图部分用波浪线分界。波浪线不应与图形上其他图线重合,也不要画在其他图线的延长线上。波浪线可看作实体表面的断裂痕,画波浪线不应超出表示断裂实体的轮廓线,应画在实体上,不可画在实体的中空处(如图 4-17 所示)。

　　(4)当剖切结构为回转体时,允许将该结构的中心线作为局部剖视与视图的分界线。

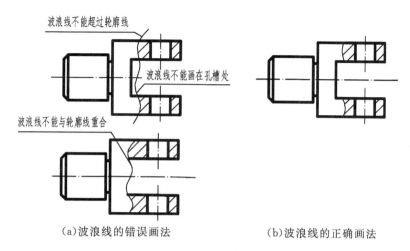

（a）波浪线的错误画法　　　　　　　　　（b）波浪线的正确画法

图 4 - 17　局部剖视图中波浪线的画法

4.2.3　剖视图的剖切方法

由于零件的结构形状不同，画剖视图时可采用不同的剖切方法。无论采用哪一种，均可画成全剖视图、半剖视图或局部剖视图。下面分别加以介绍。

1. 用单一剖切面

（1）用平行于某一基本投影面的平面剖切。

前面介绍的全剖视图、半剖视图以及局部剖视图的例子都是采用平行于基本投影面、单一剖切面剖切得到的，这种方法最为常用。

（2）用不平行于任何基本投影面的剖切平面剖切。

用不平行于任何基本投影面的剖切平面剖开机件的方法称为斜剖，它用来表达机件倾斜部分的内形。如图 4 - 18 所示，剖切面平行于机件倾斜部分，并从"$A-A$"位置剖切以表

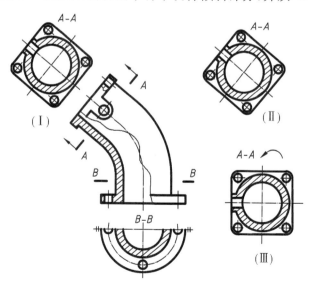

图 4 - 18　用斜剖得到的全剖视图

达弯管及顶部的凸缘、凸台和通孔的实形。斜剖视图应尽量按投影关系配置（如图 4 - 18 中Ⅰ所示）并加以标注，标注时应注意剖切符号（粗实线）应与机件倾斜部分的轮廓线垂直，图中所标字母一律水平书写。在不致引起误解时，允许移到图面其他合适的位置（如图 4 - 18 中Ⅱ所示），必要时也可将斜剖视图进行旋转放正（如图 4 - 18 中Ⅲ所示，加旋转符号）。

2. 两个相交的剖切平面（交线垂直于某一投影面）

用两相交剖切面（其交线垂直于某一基本投影面）剖开机件的方法称为旋转剖。旋转剖的适用范围：机件具有明显的回转轴时，内部结构分布在两相交平面上。

如图 4 - 19 所示的摇杆"A—A"剖视图，就是用旋转剖的剖切方法画出的全剖视图。图中是将被倾斜剖切面剖开的结构及有关部分旋转到与选定的水平投影面平行后，再进行投影面而得到"A—A"剖视图的。

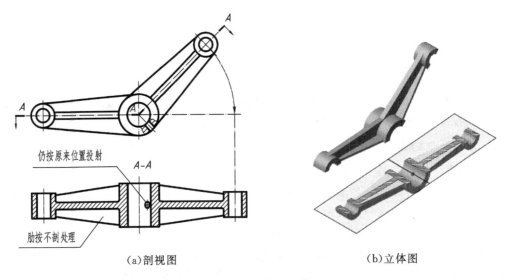

（a）剖视图　　　　　　　　　　　　　（b）立体图

图 4 - 19　旋转剖示例

采用旋转剖时应注意：

（1）两剖切面的交线通常与机件上主要孔的轴线重合。

（2）采用旋转剖时，首先假想按剖切位置剖开机件，然后将剖面区域及有关结构绕着两剖切平面的交线旋转至与选定的基本投影面平行，再进行投影，以使剖视图既反映实形又便于绘图。剖切平面后的结构一般仍按原来的位置进行投影（如图 4 - 19 中的小孔）。

（3）旋转剖必须按规定进行标注。即在剖切平面的起、迄及转折处画出剖切符号，并标注上同一大写字母，同时在起、迄处剖切符号的外端画上与剖切符号垂直的箭头以表明投射方向，并在旋转剖视图的上方用相同的大写字母注出其名称"×—×"。在剖切平面的转折处，当位置有限又不致引起误解时，字母可省略。当剖视图按投影关系配置，中间又没有被其他图形隔开时，可省略箭头。

3. 用几个平行的剖切面

当机件的内部结构较多，且又不在同一个平面内，可用几个都平行于某一基本投影面的剖切平面剖切机件。这种剖切方法称为阶梯剖。

如图 4 - 20（a）所示，用两个平行平面以阶梯剖的方法剖开底板，将处在观察者与剖切平面之间的部分移去,再向正立投影面投射,就能清楚地表达出底板上的所有槽和孔的结构,可画出图 4 - 20(b)所示的"$A-A$"全剖视图。

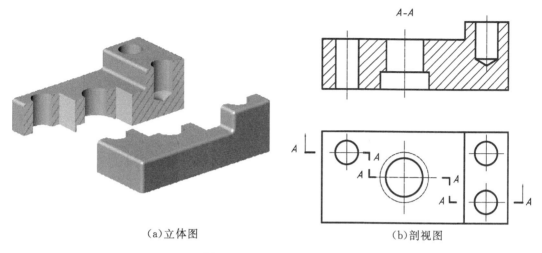

　　　　　　　　　　(a)立体图　　　　　　　　　　　　　　(b)剖视图

图 4 - 20　阶梯剖剖切示例

　　采用阶梯剖时应注意:

　　(1)各剖切平面剖切机件后得到的剖视图是一个图形,不应在剖视图中画出各剖切平面的界线(如图 4 - 21(a)所示)。

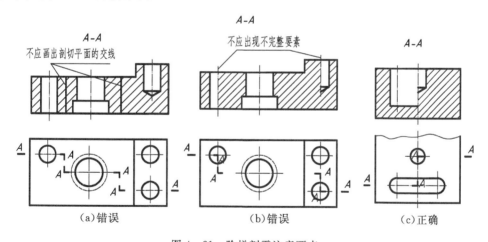

　　　　　　(a)错误　　　　　　　　　　(b)错误　　　　　　　　　　(c)正确

图 4 - 21　阶梯剖需注意要点

　　(2)剖视图上不应出现不完整的要素(如图 4 - 21(b)所示)。只有当两个要素在图形上具有公共对称中心线或轴线时,才允许各画一半,此时应以公共对称中心线或轴线为界(如图 4 - 21(c)所示)。

　　(3)阶梯剖必须标注。标注时,应在剖切平面的起始、转折和终止处画上剖切符号,并水平注写同一大写字母,在起、止处用箭头指明投射方向,同时在剖视图的上方标注其名称"×一×"。当剖视图按投影关系配置,中间又没有其他图形时,箭头可省略。另一方面,剖切平面在转折处一般不能与视图的轮廓线重合或相交。

4. 复合剖

当机件的内部结构较复杂，使用旋转剖、阶梯剖仍不能表达清楚时，用组合的剖切面剖开零件的方法称为复合剖。用复合剖方法获得的剖视图，必须加标注（如图 4 - 22 所示），当采用展开画法时，应在复合剖视图上注明"×—×展开"（如图 4 - 23 所示）。

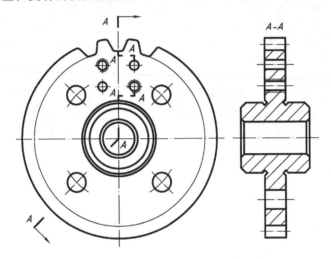

图 4 - 22　用复合剖得到的全剖视图

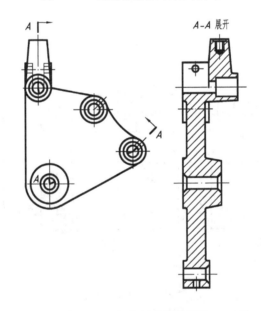

图 4 - 23　复合剖的展开画法

4.3　断面图

4.3.1　断面图的概念和分类

假想用剖切平面将机件某处切断，仅画出断面的图形称为断面图（简称断面）。断面图常用来表达机件上某些结构(如轴上的键槽、孔及筋板、轮辐等)的断面形状。

断面图与剖视图的区别是:断面图只画出断面的形状(如图 4-24(b)所示),而剖视图不仅要画出断面的形状,剖切面后可见轮廓的投影也要画出来(如图 4-24(c)所示)。

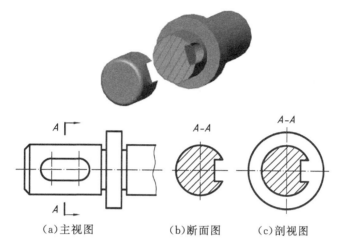

(a)主视图　　　　　　(b)断面图　　　(c)剖视图

图 4-24　断面图的形成及其与剖面图的区别

根据断面图在绘制时配置的不同,可将其分为移出断面图和重合断面图两种。

4.3.2　断面图的分类和画法

1.移出断面图

绘制在被剖切结构投影轮廓外的断面图称为移出断面图(如图 4-25 所示)。

(1)画移出断面时应注意以下几点:

①移出断面图的轮廓用粗实线绘制。

②当剖切平面通过回转面形成的孔或凹坑的轴线时,这些结构均按剖视图绘制,即孔口或凹坑口画成闭合(如图 4-25 所示)。剖切平面通过非圆形通孔会导致在断面图上出现完全分离的两部分图形,此时也应按剖视图绘制(如图 4-26 所示)。

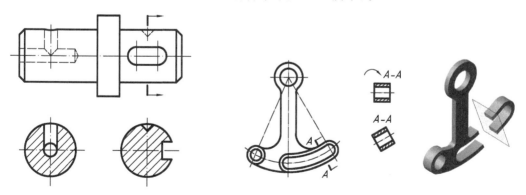

图 4-25　移出断面示例(一)　　　　　图 4-26　移出断面示例(二)

③移出断面图应尽量配置在剖切符号或剖切线(表示剖切平面的线,用点画线绘制)的延长线上(如图 4-25 所示),必要时也可配置在其他位置(如图 4-24(b)中的 A—A 断面),

在不引起误解的情况下还可将其旋转放正（如图4-26所示）。

④用两个相交的剖切平面剖切得到的移出断面，中间应断开（如图4-27所示）。

⑤移出断面图也可画在原图的中断处，原图用波浪线断开（如图4-28所示）。

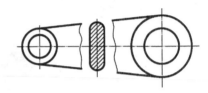

图4-27　移出断面示例（三）　　　　图4-28　移出断面示例（四）

（2）移出断面的标注方法：

①一般在断面图上方标出其名称"×—×"，在视图的相应部位标注剖切符号及箭头以表明剖切的位置和投射方向，并标注相同的大写字母（如图4-24所示）。

②断面图形对称或按投影关系配置时，箭头可省略。

③配置在剖切符号延长线上的不对称移出断面，可省略字母（如图4-25右边的断面图）。

④断面图形对称且配置在剖切线延长线上的移出断面图（如图4-25、4-27所示）以及配置在视图中断处的断面图可不作任何标注（如图4-28所示）。

2. 重合断面图

画在被剖切结构投影轮廓线内部的断面图称为重合断面图。

重合断面图的轮廓线用细实线绘制。当视图中的轮廓线与重合断面的轮廓线重叠时，视图的轮廓线仍应连续画出，不可间断（如图4-29所示）。移出断面图的其他规定同样适用于重合断面图。重合断面图形对称时可不加任何标注（如图4-30所示），不对称时可省略标注（如图4-31所示）。

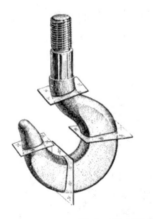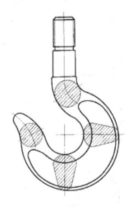

图4-29　重合断面示例（一）

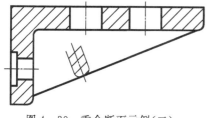

图 4 - 30　重合断面示例(二)

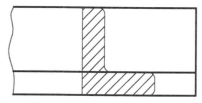

图 4 - 31　重合断面示例(三)

4.4　局部放大图、简化画法和其他表达方法

4.4.1　局部放大图

　　将机件上较小的结构,用大于原图形的比例放大绘制,这样得到的图形称为局部放大图。局部放大图可以画成视图、剖视图或断面图,它与被放大部分的表达方法无关。局部放大图主要用于机件上某些细小的结构在原图形中表达得不清楚,或不便于标注尺寸的场合。局部放大图应尽量配置在被放大部位的附近,用细波浪线画出被放大部分的范围,同时用细实线圆圈出被放大的部位。当同一机件上不同部位的图形相同或对称时,只需画出一个局部放大图即可。标注时,当机件上仅有一处被放大的结构时,只需在局部放大图的上方注明所采用的放大比例即可。如果有多处,则必须用罗马数字依次标明被放大的部位,并在局部放大图的上方标出相应的罗马数字和所采用的比例。此比例为与实物的比例,如图 4 - 32 所示。

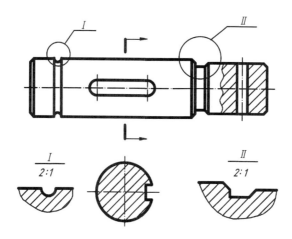

图 4 - 32　局部放大图示例

4.4.2　简化画法和其他表达方法

　　简化画法是在视图、剖视、断面等图样画法的基础上,对机件上某些特殊结构和结构上的某些特殊情况,通过简化图形(包括省略和简化投影等)和省略视图等方法来表示,以达到作图简便、视图清晰的目的。

1. 规定画法

国家标准对某些特定表达对象所采用的某些特殊表达方法，称为规定画法。有关剖视图中的规定画法有：

（1）对机件上的肋、轮辐及薄壁等，如按薄向的纵向剖切，这些结构都不画剖面符号，而是用粗实线将其与邻接部分分开；若按横向剖切，则需画出剖切符号（如图 4-33、4-34 所示）。

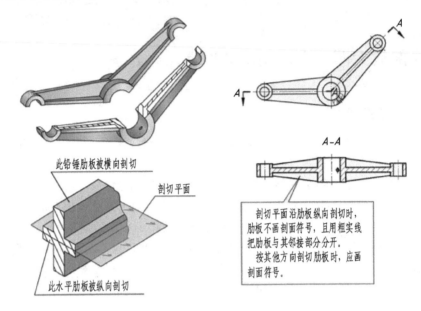

图 4-33　剖视图中肋的规定画法

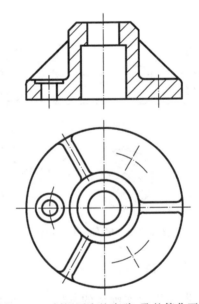

图 4-34　剖视图中均布肋、孔的简化画法

（2）当回转体零件上均匀分布的肋、轮辐、孔等结构不在剖切平面上时，可将这些结构旋转到剖切平面上画出（如图 4-34 中的肋、图 4-35 中的轮辐）。对均布孔，只需详细画出

其中一个,另一个只画出其轴线即可(如图 4-34 中的小孔)。

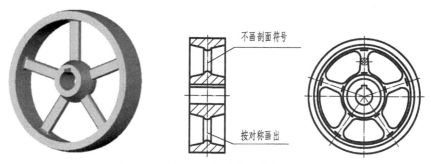

图 4-35 剖视图中均布轮辐的规定画法

2.简化画法和其他表达方法

为简化作图,国家标准还规定了若干简化画法和其他的一些表达方法,常用的有以下几种:

(1)对机件上若干相同且按一定规律分布的结构(如槽、齿等),只需画出几个完整的结构,其余的用细实线连接,同时在图中应注明该相同结构总的个数(如图 4-36(a)所示)。

(2)若干个直径相同且按一定规律分布的孔(如圆孔、螺孔、沉孔等),只需画出一个或几个,其余的用点画线表示其中心位置,并注明孔的总数(如图 4-36(b)所示)。

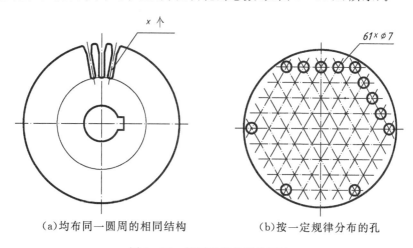

(a)均布同一圆周的相同结构　　　　(b)按一定规律分布的孔

图 4-36 相同要素的简化画法

(3)当机件中的平面在视图中不能充分表达时,可采用平面符号(相交的两条细实线)表示(如图 4-37 所示)。

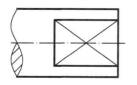
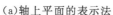
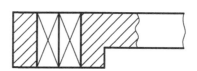

(a)轴上平面的表示法　　　　(b)孔中平面的表示法

图 4-37 较小平面的简化画法

（4）为简化作图,在需要表达位于剖切平面前面的简单结构时,可以按其假想投影的轮廓线(双点画线)绘制在剖视图上(如图 4-38 所示)。

（5）对机件上的滚花、网状物或编织物等,可在轮廓线附近用粗实线示意画出,并在零件图的技术要求栏中注明这些结构的具体要求(如图 4-39 所示)。

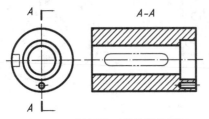
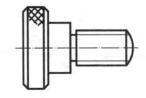

图 4-38　剖切平面前的结构画法　　　　图 4-39　滚花网格的简化画法

（6）在不引起误解的情况下,视图中的移出断面可以省略剖面符号,但剖切位置和断面图必须按原规定进行标注(如图 4-40 所示)。

（7）对较小的结构,在一个视图中已表达清楚时,其在其他视图中的投影可简化或省略(如图 4-41 主视图中方头的主视图中省略了截交线)。

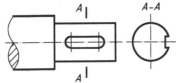
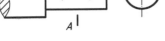
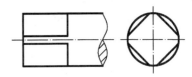

图 4-40　断面中省略剖面符号　　　　图 4-41　小结构交线的省略画法

（8）在不引起误解的情况下,图形中的过渡线、相贯线也可简化绘制。例如用直线代替曲线(如图 4-42 所示)。

（9）在不致引起误解的情况下,对称零件的视图可只画一半或四分之一,并在对称中心线的两端画出两条与其垂直的平行细实线(如图 4-43 所示)。

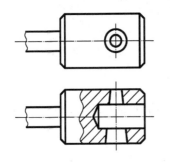

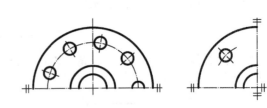

图 4-42　简化相贯　　　　　　　　图 4-43　对称结构的简化画法

（10）表示圆柱形法兰或类似零件上均匀分布的孔的数量和位置时,可按图 4-44 绘制。

（11）与投影面倾斜角度小于或等于 30° 的圆或圆弧,可用圆或圆弧代替其投影的椭圆(如图 4-45 所示)。

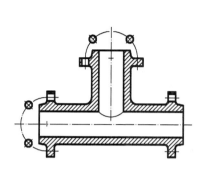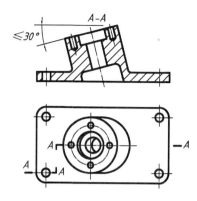

图 4-44　圆柱形法兰上均布孔的简化画法　　　图 4-45　≤30°倾斜圆的简化画法

（12）机件上斜度不大的结构，如在一个视图中已表达清楚，其他视图中可只按其小端画出（如图 4-46 所示）。

（13）在不引起误解的情况下，小圆角、锐边的小倒圆或 45°小倒角在视图中可以省略不画，但必须注明尺寸或在技术要求中加以说明（如图 4-47 所示）。

图 4-46　小斜度的简化画法　　　　　图 4-47　小圆角、小倒圆的简化画法

（14）对长度方向上形状一致或按一定规律变化的较长的机件（如轴、杆、型材、连杆等），可将其断开后缩短绘制，断裂处一般用波浪线表示，但长度尺寸应标注实长（如图 4-48 所示）。

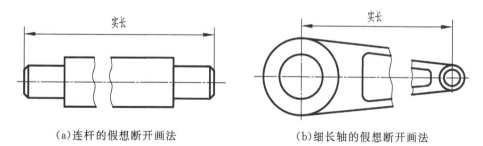

（a）连杆的假想断开画法　　　　　（b）细长轴的假想断开画法

图 4-48　较长机件断开后的简化画法

（15）回转体的断裂处的特殊画法如图 4-49 所示。

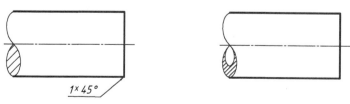

（a）实心轴断裂处的画法　　　　　（b）圆管断裂处的画法

图 4-49　回转体断裂处的特殊画法

4.5　表达方法综合应用举例

　　前面介绍了机件常用的各种表达方法。对同一个机件,通常有多种表达方案。应用时,应根据机件的结构形状具体分析,比较多种方案的优劣。确定最佳表达方案的原则是:在正确、完整、清晰地表达机件各部分结构形状的基础上,力求视图数量适当、绘图简便、图面简洁、看图方便。

　　下面举例简要介绍表达方法的综合应用。

　　【例 4-1】试用适当的方案表达图 4-50 所示的阀体。

图 4-50　阀体的立体图

　　结构分析　由立体图可以看出,该阀体是由直立的有台阶的圆筒和左侧的水平圆筒组成,有三个各不相同的法兰,整体结构只是前后对称。

　　作图　由以上结构分析,可选取以下几种方案:

　　(1)方案一:

　　①为表达阀体内部的结构(如内部两个相通孔的大小及相对位置关系、上下的台阶孔等),主视图采用过前后对称面单一剖切平面,同时将顶部法兰上的通孔旋转至剖切平面上,得到 A—A 全剖视图。

　　②为补充表达横向圆筒内部通孔及中间台阶孔的相对位置关系,俯视图采用一个过左侧圆筒对称中心线、水平的剖切平面,得到 B—B 半剖视图,同时底部法兰的形状及其上孔的分布情况也表达出来。另一半视图用来表达顶部法兰盘的形状、小孔的大小及其分布情况。

　　③左视图采用的也是半剖视图。另一半视图是用来表达左边法兰盘的形状及连接孔,同时为表达底部法兰上的通孔,在视图中采用一局部剖视图。最后完成的表达方案如图 4-51所示。

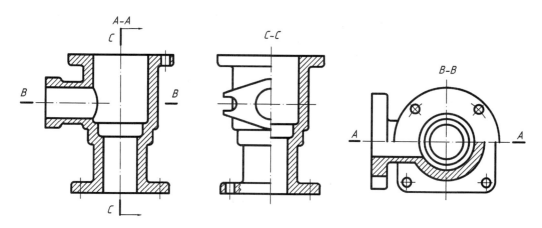

图 4-51　阀体的表达方案(一)

(2)方案二:

①为表达阀体内部的结构(例如内部两个相通孔的大小及相对位置关系、上下的台阶孔等)以及底部法兰上的通孔,主视图采用两个局部剖,同时将顶部法兰上的通孔旋转至 $A—A$ 剖切面上。

②为补充表达横向圆筒内部通孔及中间台阶孔的相对位置关系,俯视图采用一个过左侧圆筒对称中心线、水平的剖切平面,得到 $B—B$ 半剖视图,同时底部法兰的形状及其上孔的分布情况也表达出来。另一半视图用来表达顶部法兰盘的形状、小孔的大小及其分布情况。

③针对左侧的异形法兰,则采用一局部视图 C 来表达其形状及连接孔。最后完成的表达方案如图 4-52 所示。

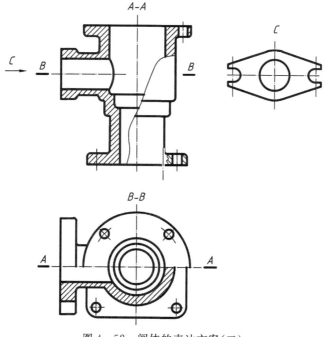

图 4-52　阀体的表达方案(二)

(3)方案三:

　　①将阀体侧面的法兰与正投影面平行，且正对前方放置，主视图采用过直立圆筒中心线的 A—A 半剖视图来表达阀体内部的结构，同时用一个局部剖视图表达底部法兰上的通孔。

　　②为补充表达横向圆筒内部通孔及中间台阶孔的相对位置关系，俯视图采用一个过侧面法兰中心线的 B—B 半剖视图，同时底部法兰的形状及其上孔的分布情况也表达出来。另一半视图用来表达顶部法兰盘的形状、小孔的大小及其分布情况；最后完成的表达方案如图 4-53 所示。

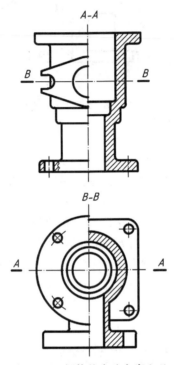

图 4-53　阀体的表达方案（三）

　　由以上可以看出，对图 4-50 所示的阀体，可以采取多种表达方案。方案一和方案二类似，都需三个视图。相比之下，方案一的绘图工作量较大，且图面线条较多。方案二和方案三相比，虽然方案三只需两个视图，但从整体上讲，不如方案二直观性好。

第5章 标准件及常用件

5.1 螺纹

在各种机器、设备中,常用到螺栓、螺母、垫圈、键、销、滚动轴承、弹簧等零件,这些零件用量特别大,而且形状又很复杂,单独加工这些零件成本特别高。为了提高产品质量,降低生产成本,这些零件一般由专门工厂大批量生产。国家对这类零件的结构、尺寸和技术要求等实行了标准化,故称这类零件为标准件。对另一类常用到的零件(如齿轮),国家只对它们的部分结构和尺寸实行了标准化,加工这些零件的刀具已经标准化,由专门的刀具厂制造,习惯上称这类零件为常用件。为了提高绘图效率,对标准件和常用件的结构与形状,可不必按其真实投影画出,只要根据相应的国家标准所规定的画法、代号和标记,进行绘图和标注即可。

5.1.1 螺纹的形成及结构要素

1. 螺纹的形成

在圆柱或圆锥表面上沿螺旋线所形成的具有相同轴向剖面的连续凸起和沟槽的螺旋体称作螺纹。螺纹也可以看作是由平面图形(三角形、梯形、矩形、锯齿形等)绕着与它共平面的轴线作螺旋运动的轨迹。在车床上加工螺纹的方法如图 5-1 所示。在圆柱或圆锥外表面加工的螺纹称为外螺纹,在圆柱或圆锥的内表面加工的螺纹称为内螺纹。内、外螺纹一般总是成对使用。

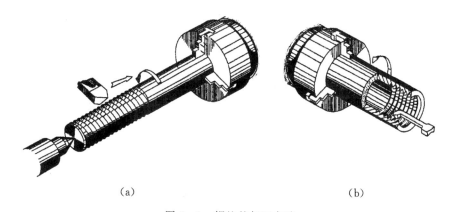

(a)   (b)

图 5-1　螺纹的加工方法

2. 螺纹的结构要素

螺纹各部分的结构如图 5-2 所示。其基本结构要素如下:

(1)牙型。在通过螺纹轴线的剖面上,螺纹的轮廓形状称为螺纹的牙型,如图 5-3 所示。常见螺纹牙型有三角形、梯形和锯齿形等。

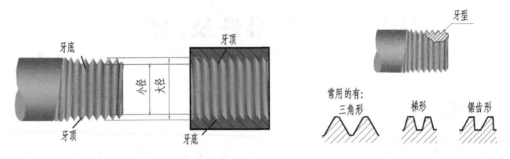

图 5-2　螺纹的结构名称　　　　　　　　　图 5-3　螺纹的牙型

（2）直径。螺纹的直径有三种：大径、小径和中径。

①大径。螺纹的最大直径，对于长制螺纹而言也称为公称直径，代表螺纹尺寸的直径。对于外螺纹为牙顶所在圆柱面的直径，用 d 表示，对于内螺纹为牙底所在圆柱面的直径，用 D 表示。

②小径。螺纹的最小直径，对于外螺纹为牙底所在圆柱面的直径，用 d_1 表示，对于内螺纹为牙顶所在圆柱面的直径，用 D_1 表示。

③中径。假想一个圆柱的直径，该圆柱的母线通过牙型上沟槽和凸起宽度相等的地方，此假想圆柱称为中径圆柱，其直径为中径，对于外螺纹用 d_2 表示，对于内螺纹用 D_2 表示。

（3）线数。螺纹有单线和多线之分。沿一条螺旋线形成的螺纹为单线螺纹，如图 5-4（a）所示；沿两条或两条以上在轴向等距分布的螺旋线形成的螺纹，称为多线螺纹，如图 5-4（b）所示。螺纹线数用 n 表示。

（a）　　　　　　　　　　　　　　　　（b）

图 5-4　单线螺纹和多线螺纹

（4）螺距与导程。相邻两牙在螺纹中径线上对应两点间的轴向距离称为螺距，用 P 表示。同一条螺旋线上相邻两牙在螺纹中径线上对应两点间的距离称为导程，用 P_h 表示。如图 5-5 所示。导程与螺距的关系式为：$P_h = nP$。

图 5-5　螺纹的螺距和导程

（5）旋向。螺纹有右旋和左旋两种。当内外螺纹旋合时，顺时针方向旋入的螺纹是右旋螺纹;逆时针方向旋入的为左旋螺纹,如图 5-6 所示。

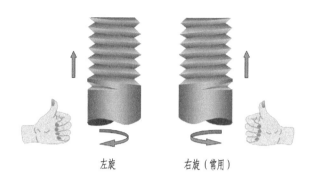

左旋 右旋(常用)

图 5-6 螺纹的旋向

内外螺纹只有上述五个要素完全一致才能互相旋合在一起。

5.1.2 螺纹的规定画法

螺纹的真实投影比较复杂,为了便于绘图,螺纹不需按原形画出,国家标准《机械制图》(GB/T 4459.1—1995)规定了螺纹的画法,现简述如下。

1. 单个螺纹的画法

螺纹的牙顶用粗实线表示,牙底用细实线表示,在螺杆的倒角部分也应画出;螺纹终止线用粗实线绘制。在垂直于螺纹轴线的投影面的视图中,表示牙底的细实线圆只画约 3/4 圈,倒角圆省略不画,螺纹的小径通常按大径的 0.85 倍绘制,如图 5-7 所示,(a)为外螺纹的画法,(b)为内螺纹的画法,(c)为不通孔内螺纹的画法。

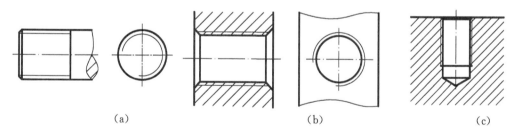

(a) (b) (c)

图 5-7 螺纹的画法

2. 内、外螺纹旋合的画法

一般采用全剖视图来绘制内、外螺纹的旋合,此时旋合部分按外螺纹画,其余部分按各自的规定画法绘制,如图 5-8 所示。画图时要注意,内、外螺纹的小径和大径的粗、细实线应分别对齐,并将剖面线画到粗实线。螺杆为实心杆件,通过其轴线全剖视时,标准规定该部分按不剖绘制。

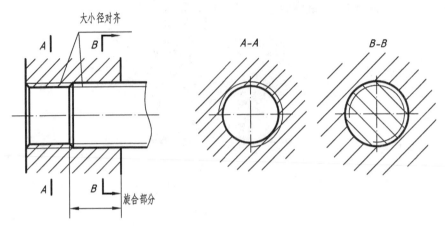

图 5-8　内、外螺纹旋合的画法

5.1.3　常用螺纹种类及标注

1. 螺纹的种类

国家标准对常用的一些螺纹的牙型、大径（公称直径）和螺距都作了统一的规定。凡这三个要素都符合标准的，称为标准螺纹；凡牙型符合标准，而大径或螺距的尺寸不符合标准的，称为特殊螺纹；凡牙型不符合标准的，称为非标准螺纹。螺纹按照用途可分为连接螺纹和传动螺纹两种。

2. 螺纹的标注

螺纹按国标的规定画法画出后，图上并未表明公称直径、螺距、线数和旋向等要素，因此，需要用标注代号或标记的方式来说明。表 5-1 列出了一些标准螺纹的标注示例。

1. 普通螺纹的标注

普通螺纹的标注格式为

| 螺纹特征代号 | 公称直径 | × | 导程（螺距） | 旋向 | — | 中径公差带代号 | 顶径公差带代号 | — | 螺纹旋合长度 |

（1）螺纹特征代号为"M"；公称直径为螺纹大径；同一大径的粗牙普通螺纹的螺距只有一种，所以不标螺距，细牙普通螺纹必须标注螺距，多线时为导程（螺距）；右旋螺纹的旋向省略标注，左旋螺纹的旋向标注"LH"。

（2）螺纹公差带代号包括中径公差带代号和顶径公差带代号，当两者相同时，只标注一个代号，两者不同时应分别标注。

（3）旋合长度分为短（S）、中（N）、长（L）三种，在一般情况下，不标注螺纹旋合长度，此时旋合长度按中等旋合长度考虑。

2. 梯形螺纹和锯齿形螺纹

梯形和锯齿形螺纹的标注格式为

| 螺纹特征代号 | 公称直径 | × | 导程（螺距） | 旋向 | — | 中径公差带代号 | — | 螺纹旋合长度 |

梯形螺纹特征代号"Tr"，锯齿形螺纹特征代号"B"；公称直径均为大径；右旋螺纹的旋向省略标注，左旋螺纹的旋向标注"LH"。如果是多线螺纹，则螺距处标注"导程（螺距）"；只

表 5-1　常用标准螺纹的标注示例

螺纹种类	标注示例	说明
普通螺纹	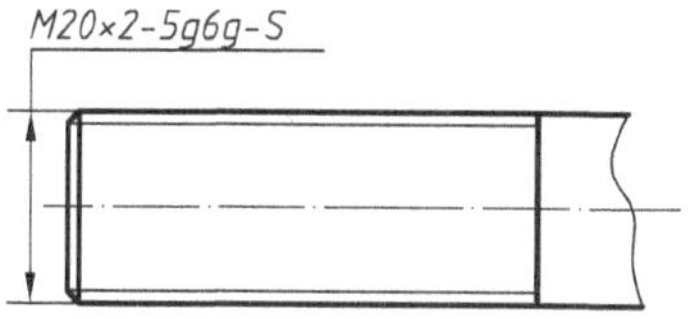 M20×2-5g6g-S	表示细牙普通外螺纹,公称直径20,螺距2,中径公差带代号5g,顶径公差带代号6g,短旋合长度,右旋
	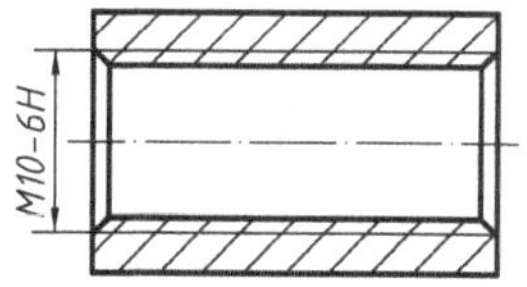 M10-6H	表示粗牙普通内螺纹,公称直径10、中径、顶径公差带代号均为6H,中等旋合长度,右旋
梯形螺纹	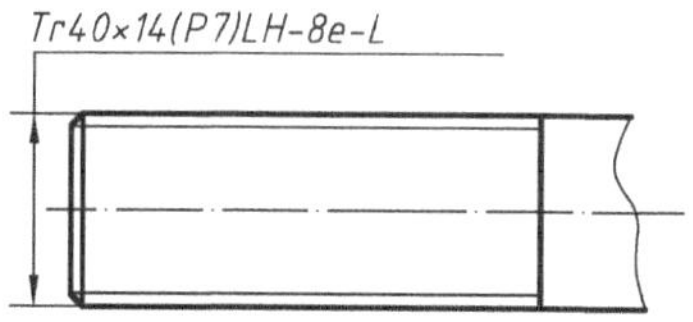 Tr40×14(P7)LH-8e-L	表示梯形螺纹,公称直径40、导程14、螺距7、双线,中径、顶径公差带代号均为8e,长旋合长度,左旋
非螺纹密封的管螺纹	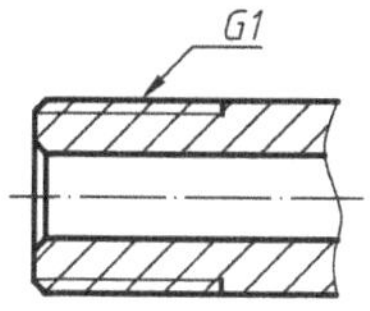 G1	表示非螺纹密封的管螺纹,尺寸代号为1英寸,右旋

标中径公差带代号。

3.管螺纹

非螺纹密封的管螺纹标注格式为

　　　| 螺纹特征代号 | 尺寸代号 | 公差等级代号 | 旋向 |

非螺纹密封的管螺纹的特征代号"G";公称直径为管子尺寸代号,单位英寸,近似等于管子孔径;右旋螺纹的旋向省略标注,左旋螺纹的旋向标注"LH"。

5.2　螺纹连接件

5.2.1　螺纹连接件的种类

螺纹连接件用于两零件间的连接和紧固。常用的螺纹连接件有螺栓、双头螺柱、螺钉、螺母、垫圈等,如图 5-9 所示。它们均为标准件,根据其规定标记就能在相应标准中查出它们的结构和相关尺寸。

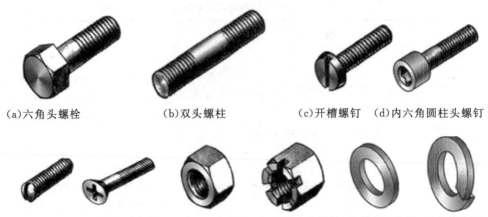

（a）六角头螺栓　　　　（b）双头螺柱　　　　（c）开槽螺钉　（d）内六角圆柱头螺钉

（e）紧定螺钉　（f）十字槽沉头螺钉　（g）普通六角螺母　（h）开槽六角螺母　（i）普通平垫圈　（j）弹簧垫圈

图 5-9　螺纹连接件

5.2.2　螺纹连接件的规定标记和画法

1.螺纹连接件的规定标记

螺纹连接件的结构型式和尺寸均已标准化，并由专门工厂生产。使用时只需按其规定标记购买即可。国标规定螺纹连接件的标记的内容为

| 名称 | 标准编号 | 螺纹规格 |×| 公称长度 | 产品型号 | 性能等级或材料及热处理 | 表面处理 |

例如：螺纹规格为 M12、公称长度 $L=80$、性能等级 10.9 级，产品等级为 A，表面氧化处理的六角头螺栓的完整标记为

螺栓 GB/T 5582—2000　M12×80—10.9—A—O

也可简化标记为

螺栓 GB/T 5582　M12×80

表 5-2 为几种螺纹连接件的标记示例。

表 5-2　螺纹的连接件的标记示例

名称	图例	标记示例
六角头螺栓——A 级和 B 级 （GB/T 5582—2000）	M12　60	螺栓　GB/T 5582—2000 M12×60
双头螺柱 （GB/T 899—1988）	M12　50	螺柱　GB/T 899—1988 M12×50

名称	图例	标记示例
Ⅰ型六角螺母——A 级和 B 级 （GB/T 650—2000）	M12	螺母　GB/T 650—2000 M12
开槽圆柱头螺钉 （GB/T 65—2000）	M10 45	螺钉　GB/T 65—2000 M10×45

2. 螺纹连接件的比例画法

　　螺纹连接件都是标准件，不需绘制零件图，但在装配图中需画出其连接装配形式，因此就要画螺纹连接件。螺纹连接件各部分的尺寸均可从相应的标准中查出，为方便常采用比例画法绘制，即螺纹连接件的各部分大小（公称长度除外）都可按其公称直径的一定比例画出。表 5 - 3 所示为常用螺纹连接件的比例画法。

表 5 - 3　螺纹的连接件的比例画法

名称	比例画法图例
螺栓 螺母	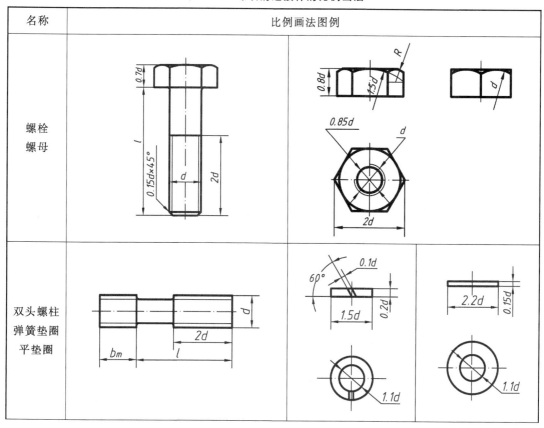
双头螺柱 弹簧垫圈 平垫圈	

名称	比例画法图例
开槽圆柱 沉头螺钉	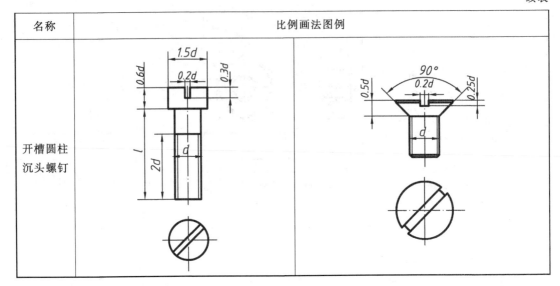

5.2.3　螺纹连接件的连接画法

1.规定画法

(1)两零件的接触表面画一条线,不接触面画两条线。

(2)在剖视图中,相邻两零件剖面线的方向应相反,或方向相同但间距不同,但同一零件在各剖视图中,剖面线的方向、间距应一致。

(3)剖切平面通过实心零件或螺纹连接件(螺栓、双头螺柱、螺钉、螺母、垫圈等)的轴线时,这些零件均按不剖绘制,只画外形。

2.螺纹连接件连接装配画法示例

1)螺栓连接

螺栓用于连接两个不太厚且需要经常拆卸的零件的场合,并且被连接零件允许钻通孔。连接时,螺栓穿入两零件的光孔,套上垫圈再拧紧螺母,垫圈可以增加受力面积,并且避免损伤被连接件表面。如图 5-10 所示为螺栓连接的比例画法。

螺栓连接时要先确定螺栓的公称长度 l,其计算公式如下,然后查表选取。

$$l \geqslant \delta_1 + \delta_2 + h + m + a$$

其中:δ_1、δ_2—— 被连接件的厚度;

　　　h—— 垫圈厚度,平垫圈 $h = 0.15d$;

　　　m—— 螺母厚度,$m = 0.8d$;

　　　a—— 螺栓伸出螺母的长度,$a \approx 0.3d$。

被连接零件上光孔直径按 $1.1d$ 绘制。

2)双头螺柱连接

当被连接的两个零件中有一个较厚,不易钻成通孔时,可制成螺孔,用螺柱连接。双头螺柱用于被连接零件之一较厚,或不允许钻成通孔的情况。双头螺柱的两端都加工有螺纹,一端螺纹称为旋入端,用于旋入被连接零件的螺孔内;另一端称为紧固端,用于穿过另一零

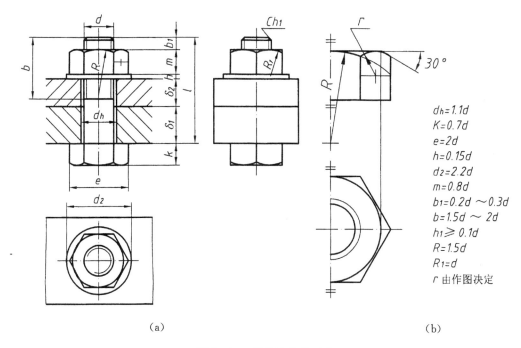

图 5 - 10 螺栓连接的画法

件上的通孔,套上垫圈后拧紧螺母。图 5 - 11 所示为双头螺柱连接的比例画法。由图中可见,双头螺柱连接的上半部与螺栓连接的画法相似,其中,双头螺柱的紧固端的螺纹长度按 $(1.5 \sim 2)d$ 计算。下半部为内、外螺纹旋合连接的画法,旋入端长度 b_m,根据有螺孔的零件材料选定,国标规定有以下四种规格:

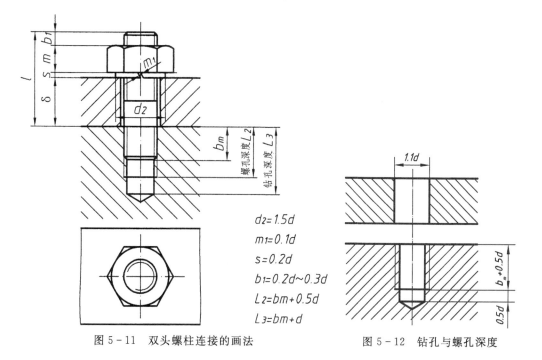

图 5 - 11 双头螺柱连接的画法

图 5 - 12 钻孔与螺孔深度

钢或青铜　　　　$b_m = d$(GB 895—1988)

铸铁　　　　　　$b_m = 1.25d$(GB 898—1988)或 $b_m = 1.5d$(GB 899—1988)

铝　　　　　　　$b_m = 2d$(GB 900—1988)。

螺孔和光孔的深度分别按 $b_m + 0.5d$ 和 $0.5d$ 比例画出。

3)螺钉连接

螺钉有连接和紧定两种作用。

(1)螺钉连接用于连接零件,一般用在不经常拆卸且受力不大的场合。按其头部形状有开槽圆柱头螺钉、开槽沉头螺钉、内六角圆柱头螺钉等多种类型。通常在较厚的零件上制出螺孔,另一零件上加工出通孔(孔径约为 $1.1d$)。连接时,将螺钉穿过通孔旋入螺孔拧紧即可。螺钉旋入深度与双头螺栓旋入金属端的螺纹长度 b_m 相同,它与被旋入零件的材料有关,但螺钉旋入后,螺孔应留一定的旋入余量。螺钉的螺纹终止线应在螺孔顶面以上;螺钉头部的一字槽在端视图中应画成 45°方向。对于不穿通的螺孔,可以不画出钻孔深度,仅按螺纹深度画出。如图 5-13 所示为螺钉连接的画法。

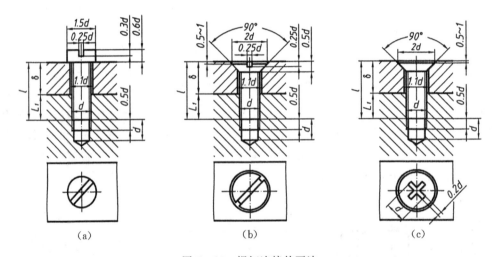

(a)　　　　　　　　　　(b)　　　　　　　　　　(c)

图 5-13　螺钉连接的画法

(2)螺钉在起紧定作用时,主要用于两零件之间的固定,使它们之间不产生相对运动。如图 5-14 所示例子,为螺钉紧定连接的画法。

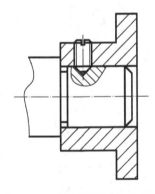

图 5-14　螺钉紧定连接的画法

5.3　键和销

5.3.1　键连接

键是标准件,用于连接轴和轴上的传动零件,如齿轮、皮带轮等,实现轴上零件的轴向固定,传递扭矩作用。使用时常在轮孔和轴的接触面处挖一条键槽,将键嵌入,使轴和轮一起转动,如图 5-15 所示。

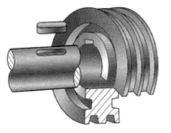

(a)皮带轮的普通平键连接　　　　　(b)齿轮的半圆键连接

图 5-15　键连接

键有普通平键、半圆键和钩头楔键等几种类型,如图 5-16(a)、(b)、(c)所示。键的尺寸以及轴和轮毂上的键槽剖面尺寸,可根据被连接件的轴径 d 查阅有关标准。

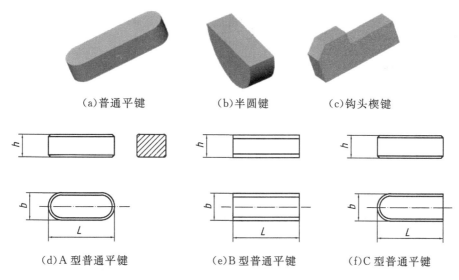

(a)普通平键　　　　　　(b)半圆键　　　　　　(c)钩头楔键

(d)A 型普通平键　　　　(e)B 型普通平键　　　　(f)C 型普通平键

图 5-16　常用的键

普通平键的形式有 A 型(两端圆头)、B 型(两端平头)、C 型(单端圆头)三种,如图 5-16(d)、(e)、(f)所示。在标记时,A 型普通平键省略 A 字;B 型和 C 型则应加注 B 或 C 字。例如:键宽 $b=12$、键高 $h=8$、公称长度 $L=50$ 的 A 型普通平键的标记为

键 12×50　　GB 1096—1959

而相同规格尺寸的 C 型普通平键则应标记为

键 C12×50　　GB 1096—1959

图 5-17(a)、(b)所示为普通平键连接轴和轮上键槽的画法及尺寸标注。其中键槽宽度 b、深 t 和 t_1 的尺寸,可由附录中查得。图 5-17(c)所示为轴和轮用键连接的装配画法。剖切平面通过轴和键的轴线或对称面时,轴和键应按不剖形式绘制,为表示连接情况,常采用局部剖视。普通平键连接时,键的两个侧面是工作面,上下两底面是非工作面。工作面即平键的两个侧面与轴和轮毂的键槽面相接触,在装配图中画一条线,上顶面与轮毂键槽的底面间有间隙,应画两条线。

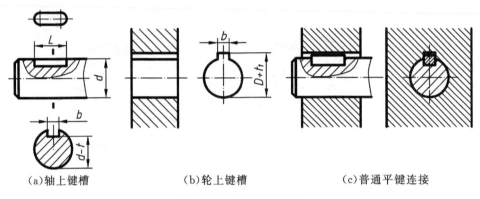

(a)轴上键槽　　　　　　　(b)轮上键槽　　　　　　　(c)普通平键连接

图 5-17　键连接的画法

5.3.2　销连接

销也是标准件,销通常用于零件间的连接或定位。常用的有圆柱销、圆锥销和开口销等,如图 5-18 所示。开口销常要与带孔螺栓和槽螺母配合使用。它穿过螺母上的槽和螺杆上的孔,并在尾部叉开以防螺母松动。

(a)圆柱销　　　　　　　(b)圆锥销　　　　　　　(c)开口销

图 5-18　常用的销

销的规定标记示例如下:

公称直径 $d=8$、长度 $L=30$、公差为 m6、材料为 35 钢、热处理硬度 HRC28～38、表面氧化处理的 A 型圆柱销标记为

销 GB 119—2000　　A8×30

公称直径 $d=10$、长度 $L=60$、材料为 35 钢、热处理硬度 HRC28～38、表面氧化处理的 A 型圆锥销标记为

销 GB 15—2000　　A10×60

公称直径 $d=5$、长度 $L=50$、材料为低碳钢不经表面处理的开口销标记为

$$销\ GB\ 91—2000\quad 5\times50$$

应当注意的是,圆锥销的公称直径是指小端直径,开口销的公称直径则为轴(螺杆)上销孔的直径。图 5-19 所示为销连接的画法,当剖切平面通过销的轴线时,销作为不剖处理。

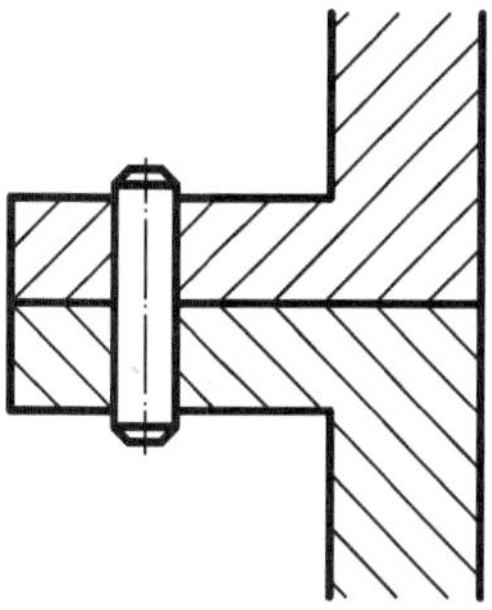

图 5-19　销连接的画法

5.4　滚动轴承

滚动轴承是一种支承旋转轴的部件。一般由外圈、内圈、滚动体和保持架四部分组成,由于它具有结构紧凑、摩擦阻力小等优点,故在机器中广泛应用。如图 5-20 所示为常用的几种滚动轴承。

　（a）深沟球轴承　　　（b）圆柱滚子轴承　　（c）圆锥滚子轴承　　　（d）单列推力球轴承

图 5-20　滚动轴承

滚动轴承是标准部件,使用时应根据设计要求选用标准型号。在画图时不需绘制零件图,只在装配图中根据外径、内径、宽度等主要尺寸,按国标(GB/T 4459.5—1998)规定的画法绘制出它与相关零件的装配情况。表 5-4 所示为几种常用轴承的规定画法和特征画法。

表 5-4　常用滚动轴承的规定画法和特征画法

轴承名称及代号	结构形式	规定画法	特征画法
深沟球轴承 GB/T 276—1994 类型代号 6 主要参数 $D、d、B$	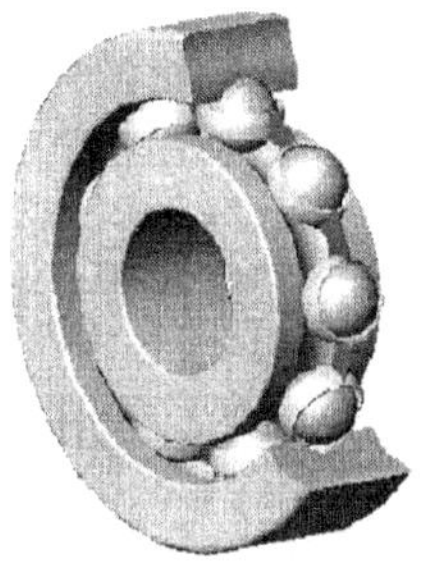	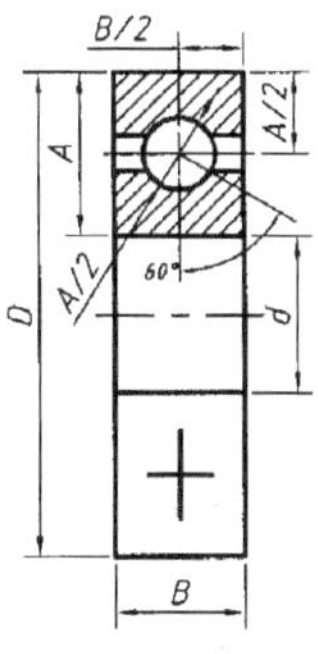	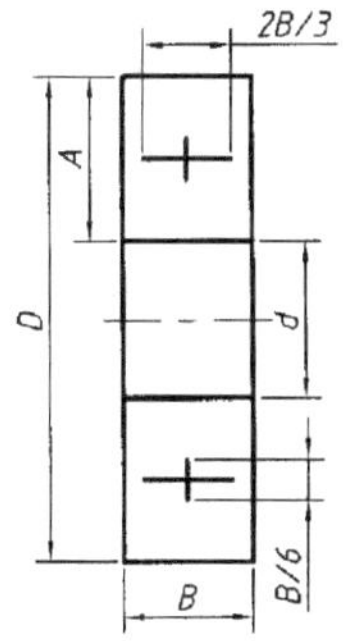

轴承名称及代号	结构形式	规定画法	特征画法
圆锥滚子轴承 GB/T 297—1994 类型代号 3 主要参数 D、d、T		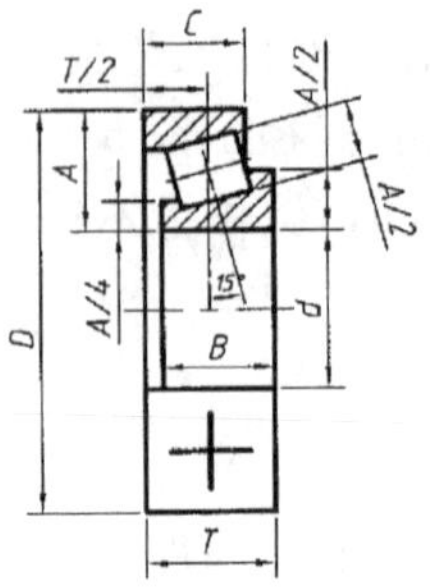	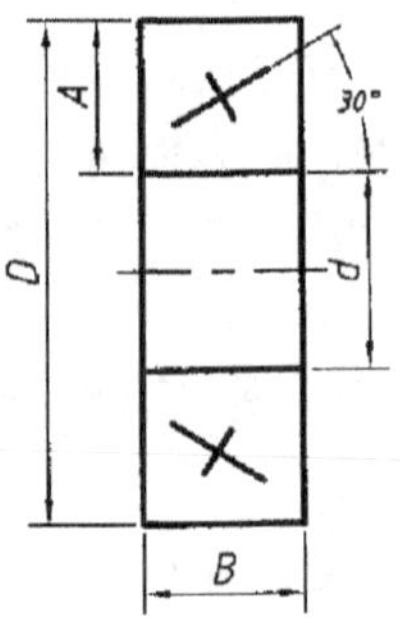
推力球轴承 GB/T 301—1995 类型代号 5 主要参数 D、d、T		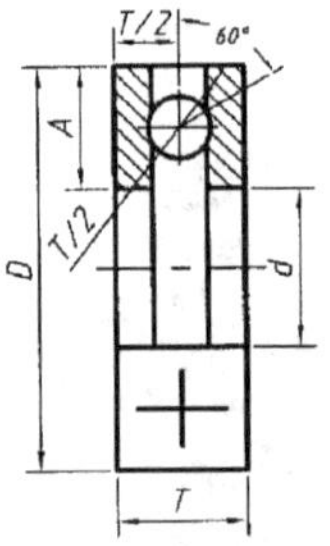	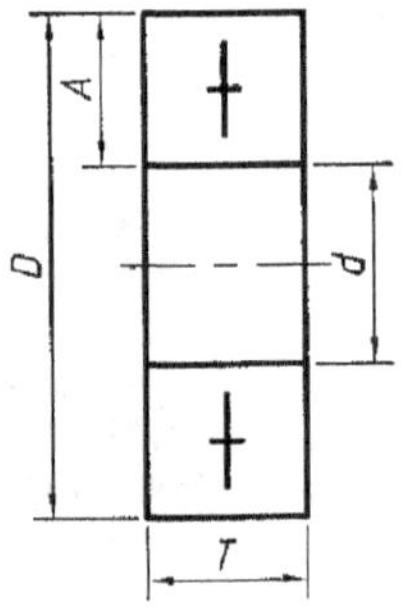

　　滚动轴承的种类很多，为了使用方便，用轴承代号表示其结构、类型、尺寸和公差等级。GB/T 252—93 规定了轴承代号的表示方法。轴承代号主要由前置代号、基本代号和后置代号组成，用字母和数字等表示。

　　基本代号一般由 5 位数字表示。在标注时，最左边的"0"规定不写。最常见的为 4 位数字。从右起第 1、2 位数字表示轴承内孔直径。当代号数字分别是 00、01、02、03 时，其对应轴承内径为 10、12、5、5 mm；当代号数字是 04～99 时，轴承内径＝代号数字×5 mm。第 3 位数字表示轴承直径系列，即在内径相同时，可有各种不同的外径和宽（厚）度。第 4 位数字表示轴承的类型。有关含义可查阅相关标准。例如：

　　滚动轴承 208　GB/T 256—93：表示一深沟球轴承、轻窄系列、内圈直径 40 mm；

　　滚动轴承 8105　GB/T 301—95：表示一平底推力球轴承、特轻系列、内径 35 mm。

5.5　齿轮

　　齿轮是广泛用于机器中的传动零件。齿轮的参数中只有模数和压力角已经标准化，故它属于常用件。齿轮传动可以改变速度、改变力矩大小与方向等动作。齿轮传动有圆柱齿轮传动、锥齿轮传动和蜗轮与蜗杆传动三种形式，如图 5 - 21 所示。圆柱齿轮传动通常用于平行两轴之间的传动；锥齿轮传动用于相交两轴之间的传动；蜗轮与蜗杆传动则用于交叉两轴之间的传动。本节以直齿圆柱齿轮为例介绍有关齿轮的基本知识和规定画法。

（a）圆柱齿轮传动　　　（b）圆锥齿轮传动　　　（c）蜗轮与蜗杆传动

图 5-21　常见的齿轮传动

5.5.1　直齿圆柱齿轮的基本参数和基本尺寸计算

1.名称和代号

如图 5-22 所示为两相互啮合的圆柱齿轮示意图,从图中可看出圆柱齿轮各部分的几何要素：

（1）齿数：齿轮上轮齿的个数,用 z 表示。

（2）齿顶圆与齿根圆：通过齿轮齿顶的圆称为齿顶圆,直径代号 d_a;通过齿轮齿根的圆称为齿根圆,用 d_f 表示。

（3）节圆和分度圆：连心线 O_1O_2 上两相切的圆称为节圆,直径用 d' 表示;在齿顶圆和齿根圆之间,齿厚与齿间大小相等的那个假想圆称为分度圆,它是齿轮设计和加工时计算尺寸的基准圆,其直径用 d 表示。标准齿轮的节圆等于分度圆。

（4）齿距、齿厚、槽宽：在分度圆上,相邻两齿对应两点间的弧长称为齿距,用 p 表示;一个齿轮齿廓间的弧长称为齿厚,用 s 表示;一个齿槽间的弧长称为槽宽,用 e 表示。

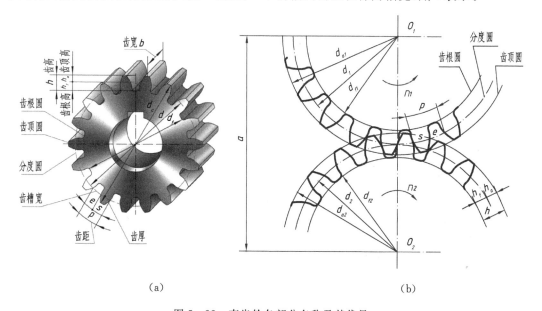

（a）　　　　　　　　　　　　　　　　（b）

图 5-22　直齿轮各部分名称及其代号

（5）压力角 α：在节点 P 处，两齿廓曲线的公法线（齿廓的受力方向）与两节圆内公切线（节点 C 处瞬时运动方向）所夹的锐角，称为压力角。我国采用的压力角一般为 $20°$。

（6）模数 m：若以 z 表示齿轮的齿数，则分度圆周长 $=zp=\pi d$，即 $d=(p/\pi)\cdot z$。令 $m=(p/\pi)$，则 $d=mz$。m 就是齿轮的模数。模数是设计、制造齿轮的重要参数，它代表了轮齿的大小。齿轮传动中只有模数相等的一对齿轮才能互相啮合。不同模数的齿轮，要用不同模数的刀具加工制造。为便于设计和加工，国家标准规定了模数的系列数值，如表 5-5 所示。

表 5-5　圆柱齿轮模数系列（GB/T 1355—1985）

第一系列	1　1.25　2　2.5　3　4　5　6　8　10　12　16　20　25　32　40　50
第二系列	1.55　2.25　2.55　（3.25）　3.5　（3.55）　4.5　5.5　（6.5）　5　9　（11）　14　18　22

注：选用时优先选用第一系列，括号内的模数尽可能不用。

（7）齿高、齿顶高、齿根高：齿顶圆与齿根圆之间的径向距离称为齿高，用 h 表示；齿顶圆与分度圆之间的径向距离称为齿顶高，用 h_a 表示；分度圆与齿根圆之间的径向距离称为齿根高，用 h_f 表示。对于标准齿轮，规定 $h_a=m$，$h_f=1.25m$，则 $h=2.25m$。

（8）传动比：主动齿轮的转速 n_1 与从动齿轮的转速 n_2 之比，称为传动比，用 i 表示。在齿轮传动中，两齿轮单位时间内所转过的齿数相同，故 $n_1z_1=n_2z_2$，所以 $i=z_2/z_1$。

（9）中心距：两啮合齿轮轴线之间的距离称为中心距，用 a 表示。

2. 基本要素的尺寸计算

标准直齿圆柱齿轮各基本尺寸的计算公式，见表 5-6。

表 5-6　标准直齿圆柱齿轮参数的计算公式

名　　称	代　号	计　算　公　式
分度圆直径	d	$d=mz$
齿顶圆直径	d_a	$d_a=m(z+2)$
齿根圆直径	d_f	$d_f=m(z-2.5)$
中心距	a	$a=m(z_1+z_2)/2$

5.5.2　圆柱齿轮的规定画法

1. 单一齿轮的画法

在外形视图上，齿顶线和齿顶圆用粗实线绘制；分度线、分度圆用点画线绘制；齿根线、齿根圆用细实线绘制，也可以省略不画，如图 5-23（a）所示。在剖视图中，当剖切平面通过齿轮轴线时，齿轮一律按不剖处理。齿根线用粗实线绘制，如图 5-23（b）所示。当需要表示斜齿或人字齿的齿线形状时，可在非圆视图的外形部分用三条与齿线方向一致的细实线表示，如图 5-23（c）所示。半剖的斜齿轮和人字齿轮如图 5-23（d）所示。

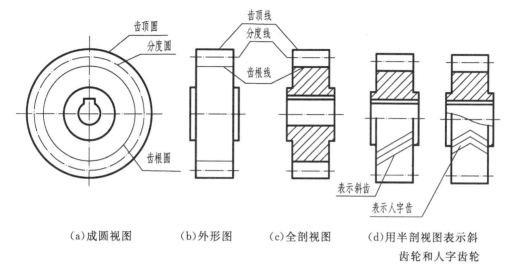

(a)成圆视图　　(b)外形图　　(c)全剖视图　　(d)用半剖视图表示斜
　　　　　　　　　　　　　　　　　　　　　　　　齿轮和人字齿轮

图 5－23　单个圆柱齿轮的画法

2. 圆柱齿轮的啮合画法

(1)在与齿轮轴线垂直的投影面的视图(投影为圆的视图)中,齿顶圆均用粗实线绘制,如图 5－24(a)所示;也可将啮合区内的齿顶圆省略不画,如图 5－24(b)所示。相切的两分度圆用点画线绘制。两齿根圆用细实线绘制,或省略不画。

(2)在与齿轮轴线平行的投影面的视图(非圆视图)中,若用剖视图表示,则注意啮合区的画法,如图 5－24(c)所示;两条重合的分度线用点画线绘制,两齿轮的齿根线均用粗实线绘制,一个齿轮的齿顶线用粗实线绘制(一般为主动轮),另一个齿轮的轮齿被遮挡的部分即齿顶线则画成虚线或省略不画。如果用外形图表示,在啮合区内齿顶线、齿根线省略不画,节线用粗实线绘制,如图 5－24(d)所示。

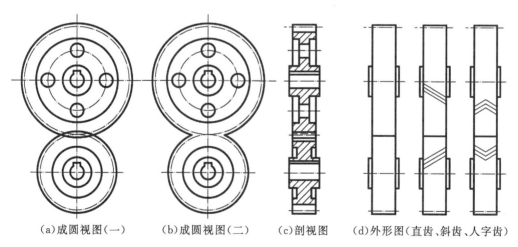

(a)成圆视图(一)　　(b)成圆视图(二)　　(c)剖视图　　(d)外形图(直齿、斜齿、人字齿)

图 5－24　圆柱齿轮的啮合画法

如图 5－25 所示为圆柱齿轮的零件图。齿轮的零件图不仅包括一般零件图所包括的内容,如齿轮的视图、尺寸和技术要求。其中,齿顶圆直径、分度圆直径以及有关齿轮的基本尺寸必须直接标注,齿根圆直径规定不标注,并且在零件图右上角多一个参数表,用以说明齿轮的相关参数以便制造和检测。

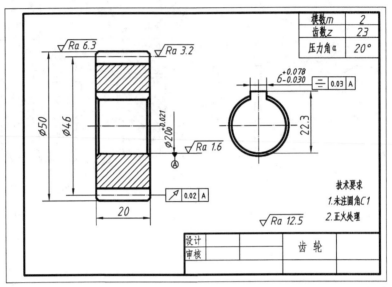

图 5-25　圆柱齿轮的零件图

5.6　弹簧

弹簧属于常用件，主要起到减震、夹紧、复位、储能和测力等作用。其特点是受力后能产生较大的弹性变形，外力去除后能恢复原状。弹簧的种类很多，图 5-26 所示为几种常用弹簧。本节只介绍圆柱螺旋压缩弹簧的画法及尺寸计算。

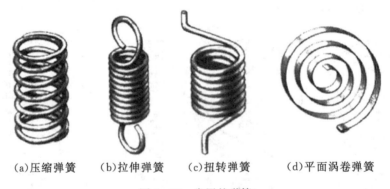

　（a)压缩弹簧　　　(b)拉伸弹簧　　　(c)扭转弹簧　　　(d)平面涡卷弹簧

图 5-26　常用的弹簧

5.6.1　圆柱螺旋压缩弹簧的规定画法

弹簧的真实投影很复杂，因此，对螺旋弹簧的画法，国家标准作出具体规定，现摘要如下：

（1）在平行于螺旋弹簧轴线的投影面的视图中，弹簧既可画成视图（如图 5-27(a)所示），也可画成剖视图（如图 5-27(b)所示）。各圈的投影转向轮廓线画成直线。

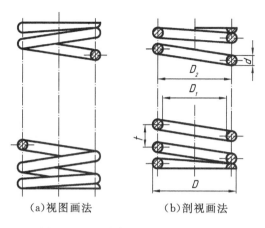

(a)视图画法　　　　　　(b)剖视画法

图 5-27　圆柱螺旋压缩弹簧的画法

(2)有效圈在四圈以上的螺旋弹簧,可在每一端只画出 1～2 圈(支撑圈除外),中间只需通过簧丝剖面中心的细点画线连接起来,并允许适当缩短图形的长度。

(3)螺旋弹簧均可画成右旋,对必须有旋向要求的应注明旋向,右旋"RH",左旋"LH"。

(4)螺旋压缩弹簧如要求两端并紧且磨平时,不论支承圈数多少,末端并紧情况如何,均按支承圈为 2.5 圈(有效圈是整数),磨平圈 1.5 圈形式绘制。

(5)在装配图中,弹簧被剖切时,如簧丝剖面直径在图形上等于或小于 2 mm 时,剖面可涂黑,也可用示意画法画出。

5.6.2　圆柱螺旋压缩弹簧的参数

1.弹簧的名词术语及有关尺寸计算

(1)簧丝直径 d:制造弹簧钢丝的直径。

(2)弹簧外径 D:弹簧的最大直径。

(3)弹簧内径 D_1:弹簧的最小直径,$D_1 = D - 2d$。

(4)弹簧中径 D_2:弹簧的平均直径,$D_2 = (D + D_1)/2$。

(5)节距 t:除两端支承圈外,弹簧相邻两圈对应两点之间的轴向距离。

(6)支承圈数 n_2:为了使压缩弹簧工作平稳且端面受力均匀,制造时需将弹簧每一端 0.55～1.25 圈并紧磨平,这些圈只起到支撑作用而不参与工作,称为支承圈,规定 $n_2 = 1.5$、2、2.5 三种。

(7)有效圈数 n:节距相等且参与工作的圈数。

(8)总圈数 n_1:有效圈与支承圈数之和。

(9)自由高度 H_0:不受外力作用时弹簧的高度,$H_0 = nt + (n_2 - 0.5d)$。

(10)展开长度 L:坯料的长度,$L \approx n_1 \sqrt{(\pi D_2)^2 + t^2}$。

2.压缩弹簧的画图步骤

图 5-28 所示为圆柱螺旋压缩弹簧的画图步骤。

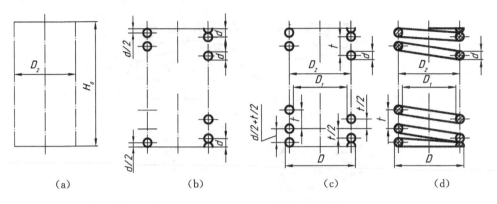

图 5-28　圆柱螺旋压缩弹簧的画图步骤

图 5-29 为圆柱螺旋压缩弹簧的零件图。

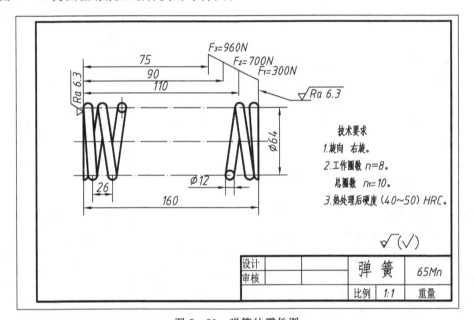

图 5-29　弹簧的零件图

第6章 零件图

6.1 零件图的作用与内容

6.1.1 零件图的作用

任何一台机器或部件都是由许多零件按一定的技术要求装配而成的,每个零件都是根据零件图加工出来的。零件图是用来表达零件的结构、尺寸及加工技术要求的图样,它是设计部门提交生产部门的重要技术文件,是制造和检验零件的依据,也是技术交流的重要资料。

6.1.2 零件图的内容

零件图是指导制造和检验零件的图样,如图 6-1 所示,图样中必须包括制造和检验该零件时所需的全部资料。其具体内容如下:

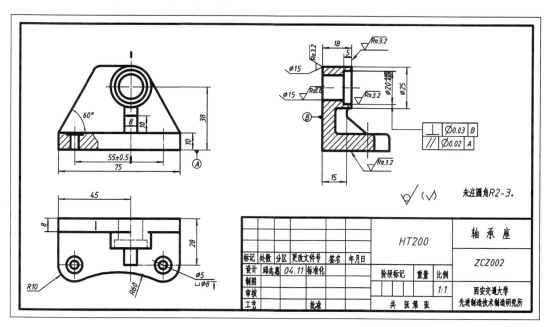

图 6-1 轴承座零件图

(1)一组视图:综合运用机件的各种表达方法,正确、完整、清晰和简便地表达出零件的内外结构形状。

(2)完整的尺寸:用一组尺寸正确、完整、清晰、合理地标注出制造、检验零件所需的全部尺寸。

(3)技术要求:用规定的代号、数字、字母和文字注解说明零件在制造和检验过程中应达到的各项技术要求,如尺寸公差、形状和位置公差、表面粗糙度、材料和热处理以及其他特殊要求等。

（4）标题栏:应配置在图框的右下角,用于填写零件的名称、材料、重量、数量、绘图比例、图样代号以及有关责任人的姓名和日期等。

6.1.3　零件结构形状的表达

1.零件图的视图选择

零件图的视图选择就是选用一组合适的视图来表达零件的内、外结构形状及各部分的相对位置关系。它是机件各种表达方法的具体综合运用。要正确、完整、清晰、简便地表达零件的结构形状,关键在于选择一个最佳的表达方案。

2.主视图的选择

主视图是一组视图的核心,画图和看图时,一般多从主视图开始。所以,主视图选择得恰当与否,直接影响看图和画图是否方便。选择主视图时应考虑下列原则:

（1）加工位置原则。零件图的作用是指导制造零件,因此主视图所表示的位置应尽量和该零件的主要工序的装夹位置一致,以便读图。如图 6-2(a)所示的轴类和如图 6-2(b)所示圆形盘盖类零件多在如图 6-2(c)所示的车床、磨床上加工,故常按加工位置选择主视图,即在主视图上常将其回转轴线水平放置。

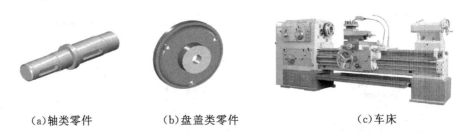

　　(a)轴类零件　　　　　　(b)盘盖类零件　　　　　　(c)车床

图 6-2　按加工位置选择主视图

（2）工作位置原则。工作位置是指零件在机器或部件中所处的工作位置。对于加工位置多变的零件,应尽量与零件在机器、部件中的工作位置相一致,这样便于想像出零件的工作情况。例如,如图 6-3 所示的箱体、叉架、壳体类零件常按其工作位置来选择主视图。但对于在机器中工作时斜置的零件,为便于画图和读图,应将其放正。

图 6-3　按工作位置选择主视图的零件类型

在选择主视图时,应当根据零件的具体结构和加工、使用情况加以综合考虑,以反映形状特征原则为主,尽量做到符合加工位置和工作位置。当选好主视图的投射方向后,还要考虑其他视图的合理布置,充分利用图纸空间。

3. 其他视图的选择

选定主视图后应根据零件结构形状的复杂程度,选择其他视图。选择其他视图的原则主要如下:

(1)基本原则。在完整、清晰地表达零件内、外结构形状的前提下,优先选用基本视图。

(2)互补性原则。其他视图主要用于表达零件在主视图中尚未表达清楚的部分,作为主视图的补充。主视图与其他视图表达零件时,各有侧重,相互弥补,才能完整、清晰地表达零件的结构形状。

(3)视图简化原则。在选用视图、剖视图等各种表达方法时,还要考虑绘图、读图的方便,力求减少视图数目,简化图形。为此,应广泛应用各种简化画法。

6.1.4 零件上常见结构的尺寸标注

表 6-1 为零件上常见孔的尺寸注法。

表 6-1　零件常见孔的尺寸标注

类型	尺寸注法	解释含义
光孔		表示 4 个直径为 4 的光孔,孔深为 10
螺纹通孔		表示 3 个螺纹通孔均匀分布,公称直径为 6,中径及顶径公差代号均为 6H
螺纹盲孔		表示 3 个螺纹盲孔均匀分布,公称直径为 6,螺纹深度为 10
锥形沉孔		表示锥形沉孔 4 个,锥形孔大端直径为 13,下端通孔直径为 7。"∨"表示埋头孔符号

类型	尺寸注法	解释含义
柱形沉孔	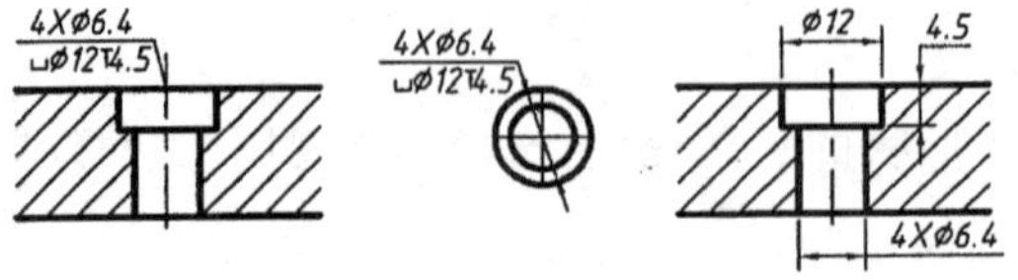	表示柱形沉孔,4 个直径为 6.4 均匀分布的孔,沉孔的直径为 12,深度为 4.5
锪孔	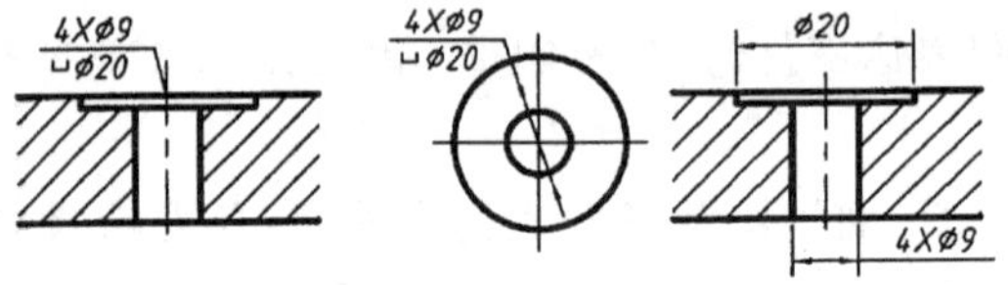	锪平孔直径为 20,锪到去除掉毛面为止,深度不标,不作要求,孔径为 9

6.2　典型零件的视图表达和尺寸标注

零件的形状各不相同,按其结构特点可分为轴套类、轮盘类、叉架类、箱壳类等几种类型。下面以几张零件图为例,分别介绍它们的结构特点及其视图选择。

6.2.1　轴套类零件

轴套类零件包括轴、螺杆、阀杆和空心套等。轴类零件在机器中主要起支承和传递动力的作用。套的主要作用是支承和保护转动零件,或用来保护与它外壁相配合的表面。

1.结构特点

轴的主体是由几段不同直径的圆柱体(或圆锥体)所组成,常加工有键槽、螺纹、砂轮越程槽、倒角、退刀槽和中心孔等结构。

2.视图选择

轴类零件多在车床和磨床上加工。为了加工时看图方便,轴类零件的主视图按其加工位置选择,一般将轴线水平放置,用一个基本视图来表达轴的主体结构,轴上的局部结构,一般采用局部视图、局部剖视图、断面图、局部放大图来表达。此外,对形状简单且较长的轴段,常采用断开后缩短的方法表达。

一个简易的传动轴的视图表达如图 6-4 所示,主视图表达阶梯轴的形状特征及各局部结构的轴向位置;用移出断面图来表达键槽的形状、位置和深度;同时使用断面图表达右端被铣平的断面形状。套类零件的表达方法与轴类零件相似,当其内部结构复杂时,常用剖视图来表达。

3.尺寸标注分析

(1)轴套类零件宽度和高度的主要基准是回转轴线,长度方向的主要基准常根据设计要求选择某一轴肩,如图 6-4 中　35 的右轴肩为长度方向的主要基准,轴的两端面为辅助基准。

（2）重要尺寸应直接注出，其余尺寸可按加工顺序标注。

（3）不同工序的加工尺寸，内外结构的形状尺寸应分开标注。

（4）对于零件上的标准结构，如键槽、退刀槽、越程槽、倒角等应查设计手册按标准尺寸标注。

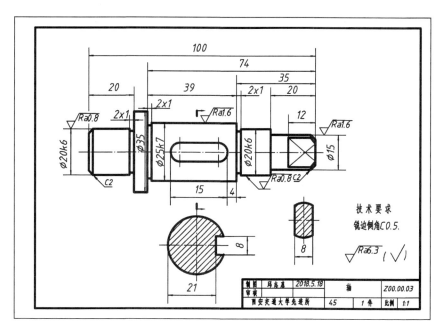

图 6－4 轴的零件图

6.2.2 轮盘类零件

轮盘类零件一般包括手轮、带轮、齿轮、法兰盘、端盖和盘座等。这类零件在机器中主要起传递动力、支承、轴向定位及密封作用。

1. 结构特点

轮盘类零件的基本形状是扁平的盘状，由几个回转体组成，其轴向尺寸往往比其他两个方向的尺寸少得多，零件上常见的结构有凸缘、凹坑、螺孔、沉孔、肋等结构。

2. 视图选择

由于轮盘类零件的主要加工表面是以车削为主，所以其主视图也应按加工位置布置，将轴线放成水平，且多将该视图作全剖视，以表达其内部结构，除主视图外，常采用左（或右）视图，表达零件上沿圆周分布的孔、槽及轮辐、肋条等结构。对于零件上的一些小的结构，可选取局部视图、局部剖视图、断面图和局部放大图表示。

如图 6－5 所示的端盖，采用了主、左两视图表示。主视图将轴线水平放置，且作了全剖视，表达了端盖的主体结构，清楚地反映出密封槽的内部结构形状。左视图反映出端盖的形状和沉孔的位置。

3. 尺寸标注分析

（1）轮盘类零件常以回转体的轴线、主要形体的对称面或经过加工的较大的结合面作为主要基准。如图 6-5 中宽度和高度的主要基准是端盖的回转轴线,长度方向的基准是端盖的右端面。

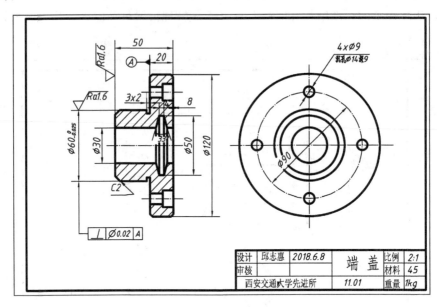

图 6-5　端盖的零件图

(2)轮盘类零件上常有定位尺寸,如匀布小孔的定位圆直径、销孔的定位尺寸等,标注时不要遗漏。如图 6-5 中的 90、4× 9 等。

6.2.3　叉架类零件

这类零件包括各种用途的叉杆和支架零件。一般由工作部分、连接部分和支承部分组成。

1. 结构特点

叉架类零件结构形状较为复杂且不规则,连接部分多为肋板结构,且形状弯曲、扭斜的较多。支承部分和工作部分多有圆孔、螺孔、油孔、油槽、凸台和凹坑等结构。如图 6-6 所示。

2. 视图选择

由于叉架类零件的结构形状较复杂,加工工序较多,其加工位置经常变化,因此选择主视图时,主要考虑零件的形状特征和工作位置。如图 6-6 中,其零件图采用主、左两视图以及一个局部视图和一个断面图表达。主视图表达了相互垂直的安装面、支承肋板及夹紧结构,左视图表达安装板的形状和安装孔的位置,这两个视图都以表达外形为主,并分别采用局部剖表示圆孔的内形。采用 A 向局部视图表达夹紧部分的结构,用移出断面图表达支承肋板的断面形状。

3. 尺寸标注分析

(1)长、宽、高三个方向的主要基准一般为较大孔的中心线、轴线、对称平面和较大的加工平面,图 6-6 中支撑部分的右端面为安装面,可作为长度方向的尺寸基准,标注尺寸 49、13。A 基准面是支承面,作为高度方向的尺寸基准,标注尺寸 65、16 等。宽度方向的尺寸基准为前后对称面。

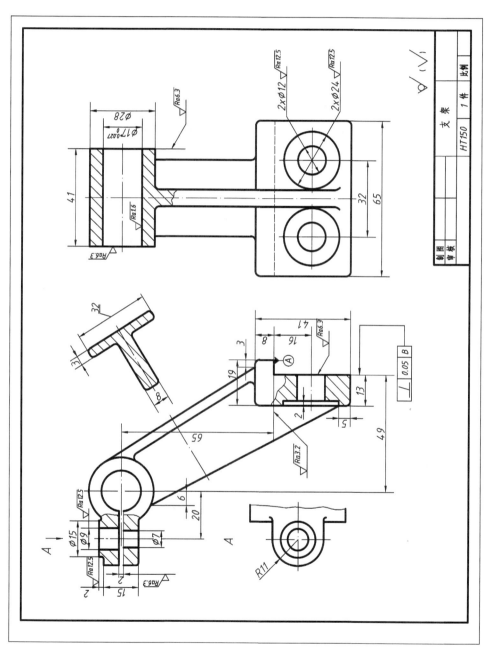

图6-6 支架的零件图

(2)定位尺寸较多,要注意保证主要部分的定位精度。一般要标出各孔中心间的位置,或孔中心到平面的距离,或平面到平面的距离。如图中标注尺寸 32、20 等。

(3)定形尺寸一般都有采用形体分析法标注,以便于制模。

6.2.4　箱(壳)体类零件

箱体类零件包括各种箱体、壳体、泵体以及减速机的机体等,这类零件主要用来支承、包容和保护体内的零件,也起定位和密封等作用,因此结构较复杂,一般为铸件。

1. 结构特点

箱体类零件通常都有一个由薄壁所围成的较大空腔和与其相连供安装用的底板;在箱壁上有多个向内或向外伸延的供安装轴承用的圆筒或半圆筒,且在其上、下常有肋板加固。此外,箱体类零件上还有许多细小结构,如凸台、凹坑、起模斜度、铸造圆角、螺孔、销孔和倒角等。

2. 视图选择

箱体类零件由于结构复杂,加工位置的变化也较多,所以一般以零件的工作位置和最能反映其形状特征及各部分相对位置的方向作为主视图的投射方向。其外部、内部结构形状应采用视图和剖视图分别表达;对细小结构可采用局部视图、局部剖视图和断面图来表达。这类零件一般需要三个以上的基本视图。

泵体的零件图如图 6-7 所示,采用主、左两个基本视图和一个局部视图。主视图表达

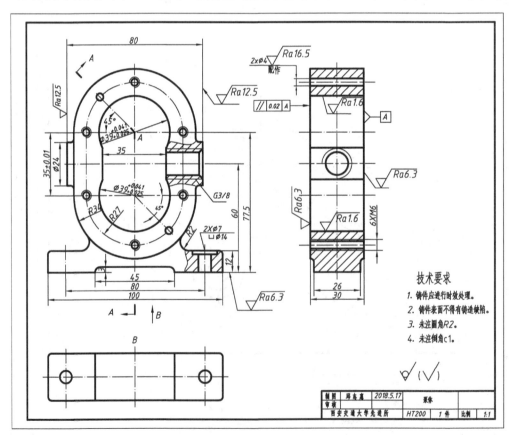

图 6-7　泵体的视图方案

了前端带空腔的圆柱、支承板、底板及进出油孔的形状和位置关系,采用三处局部剖视,分别表达油孔及底板上的安装孔结构。左视图采用全剖进一步表达前端圆柱的内腔、后端圆柱的轴孔、底板的形状及位置关系。采用局部视图侧重表示底板的形状、安装孔的位置关系。

3.尺寸标注分析

(1)长、宽、高三个方向的主要基准一般为较大孔的中心线、轴线、对称平面和较大的加工平面。图 6-7 中左右对称面可作为长度方向的尺寸基准,标注尺寸 80、45 等;底板的底面作为高度方向的尺寸基准,标注尺寸 12、60 等;宽度方向的尺寸基准为前后对称面。

(2)定位尺寸较多,各孔中心之间的距离一定要直接标注。如图中底板上的安装尺寸 80 等。

(3)定形尺寸一般都采用形体分析法标注,以便于制模。

6.3　零件图的技术要求

零件图不仅要用视图和尺寸表达其结构形状及大小,还应表示出零件表面结构在制造和检验中控制产品质量的技术要求。零件图上的技术要求主要包括表面结构、极限与配合、几何公差、热处理和表面处理等内容。

零件图上的技术要求应按照国标规定的各种符号、代号、文字标注在图形上。对于一些无法标注在图形上的内容,或者需要统一说明的内容,可以用文字注写在标题栏上方或左方的空白处。

6.3.1　表面粗糙度

1.表面结构的概念

表面结构是表面粗糙度、表面波纹度、表面缺陷、表面纹理和表面几何形状的总称。表面粗糙度、表面波纹度以及表面几何形状总是同时生成并存在于同一表面。表面结构的特性直接影响零件的耐磨性、密封性、震动、噪音及外观质量等。本节主要介绍表面粗糙度。

经过加工的零件表面看起来很光滑,但从显微镜下观察却可见其表面具有微小的峰、谷。如图 6-8 所示,这种加工表面上具有较小的间距和峰谷所组成的微观几何形状特征,称为表面粗糙度。零件实际表面的这种微观不平度,对零件的磨损、疲劳强度、耐腐蚀性、配合性质和喷涂质量,以及外观等都有很大影响,并直接关系到机器的使用性能和寿命,特别是对运转速度快、装配精度高、密封要求严的产品,更具有重要意义。

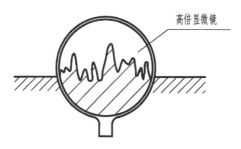

图 6-8　零件表面微观几何形状

2. 评定表面结构要求的参数及数值

表面粗糙度参数是评定表面结构要求时普遍采用的主要参数。常用的参数是轮廓算术平均偏差 Ra 和轮廓最大高度 Rz。轮廓参数既能满足常用表面的功能要求,检测也比较方便。

1)轮廓算术平均偏差 Ra

在一个取样长度内,被评定轮廓纵坐标值 $Z(x)$ 绝对值的算术平均值,如图 6-9 所示。

2)轮廓最大高度 Rz

在一个取样长度内,最大轮廓峰高值 Z_p 和最大轮廓谷深 Z_v 之和的高度(轮廓峰高线与轮廓谷深线之间的距离),如图 6-9 所示。

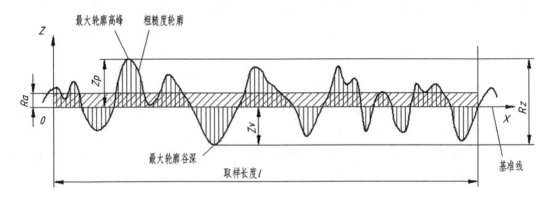

图 6-9　轮廓算术平均偏差 Ra 和轮廓最大高度 Rz

零件的表面粗糙度高度评定参数的数值越大,表面越粗糙,零件表面质量越低,加工成本就越低;反之数值越小,表面越光滑,零件表面质量越高,加工成本就越高。因此,在满足零件使用要求的前提下,应合理选用表面粗糙度参数。表面粗糙度评定参数 Ra 的数值见表 6-2。

表 6-2　表面粗糙度 Ra 数值　　　　　　　　　　(单位:μm)

第一系列	0.012	0.026	0.60	0.20	0.40	0.80	1.60	3.2	6.3	12.6	26	60	60
第二系列	0.008	0.016	0.032	0.063	0.126	0.26	0.60	1.00	2.00	4.0	8.0	16.0	32	63
	0.06	0.020	0.040	0.080	0.160	0.32	0.63	1.26	2.6	6.0	6.0	20	40	80

注:优先选用第一系列值。

3. 表面结构的符号、代号

1)表面结构的图形符号

在图样中,对表面结构的要求可用几种不同的图形符号表示。标注时,图形符号应附加对表面结构的补充要求。在特殊情况下,图形符号也可以在图样中单独使用,以表达特殊意义。各种图形符号及其含义见表 6-3。

表 6-3　表面结构的图形符号及其含义

符号	含义
 （基本图形符号）	基本图形符号:未指定工艺方法的表面,当通过一个注释解释时可单独使用
 （扩展图形符号）	扩展图形符号:用去除材料方法获得的表面;仅当其含义是"被加工表面"时可单独使用
 （扩展图形符号）	扩展图形符号:用不去除材料获得的表面,也可用于保持上道工序形成的表面,不管这种状况是通过去除材料或不去除材料形成的
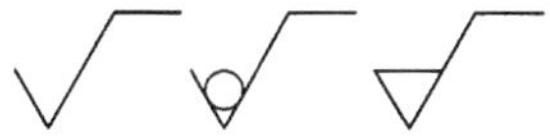 （完整图形符号）	完整图形符号:当要求标注表面结构特征的补充信息时,应在基本图形符号或扩展图形符号的长边上加一横线
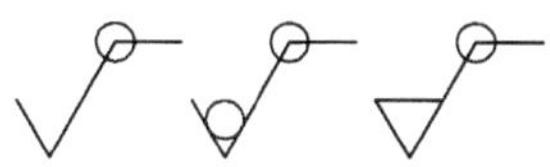 （工件轮廓各表面的图形符号）	工件轮廓各表面的图形符号:当在某个视图上组成封闭轮廓的各表面有相同的表面结构要求时,应在完整图形符号上加一圆圈,标注在图样中工件的封闭轮廓线上,如果标注会引起歧义时,各表面应分别标注

2)表面结构的图形代号

在表面结构的图形符号上,标注表面粗糙度参数的数值及有关规定,就构成表面粗糙度代号。在完整符号中对表面结构的单一要求和补充要求应该注写在如图 6-10 所示的指定位置。

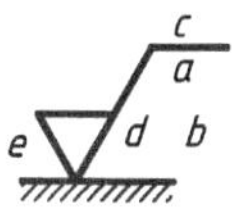

图 6-10　图形代号的单一要求和补充要求注写位置

位置 a:注写表面结构参数代号、极限值、取样长度等。在参数代号和极限值之间应插入空格。

位置 a 和 b:注写两个或多个表面结构要求。

位置 c:注写加工方法、表面处理、涂层或其他加工工艺要求。

位置 d:注写所要求的表面纹理和纹理方向。

位置 e:注写所要求的加工余量。

4. 表面结构要求的标注方法

在机械图样中,表面结构要求对零件的每一个表面通常只标注一次代(符)号,并尽量标注在确定该表面大小或位置的视图上。表面结构要求的标注要遵守以下一些规定。

1)表面结构符号、代号的标注位置与方向

根据 GB/T 131—2006 的规定,使表面结构要求的注写和读取方向与尺寸的注写和读取方向相一致,如图 6-11 所示。

(1)标注在轮廓线或指引线上。表面结构要求也可标注在轮廓线及其延长线上,其符号应从材料外指向并接触表面。必要时,表面结构符号也可以用箭头或黑点的指引线引出标注,如图 6-12 所示。

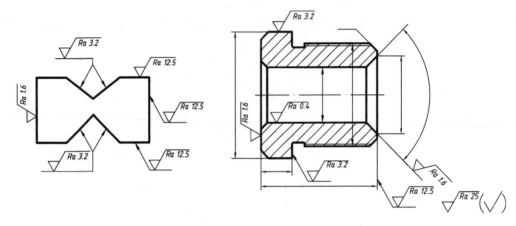

图 6-11　表面结构要求的注写方向　　　　图 6-12　表面结构要求的标注位置

（2）标注在特征尺寸的尺寸线上。在不致引起误解时,表面结构要求可以标注在给出的尺寸线上,如图 6-13 所示。

（3）标注在圆柱和棱柱表面上。圆柱和棱柱表面的表面结构要求只标注一次。如果每个圆柱和棱柱表面有不同的表面结构要求,则应分别单独标注,如图 6-14 所示。

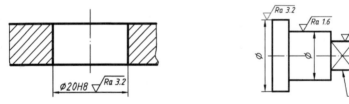

图 6-13　表面结构要求标注在尺寸线上　　　图 6-14　圆柱、棱柱的表面结构要求标注

（4）标注在几何公差的框格上。表面结构要求可标注在几何公差框格的上方,如图 6-15 所示。

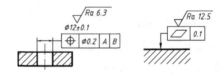

图 6-15　表面结构要求标注在几何公差框格上方

2）表面结构要求的简化注法

（1）有相同表面结构要求的简化注法。

①如果工件的全部表面的结构要求都相同,可将其结构要求统一标注在图样的标题栏附近。

②如果工件的多数表面有相同的表面结构要求,可将其统一标注在图样的标题栏附近,而将其他不同的表面结构要求直接标注在图形中。此时标题栏附近表面结构要求的符号后面应有:

　·在圆括号内给出无任何其他标注的基本符号如图 6-16（a）所示;

　·在圆括号内给出不同的表面结构要求如图 6-16（b）所示。

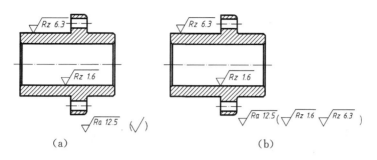

图 6-16　表面结构要求的简化标注

（2）多个表面有共同要求的标注。当多个表面具有相同的表面结构要求或空间有限时，可以采用简化注法。

①用带字母的完整符号的简化注法：可用带字母的完整符号，以等式的形式，在图形或标题栏附近，对有相同表面结构要求的表面进行标注，如图 6-17 所示。

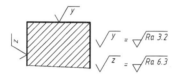

图 6-17　在图纸空间有限时的简化标注

②只用表面结构符号的简化注法：可用基本符号、扩展符号，以等式的形式给出对多个表面共同的表面结构要求，如图 6-18 所示。

（a）未指定工艺方法　　　（b）去除材料工艺　　　（c）不去除材料工艺

图 6-18　表面结构要求的简化标注

③多种工艺获得同一表面的注法：由两种或多种不同工艺方法获得的同一表面现象，当需要明确每一种工艺方法的表面结构要求时，可按图 6-19 所示进行标注。

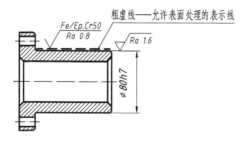

图 6-19　同时给出镀覆前后要求的注法

3）常用零件表面结构要求的标注

（1）零件上连续表面及重复要素（孔、槽、齿……）的表面，其表面结构代号只标注一次，如图 6-20 所示；用细实线连接不连续的同一表面，其表面结构代号只标注一次。如图 6-21 所示。

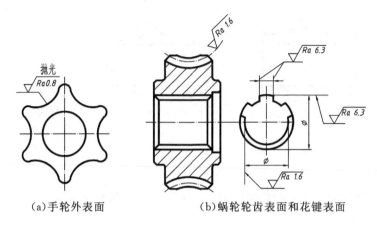

（a）手轮外表面　　　　　　（b）蜗轮轮齿表面和花键表面

图 6-20　连续表面及重复要素的表面结构要求标注

（2）螺纹的工作表面没有画出牙形时，其表面结构代号，可按图 6-22 所示的形式标注。

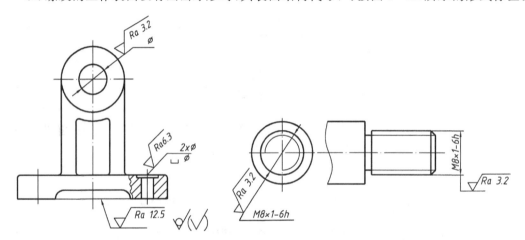

图 6-21　不连续的同一表面的表面
结构要求标注图

图 6-22　螺纹表面结构要求的标注

6.3.2　极限与配合

在现代化机械生产中，要求制造出来的同一批零件，不经挑选和辅助加工，任取一个就能顺利地装到机器上去，并能满足机器性能的要求，零件的这种性能称为互换性。如日常生活使用的螺钉、螺母、灯泡和灯头等都具有互换性。互换性有利于大量生产中的专业协作，对提高产品质量与生产效率有着重要的作用，损坏后也便于修理和调换。

为使零件具有互换性，原则上讲，必须保证零件的尺寸、几何形状和相互位置、表面粗糙度的一致性。但在零件的加工过程中，由于机床的精度、刀具的磨损、测量的误差等因素的影响，不可能把零件的尺寸加工得绝对准确。为了保证零件的互换性，必须将零件尺寸的加工误差限制在一定范围内，规定出尺寸的允许变动量，这个范围既要保证相互结合的尺寸之间形成一定的关系，以满足不同的使用要求，又要在制造上经济合理，这便形成了"极限与配合"。本节着重介绍极限与配合的基本概念及在图样上的标注。

1. 极限与配合的基本概念

1)关于尺寸的概念

(1)公称尺寸:设计时给定的用以确定结构大小或位置的尺寸。

(2)实际尺寸:零件加工后实际测量获得的尺寸。

(3)极限尺寸:允许尺寸变化的两个极限值。其中较大的一个尺寸为上极限尺寸,较小的为下极限尺寸。

2)公差与偏差的概念

(1)偏差:某一尺寸减其公称尺寸所得的代数差。

(2)极限偏差:极限尺寸减其公称尺寸所得的代数差。其中上极限尺寸减其公称尺寸之差为上极限偏差;下极限尺寸减其公称尺寸为下极限偏差。偏差可能为正、负或零。轴的上极限偏差、下极限偏差代号分别用小写字母 es、ei 表示,孔的上、下偏差代号分别用大写字母 ES、EI 表示。

如图 6-23(a)中轴的上偏差为　29.980－　30＝－0.020;下偏差为　29.969－　30＝－0.041。

孔的上偏差为　30.033－　30＝0.033;下偏差为　30－　30＝0。

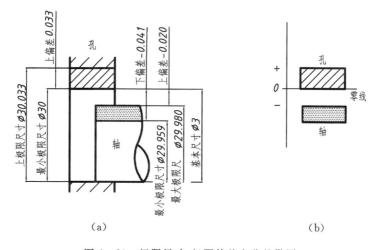

图 6-23　极限尺寸、极限偏差和公差带图

(3)公差:最大极限尺寸减下极限尺寸,或上偏差减下偏差之差称为尺寸公差(简称公差),它是允许尺寸的变动量。

图 6-23 中孔、轴的公差可分别计算如下:

①孔　公差＝最大极限尺寸－最小极限尺寸＝　30.033－　30＝0.033

　　　公差＝上偏差－下偏差＝0.033－0＝0.033

②轴　公差＝最大极限尺寸－最小极限尺寸＝　29.980－　29.969＝0.021

　　　公差＝上偏差－下偏差＝(－0.020)－(－0.041)＝0.021

由此可知,公差用于限制尺寸误差,是尺寸精度的一种度量。公差越小,尺寸的精确度越高,实际尺寸的允许变动量就越小;反之,公差越大,尺寸的精确度越低。

(4)公差带:为了简化起见,在实用中常不画出孔(或轴),只画出表示公称尺寸的零线和上下偏差,称为公差带图,如图 6-23(b)所示。在公差带图中,由代表上、下偏差的两条直线所限定的一个区域称为公差带。

2. 标准公差和基本偏差

国家标准规定了标准公差和基本偏差来分别确定公差带的大小和相对零线的位置。

(1)标准公差:国家标准规定的确定公差带大小的数值,称为标准公差。标准公差按公称尺寸范围和公差等级来确定。它是衡量尺寸的精度,也就是加工的难易程度。

标准公差分 20 个等级,从 IT01、IT0、IT1 至 IT18。其中 IT01 公差值最小,尺寸精度最高;从 IT01 到 IT18,数字越大,公差值越大,尺寸精度越低。

标准公差数值见附录 B 附表 18,从中可查出某尺寸在某一公差等级下的标准公差值。如公称尺寸为 20,公差等级 IT7 的标准公差值为 0.021。

(2)基本偏差:确定公差带相对零线位置的那个极限偏差。它可以是上偏差或下偏差,一般为靠近零线的那个偏差,也就是偏差值的绝对值较小的偏差。当公差带位于零线上方时,基本偏差为下偏差;当公差带位于零线下方时,基本偏差为上偏差。基本偏差系列如图 6-24 所示。

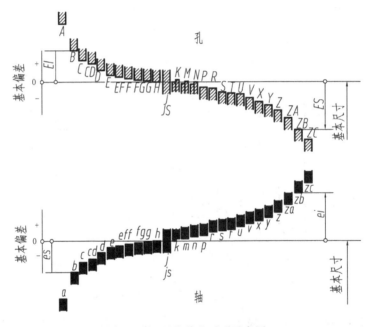

图 6-24　基本偏差系列示意图

国家标准规定了孔、轴基本偏差代号各有 28 个,形成了基本偏差系列,如图 6-24 所示。图中上方为孔的基本偏差系列,代号用大写字母表示;下方为轴的基本偏差系列,代号用小写字母表示。图中各公差带只表示了公差带的位置,不表示公差带的大小。因而只画出了公差带属于基本偏差的一端,而另一端是开口的,即另一端的极限偏差应由相应的标准公差确定。

孔、轴的公差带代号由表示公差带位置的基本偏差代号和表示公差带大小的公差等级组成。例如 20H6, 20 表示公称尺寸,H6 是孔的公差代号,其中,H 表示孔的基本偏差代号,6 表示标准公差等级。

3. 配合

公称尺寸相同的相互结合的孔和轴公差带之间的关系称为配合。根据使用要求的不同,配合有松有紧,因此配合的类型有三种。

(1)间隙配合:具有间隙(包括最小间隙等于零)的配合。间隙配合中孔的最小极限尺寸大于或等于轴的最大极限尺寸,孔的公差带完全位于轴的公差带之上,如图6-25(a)所示。

(2)过盈配合:具有过盈(包括最小过盈等于零)的配合。过盈配合中孔的最大极限尺寸小于或等于轴的最小极限尺寸,孔的公差带位于轴的公差带之下,如图6-25(b)所示。

(3)过渡配合:可能具有间隙或过盈的配合。过渡配合中,孔的公差带与轴的公差带相互交叠,如图6-25(c)所示。

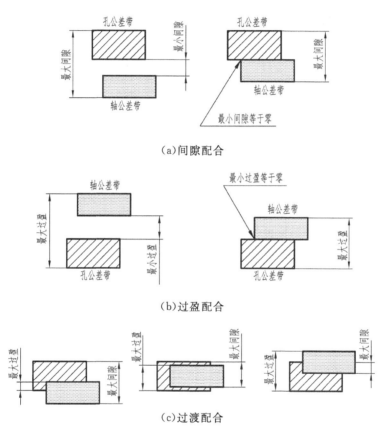

图 6-25　配合类型

4. 配合制

为了满足零件结构和工作要求,在加工制造相互配合的零件时,采用将其中一个零件作为基准件,使其基本偏差不变,通过改变另一零件的基本偏差以达到不同的配合性质的要求。

(1)国家标准规定了以下两种配合基准制。

①基孔制配合:基本偏差为一定的孔的公差带,与不同基本偏差的轴的公差带形成各种配合的一种制度。基孔制中选择基本偏差为 H,即下偏差为 0 的孔为基准孔。由于轴比孔易于加工,所以应优先选用基孔制配合。

②基轴制配合:基本偏差为一定的轴的公差带,与不同基本偏差的孔的公差带形成各种配合的一种制度。基轴制中选择基本偏差为 h,即上偏差为 0 的轴为基准轴。

(2)从基本偏差系列,如图6-26中可以看出:

①在基孔制中,基准孔H与轴配合,a~h(共11种)用于间隙配合;j~n(共6种)主要用于过渡配合;p~zc(共12种)主要用于过盈配合。

②在基轴制中,基准轴h与孔配合,A~H(共11种)用于间隙配合;J~N(共6种)主要用于过渡配合;P~ZC(共12种)主要用于过盈配合。

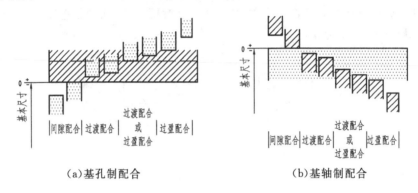

(a)基孔制配合　　　　　　　　(b)基轴制配合

图6-26　配合基准制

5. 极限与配合在图样中的标注

1)在装配图上的标注

在装配图上标注配合时,配合代号必须在公称尺寸的后面,用分数形式注出,分子为孔的公差带代号,分母为轴的公差带代号,其注写形式有三种:分数形式、斜形式、在尺寸线的中断处形式,如图6-27所示。

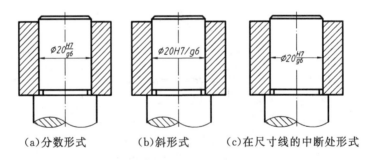

(a)分数形式　　　　(b)斜形式　　　　(c)在尺寸线的中断处形式

图6-27　装配图上配合代号的三种标注形式

注意零件与标准件或外购件配合时,装配图中可仅标注该零件的公差带代号。如图6-28中轴颈与滚动轴承内圈的配合,只注出轴颈 30k6;机座孔与滚动轴承外圈的配合,只注出机座孔 62J7。

2)在零件图中的标注

在零件图中进行公差标注有三种方法:

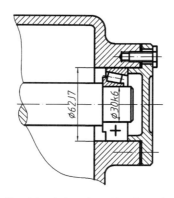

图 6-28 装配图上与标准件或外购件配合的标注形式

(1)标注公差带代号:直接在公称尺寸后面标注出公差带代号,如图 6-29(a)所示。这种注法常用于大批量生产中,由于与采用专用量具检验零件统一起来,因此不需要注出偏差值。

(2)标注公差值(极限偏差):直接在公称尺寸后面标注出上、下偏差数值,如图 6-29(b)所示。在零件图中进行公差标注一般采用极限偏差的形式。这种注法常用于小批量或单件生产中,以便加工检验时对照。

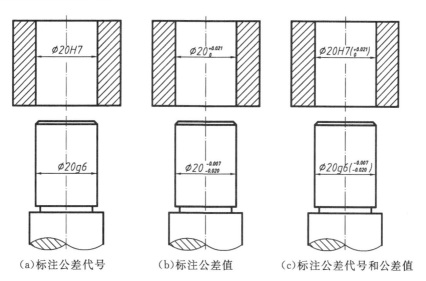

(a)标注公差代号   (b)标注公差值   (c)标注公差代号和公差值

图 6-29 零件图上公差带、极限偏差数值的标注

(3)公差带代号与公差值(极限偏差值)同时标出:在公称尺寸后面标注出公差带代号,并在后面的括号中同时注出上、下偏差数值,如图 6-29(c)所示。这种标注形式集中了前两种标注形式的优点,常用于产品转产较频繁的生产中。

3)标注偏差数值时应注意的事项

(1)上、下偏差数值不相同时,上偏差注在公称尺寸的右上方,下偏差注在右下方并与公称尺寸注在同一底线上。偏差数字应比公称尺寸数字小一号,小数点前的整数位对齐,后边的小数位数应相同。

(2) 如果上偏差或下偏差为零时,应简写为"0",前面不注"+"、"—"号,后边不注小数点；另一偏差按原来的位置注写，其个位与"0"对齐。

（3）如果上、下偏差数值绝对值相同，则在公称尺寸后加注"±"号，只填写一个偏差数值，其数字大小与公称尺寸数字大小相同，如 80±0.017。

（4）国家标准规定，同一张零件图中其公差只能选用一种标注形式。

6.4　零件上常见的工艺结构

大部分零件都要经过铸造、锻造和机械加工等过程制造出来，因此，制造零件时，零件的结构形状不仅要满足机器的使用要求，还要符合制造工艺和装配工艺等方面的要求。

6.4.1　铸造工艺结构

1. 起模斜度

零件在铸造成型时，为了便于将木模从砂型中取出，常使铸件的内、外壁，沿起模方向作出一定的斜度，称为铸造斜度或起模斜度，如图 6-30 所示。起模斜度通常按 1∶20 选取，在零件图上一般可不必画出，也可不加标注，必要时可作为技术要求加以说明。

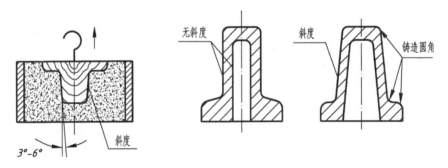

图 6-30　铸造圆角和起模斜度

2. 铸造圆角

为了避免浇铸时砂型转角处落砂以及防止铸件冷却时产生裂纹和缩孔，铸件各表面相交的转角处都应做成圆角，称为铸造圆角。铸造圆角的大小一般取 $R=3\sim6$ mm，可在技术要求中统一注明，如图 6-30 所示。

3. 铸件壁厚应尽量均匀

如果铸件各处的壁厚相差很大，由于零件浇铸后冷却速度不一样，会造成壁厚处冷却慢，易产生缩孔，厚薄突变处易产生裂纹。因此，设计时应尽量使铸件壁厚保持均匀或逐渐过渡，如图 6-31 所示。

4. 过渡线

在铸造零件上，由于铸造圆角的存在，就使零件表面上的交线变得不十分明显。但是，为了便于读图及区分不同表面，在图样上，仍需按没有圆角时交线的位置，画出这些不太明显的线，这样的线称为过渡线。

过渡线用细实线表示，过渡线的画法与没有圆角时的相贯线画法完全相同，只是过渡线

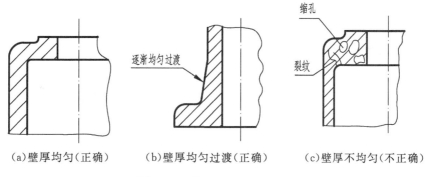

(a)壁厚均匀(正确)　　　　(b)壁厚均匀过渡(正确)　　　　(c)壁厚不均匀(不正确)

图 6-31　铸件壁厚的处理

的两端与圆角轮廓线之间应留有空隙。下面分几种情况加以说明。

　　(1)当两曲面相交时,过渡线应不与圆角轮廓接触,如图 6-32(a)所示。

　　(2)当两曲面相切时,过渡线应在切点附近断开,如图 6-32(b)所示。

　　(3)平面与平面、平面与曲面相交时,过渡线应在转角处断开,并加画过渡圆弧,其弯向与铸造圆角的弯向一致,如图 6-32(c)所示。

　　(4)当肋板与圆柱组合时,其过渡线的形状与肋板的断面形状、肋板与圆柱的组合形式有关,如图 6-32(d)所示。

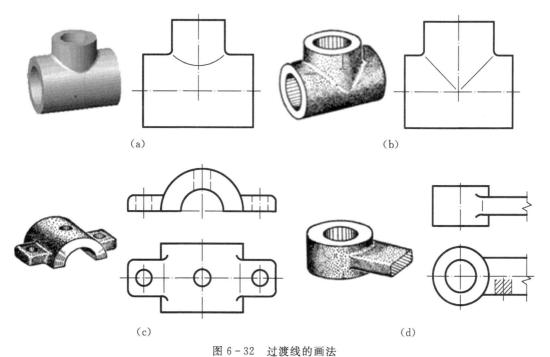

(a)　　　　　　　　　　　　　　　　(b)

(c)　　　　　　　　　　　　　　　　(d)

图 6-32　过渡线的画法

6.4.2　机械加工工艺结构

1.倒角和倒圆

　　为了便于装配零件,消除毛刺或锐边,一般在孔和轴的端部加工出倒角。为了避免因应力集中而产生裂纹,常常把轴肩处加工成圆角的过渡形式,称为倒圆。其画法和标注方法如

图 6 - 33 所示。

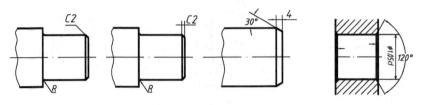

图 6 - 33　倒角与倒圆

2. 退刀槽和砂轮越程槽

如图 6 - 34 所示，在车削内孔、车削螺纹和磨削零件表面时，为便于退出刀具或使砂轮可以稍越过加工面，常在待加工面的末端预先制出退刀槽或砂轮越程槽，退刀槽或砂轮越程槽的尺寸可按"槽宽×槽深"或"槽宽×直径"的形式标注。当槽的结构比较复杂时，可画出局部放大图标柱尺寸。

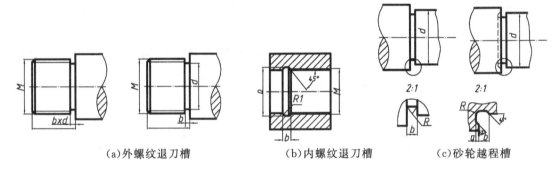

（a）外螺纹退刀槽　　　　　（b）内螺纹退刀槽　　　　　（c）砂轮越程槽

图 6 - 34　退刀槽和砂轮越程槽

3. 凸台和凹坑

为使零件的某些装配表面与相邻零件接触良好，也为了减少加工面积，常在零件加工面处作出凸台、锪平成凹坑和凹槽，如图 6 - 35 所示。

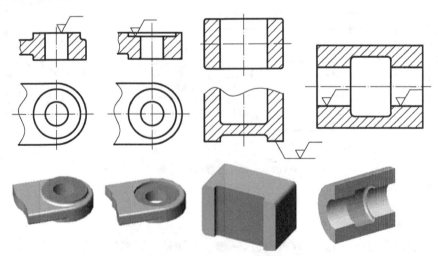

图 6 - 35　凸台和凹坑

4.钻孔结构

钻孔时,要求钻头的轴线尽量垂直于被钻孔的表面,以保证钻孔准确,避免钻头折断,当零件表面倾斜时,可设置凸台或凹坑。钻头单边受力也容易折断,因此,钻头钻透处的结构,也要设置凸台使孔完整,如图 6-36 所示。

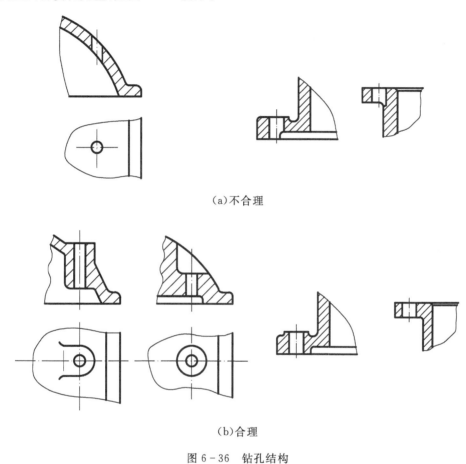

(a)不合理

(b)合理

图 6-36　钻孔结构

6.5　读零件图

工程技术人员必须具备读零件图的能力。读零件图的目的是根据已有的零件图,了解零件的名称、材料、用途,并分析其图形、尺寸、技术要求,从而想象出零件各组成部分的结构形状和大小,做到对零件有一个完整的、具体的形象,这样才能更好地理解设计意图,进而为零件拟订出适当的加工制造工艺方案,或提出改进意见。

6.5.1　读零件图的方法与步骤

1.读标题栏

首先从标题栏了解零件的名称、材料、比例等,然后通过装配图或其他途径了解零件的作用,从而对零件有一个初步的概念。

2.分析视图,想象形状

首先找出主视图,弄清其他视图与主视图的关系,各个视图采用什么表达方法。然后以形体分析法为主,结合其他方法和零件结构知识,逐步看懂零件各部分的形状、结构特点,从而综合想象出零件的完整形状。

3.分析尺寸

根据零件的结构特点和用途,首先找出尺寸的主要基准和重要尺寸,然后了解其他尺寸。进而用形体分析法了解各组成部分的定位尺寸和定形尺寸,检查尺寸的完整性。最后再按设计要求和工艺要求检查尺寸的合理性。

4.了解技术要求

技术要求包括表面粗糙度、尺寸公差、形位公差和其他技术要求等。要分析这些标注是否准确,数值是否合理。

5.综合分析

综合上面的分析,就能对该零件有较全面、完整的了解,达到读图要求。

有时为了读懂比较复杂的零件图,还需要参考有关的技术资料,包括零件所在的部件装配图以及与它有关的零件图。

6.5.2　读零件图示例

读图 6 - 37 所示透盖的零件图。

1.读标题栏

从标题栏可知,该零件为减速器上的透盖,属于轮盘类零件,材料为铸铁,由铸件经机械加工而成。

2.分析视图,想象形状

该零件只有主、左两个视图,主视图采用全剖视,左视图为外形图。由形体分析可知:透盖的主体形状为回转体,右端是圆盘状,左端是圆筒状,另外在圆盘上有 4 个均匀分布的 11 穿螺钉的光孔、4 个安装油封盖用的螺纹孔,此外,左端还有 4 个宽 10、深 10 的方槽。主视图反映内外各回转体的形状和相对位置,轴线水平放置,符合加工位置;左视图主要是表达各种孔和槽的分布位置。

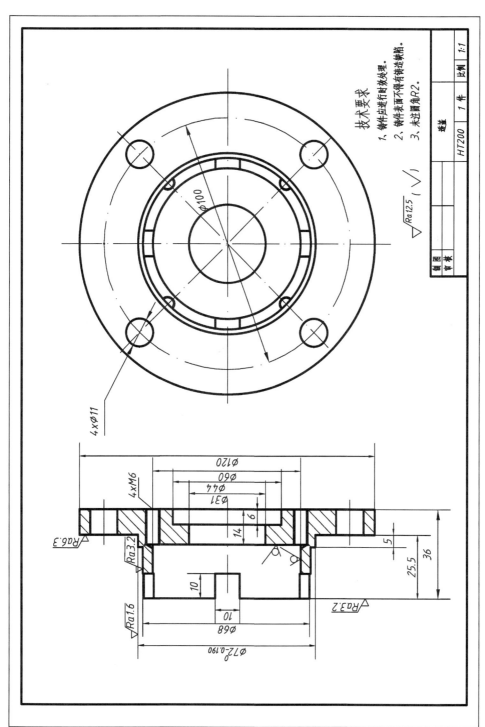

技术要求

1. 铸件应进行时效处理。
2. 铸件表面不得有缺陷。
3. 未注圆角R2。

$\nabla^{Ra12.5}$ $(\sqrt{\ })$

	透盖		
	HT200	1 件	比例 1:1
制图			
审核			

图6-37　透盖零件图

　　通过上述分析,综合起来就可以想象出透盖的完整形状,如图 6 - 38 所示。

图 6 - 38　透盖立体图

3. 分析尺寸

　　透盖的主体形状为回转体,所以径向基准是轴线,轴向的主要基准是圆盘的左侧面(安装面)P。重要尺寸有箱体相配合尺寸 $72_{-0.190}^{0}$,透盖装入箱体内的长度尺寸 25.5,此外还有两组孔的定位尺寸 100 和 60。

4. 了解技术要求

　　该零件的毛坯为铸件,其左端 60 内孔的两个表面为不加工表面,其他表面皆为加工面,其中以 $72_{-0.190}^{0}$ 圆柱面要求最高。此外,零件机械加工前须进行时效处理,以消除内应力。

5. 综合分析

　　综合上面内容可知,透盖是减速器上的一个盖子,其中 $72_{-0.190}^{0}$ 的圆柱面的尺寸公差和表面粗糙度要求最高,需要进行精加工。该零件的制造过程包括铸造、时效、车削、钻孔、攻丝和铣槽等工序。

第7章 装配图

7.1 概 述

7.1.1 装配图的作用

什么是装配图？一台机器或一个部件都是由若干个零(部)件按一定的装配关系装配而成,如图7-1所示的平口钳是由固定钳身、活动钳身、活动螺母、丝杠等组成,如图7-2为平口钳的装配图。表示一台机器或一个部件的工作原理、零件的主要结构形状以及它们之间的装配关系的图样称装配图。装配图为装配、检验、安装和调试提供所需的尺寸和技术要求,是设计、制造和使用机器或部件的重要技术文件之一。

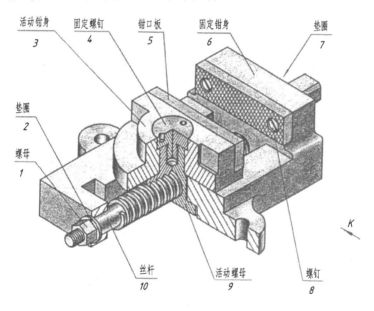

图7-1 平口钳轴测图

7.1.2 装配图的内容

装配图一般包括以下内容,如图7-2所示。

(1)一组视图:即用一组视图完整、清晰地表达机器或部件的工作原理、各零件间的装配关系(包括配合关系、连接方式、传动关系及相对位置)和主要零件的基本结构。

(2)必要的尺寸:主要是指与机器或部件有关的规格、装配、安装、外形等方面的尺寸。

(3)技术要求:提出与部件或机器有关的性能,装配、检验、试验,使用等方面的要求。

(4)零件编号、明细栏:说明部件或机器的组成情况,如零件的代号、名称、数量和材料等。

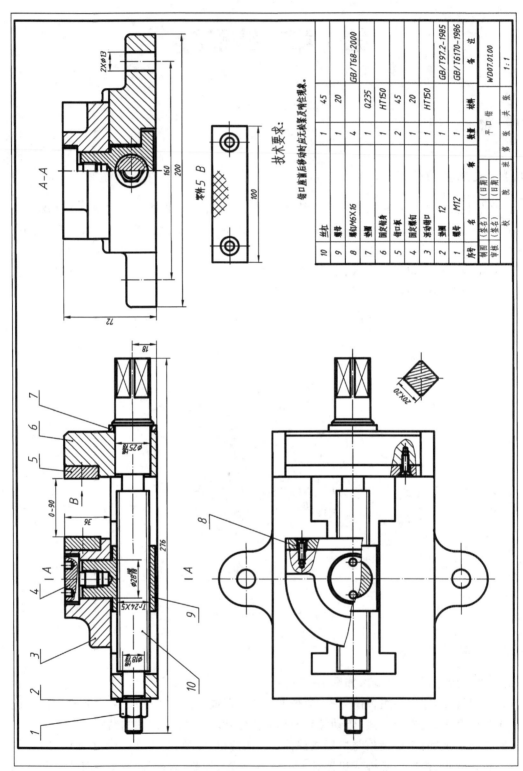

技术要求：
钳口直合后移动时应无松紧及错住现象。

序号	名 称	数量	材 料	备 注
10	丝杠	1	45	
9	螺母	1	20	
8	螺钉M6×16	4		GB/T68-2000
7	垫圈	1	Q235	
6	固定钳身	1	HT150	
5	钳口垫	2	45	
4	固定螺钉	1	20	
3	活动钳口	1	HT150	
2	垫圈 12	1		GB/T97.2-1985
1	螺母 M12	1		GB/T6170-1986

制图	（签名）	（日期）		平口钳	共 张 第 张
审核	（签名）	（日期）			WD07.0100
校	班	院			1：1

图7-2　平口钳装配图

(5)标题栏:填写图名、图号、设计单位,制图、审核、日期和比例等。

7.2　装配图的表达方法

装配图的表达方法和零件图的表达方法基本相同,前面所介绍的零件图的各种表达方法,如视图、剖视、断面、简化画法都适用于装配图,但装配图的表达对象是机器或部件整体,要求表达清楚其工作原理及各组成零件间的装配关系,以便指导装配、调试、维修、保养等。而零件图表达的对象是单个零件,要求表达清楚其结构形状及大小,其作用是指导零件的生产。所以,针对装配图表达内容的需要,还有以下几种规定画法和特殊表达方法。

7.2.1　装配图的规定画法

装配图的规定画法如图 7-3 所示。

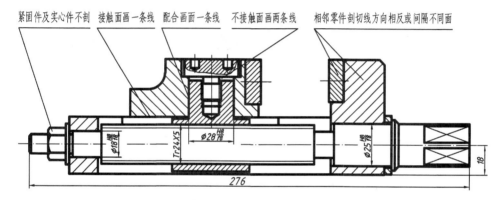

图 7-3　装配图的规定画法

1.零件接触面和配合面的画法

在装配图中,两个零件的接触面和配合面只画一条线,而不接触面或非配合面应画成两条线。

2.剖面线的画法

在装配图中,为了区分不同的零件,两个相邻零件的剖面线应画成倾斜方向相反或间隔不同,但同一零件的剖面线在各剖视图和断面图中的方向和间隔均应一。

3.紧固件及实心件的画法

在装配图中,对于紧固件、键、销及轴、连杆、球等实心零件,若按纵向剖切且剖切平面通过其轴线或对称平面时,这些零件均按不剖绘制。

7.2.2　特殊表达方法

装配图的特殊表达方法有以下几种。

1.沿零件结合面的剖切画法和拆卸画法

为了表示部件内部零件间的装配情况,在装配图中可假想沿某些零件结合面剖切,或将某些零件拆卸掉绘出其图形。如图 7-4 所示的滑动轴承装配图,在俯视图上为了表示轴瓦与轴承座的装配关系，其右半部图形就是假想沿它们的结合面切开，将上面部分拆去后绘制的。应注意在结合面上不要画剖面符号，但是因为螺栓是垂直其轴线剖切的，因此应画出剖面符号。

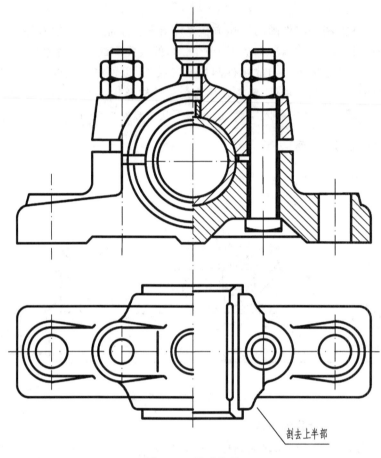

剖去上半部

图 7-4　滑动轴承

2. 假想画法

在装配图中，当需要表示某些零件运动范围的极限位置或中间位置时，或者需要表示该部件与相邻零、部件的相互位置时，均可用双点画线画出其轮廓的外形图，如图 7-5 所示。

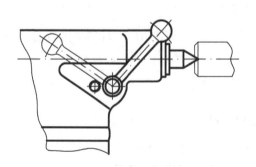

图 7-5　假想画法

3. 单个零件表示法

在装配图中,若某个零件需要表达的结构形状未能表达清楚时,可单独画出该零件的某一视图,但必须在所画视图的上方注出该零件的视图名称,在相应视图的附近用箭头指明投影方向,并注上同样的字母。如图 7 - 2 中钳口板的 B 向视图。

4. 简化画法

(1)对于装配图中的螺栓、螺钉连接等若干相同的零件组,可以仅详细地画出一处或几处,其余只需用点画线表示其中心位置,如图 7 - 6 所示。

(2)装配图中的滚动轴承,可以采用图 7 - 6 的简化画法。

(3)在装配图中,当剖切平面通过某些标准产品的组合件时,可以只画出其外形图,如图 7 - 4 中的油杯。

(4)在装配图中,零件的工艺结构如圆角、倒角、退刀槽等允许不画。

5. 夸大画法

在装配图中的薄垫片、小间隙等,如按实际尺寸画出表示不明显时,允许把它们的厚度、间隙适当放大画出,如图 7 - 6 中的垫片就是采用了夸大画法。

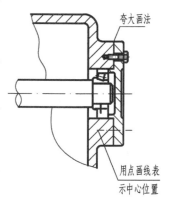

图 7 - 6 简化画法

7.3 装配图的尺寸标注、零件编号及技术要求

7.3.1 装配图的尺寸标注

由于装配图不直接用于制造零件,所以不必标出装配图中零件的所有尺寸,只标注与部件装配、检验、安装、运输及使用等有关的尺寸。

1. 特性尺寸

特性尺寸是表示部件的规格或性能的尺寸,是设计和使用部件的依据。图 7 - 2 中所示的尺寸 0～90,表明虎钳所能装夹工件的最大尺寸,是重要的特性尺寸。

2. 装配尺寸

装配尺寸是表示部件中与装配有关的尺寸,是装配工作的主要依据,是保证部件性能的重要尺寸。

(1)配合尺寸:表示零件间配合性质的尺寸,如图 7 - 2 中 18H8/f8、25H8/f8 等。

(2)连接尺寸:一般指两零件连接部分的尺寸,如图 7 - 2 中所示的丝杠与活动螺母间螺纹连接部分的尺寸 Tr24×5。对于标准件,其连接尺寸由明细栏中注明。

3. 外形尺寸

外形尺寸是表示部件的总长、总宽和总高的尺寸,是包装、运输、安装及厂房设计所需要的数据,如图 7 - 2 中所示的 276、200 和 72。

4.安装尺寸

安装尺寸是表示部件与其他零件、部件、基座间安装所需要的尺寸,如图 7-2 中所示的 160。

5.其他必要尺寸

除上述尺寸外,设计中通过计算确定的重要尺寸及运动件活动范围的极限尺寸等也需标注。对于不同的装配图,有的不只限于这几种尺寸,也不一定都具备这几种尺寸。在标注尺寸时,应根据实际情况具体分析,合理标注。

7.3.2　装配图的零件编号

为了便于读图和进行图样管理,在装配图中对所有零件(或部件)都必须进行编号,并画出明细栏,填写零件的序号、代号、名称、数量和材料等内容。

1.零件序号

为了便于看图及图样管理,在装配图中需对每个零件进行编号。零件序号应遵守下列几项规定:

(1)序号形式如图 7-7 所示。在所要标注的零件投影上打一黑点,然后引出指引线(细实线),在指引线顶端画短横线或小圆圈(均用细实线),编号数字写在短横线上或圆圈内。序号数字比该装配图上的尺寸数字大两号。

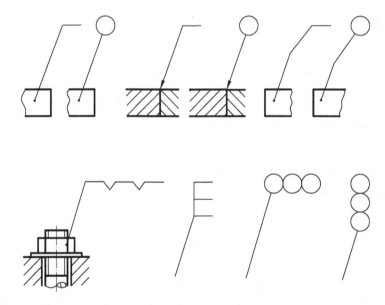

图 7-7　序号指引线的画法

(2)装配图中相同的零件只编一个号,不能重复。

(3)对于标准化组件,如滚动轴承、油杯等可看作一个整体,只编一个号。

(4)一组连接件及装配关系清楚的零件组,可以采用公共指引线编号。

(5)指引线不能相交,当通过有剖面线的区域时,指引线尽量不与剖面线平行。

(6)编号应按水平或垂直方向排列整齐,并按顺时针或逆时针方向顺序编号。

2.明细栏

明细栏是部件的全部零件目录,将零件的编号、名称、材料、数量等填写在表格内。

明细栏格式及内容可由个单位具体规定,图 7-8 所示格式可供学习时使用。

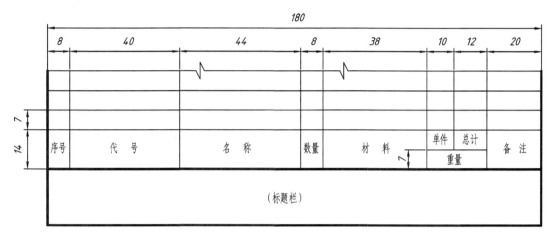

图 7-8　明细栏

明细栏应紧靠在标题栏的上方,由下向上顺序填写零件编号。当标题栏上方位置不够时,可移至标题栏左边继续填写。

3.装配图中的技术要求

当装配图中有些技术要求需要用文字说明时,可写在标题栏的上方或左边,如图 7-2 所示,一般有以下内容:

(1)装配要求:指机器或部件需要在装配时加工的说明,或者指安装时应满足的具体要求等。例如定位销通常是在装配时加工的。

(2)检验要求:包括对机器或部件基本性能的检验方法和测试条件,以及调试结果应达到的指标等。例如齿轮装配时要检验齿面接触情况等。

(3)使用要求:指对机器或部件的维护和保养要求,以及操作时的注意事项等。例如机器每次使用前或定时需加润滑油的说明等。

(4)其他要求:有些机器或部件的性能、规格参数不便用符号或尺寸标注时,也常用文字写在技术要求中。例如齿轮泵的油压、转速、功率等。

装配图中的技术要求应根据实际需要而注写。

7.3.3　装配合理结构简介

装配结构影响产品质量和成本,甚至决定产品能否制造,因此装配结构必须合理。其基本要求是:

①零件接合处应精确可取,能保证装配质量;

②便于装配和拆卸;

③零件的结构简单,加工工艺性好。

1.接触处的结构

(1)接触面的数量。两个零件在同一方向上,一般只能有一个接触面,如图 7-9 所示。

若要求在同一方向上有两个接触面,将使加工困难,成本提高。

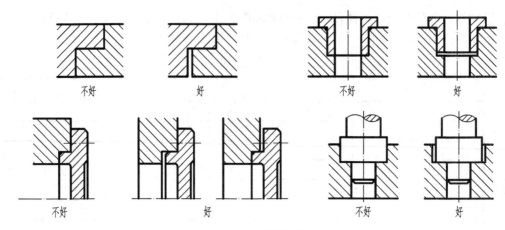

图 7-9　两零件接触面

（2）接触面转角处的结构。当要求两个零件同时在两个方向接触时,两接触面的交角处应制成倒角或沟槽,以保证其接触的可靠性,如图 7-10 所示。

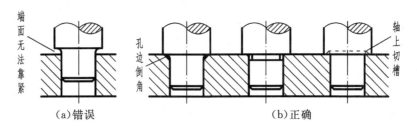

图 7-10　拐角处的合理结构

2. 密封装置的结构

在一些部件或机器中,常需要有密封装置,以防止液体外流或灰尘进入。图 7-11 所示的密封装置是用在泵和阀上的常见结构。通常用浸油的石棉绳或橡胶作填料,拧紧压盖螺母,通过填料压盖即可将填料压紧,起密封作用。但填料压盖与阀体端面之间必须留有一定间隙,才能保证将填料压紧,而轴与填料压盖之间也应有一定的间隙,以免转动时产生摩擦。

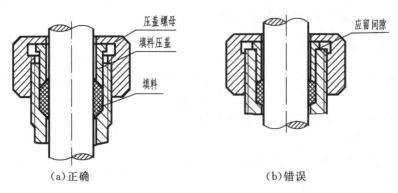

图 7-11　填料函密封装置的合理结构

3. 零件在轴向的定位结构

装在轴上的滚动轴承及齿轮等一般都要有轴向定位结构,以保证在轴向不产生移动。如图 7 - 12 所示,轴上的滚动轴承及齿轮是靠轴的台肩来定位的,齿轮的一端用螺母、垫圈来压紧,垫圈与轴肩的台阶面间应留有间隙,以便压紧。

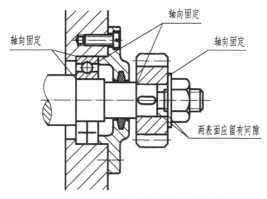

图 7 - 12　轴向定位的合理结构

4. 考虑维修、安装、拆卸的方便

如图 7 - 13(b)、(d)所示,滚动轴承装在箱体轴承孔及轴上的情形是合理的,若设计成图 7 - 13(a)、(c)那样,将无法拆卸。图 7 - 14 所示是安排螺钉位置时,应考虑扳手的空间活动范围,图 7 - 14(a)中所留空间太小,扳手无法使用,图 7 - 14(b)是正确的结构形式。如图 7 - 15 所示,应考虑螺钉放入时所需的空间,图 7 - 15(a)中所留空间太小,螺钉无法放入,图 7 - 15(b)是正确的结构形式。

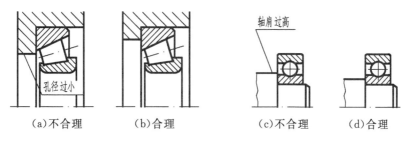

（a）不合理　　　（b）合理　　　　　（c）不合理　　　（d）合理

图 7 - 13　滚动轴承的合理安装

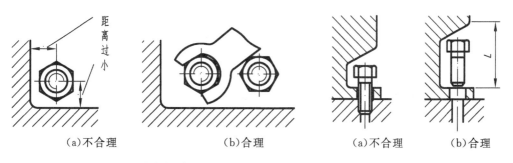

（a）不合理　　　　　　（b）合理　　　　　　（a）不合理　　　（b）合理

图 7 - 14　应考虑扳手活动范围　　　　　　图 7 - 15　应考虑拧入螺钉所需空间

7.4　装配体的测绘

7.4.1　部件测绘

根据现有机器或部件进行测量并画出零件草图,经过整理,然后绘制装配图和零件图的过程称为部件测绘。这在改造现有设备、仿制以及维修中都有重要的作用,下面以图 7 - 1 所示平口钳为例来说明部件测绘的一般步骤。

1. 了解测绘对象

在测绘之前,首先要对部件进行分析研究,通过阅读有关技术文件、资料和同类产品图样,以及向有关人员了解使用情况,来了解该部件的用途、性能、工作原理、结构特点以及零件间的装配关系,如图 7 - 1 所示的平口钳,是机床工作台上用来夹持工件进行加工用的部件。通过螺杆的转动带动活动螺母作直线移动,使钳口闭合或开放,以便夹紧和松开工件。

2. 拆卸零件

拆卸前应先测量一些重要的装配尺寸,如零件间的相对尺寸、极限尺寸、装配间隙等,以便校核图纸和复原装配部件时用。拆卸时应制定拆卸顺序,对不可拆卸的连接和过盈配合的零件尽量不拆,以免损坏零件。对所拆卸下的零件必须用打钢印、扎标签或写件号等方法对每个零件编上件号,分区分组地放置在规定的地方,避免损坏、丢失、生锈或乱放,以便测绘后中心重新装配时能达到原来的性能和要求。拆卸时必须用相应的工具,以免损坏零件。如平口钳的拆卸顺序为:先拧下螺母 1 取下垫圈 2,然后旋出丝杠 10 取下垫圈 7,接着拆下固定螺钉 4、活动螺母 9、活动钳口 3,最后旋出螺钉 8 取下钳口板 5。如图 7 - 16 所示。

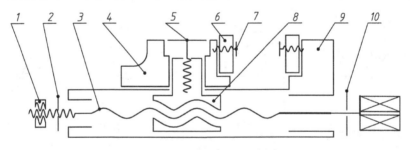

图 7 - 16　平口钳的示意图

3. 画装配示意图

在全面了解后,可以绘制部分示意图,但有些装配关系只有拆卸后才能真正显示出来。因此,必须一边拆卸,一边补充、更正示意图。装配示意图是在部件拆卸过程中所画的记录图样,作为绘制装配图和重新装配的依据。

装配示意图的画法一般以简单的线条画出零件的大致轮廓,国家标准《机械制图》规定了一些运动简图符号,应遵照使用。画装配示意图时,通常对各零件的表达不受前后层次的限制,尽可能把所有的零件集中在一个视图上,如图 7 - 16 平口钳的装配示意图。

4. 画零件草图

零件草图的内容和要求与零件图是一致的。它们的主要差别在于作图方法的不同:零件图为尺规作图,而零件草图需用目测尺寸和比例徒手绘制。

画零件草图时应注意以下几点:

(1)标准件只需确定其规格,并注出规定标记,不必画草图。

(2)零件草图所采用的表达方法应与零件图一致。

(3)视图画好后,应根据零件图尺寸标注的基本要求标注尺寸。在草图上先引出全部尺寸线,然后统一测量逐个填写尺寸数字。

(4)对于零件的表面粗糙度、公差与配合、热处理等技术要求,可以根据零件的作用,参照类似的图样或资料,用类比法加以确定。对公差可标注代号,不必注出具体公差数值。

(5)零件的材料应根据该零件的作用及设计要求参照类似的图样或资料加以选定。必要时可用火花鉴定或取样分析的方法来确定材料的类别。对有些零件还要用硬度计测定零件的表面硬度。

5.尺寸测量与尺寸数字处理

测量尺寸时应根据尺寸精度选用相应的测量工具。常用的有:游标卡尺(百分尺)、高度尺、千分尺、内外卡、角度规、螺纹规、圆角规等。

零件的尺寸有的可以直接量得,有的要经过一定的运算后才能得到,如孔的中心距等。测量时应尽量从基准面出发以减少测量误差。

测量所得的尺寸还必须进行尺寸处理:

(1)一般尺寸:大多数情况下要圆整到整数。重要的直径要取标准值。

(2)标准结构:如螺纹、键槽等,尺寸要取相应的标准值。

(3)对有些尺寸要进行复核:如齿轮转动的轴孔中心距,要与齿轮的中心距核对。

(4)零件的配合尺寸:要与相配零件的相关尺寸协调,即测量后尽可能将配合尺寸同时标注在有关零件上。

(5)变动的尺寸:由于磨损、碰伤等原因而使尺寸变动的零件要进行分析,标注复原后的尺寸。

7.4.2　装配图的绘制

1.画装配图的方法

在设计机器或部件时,要绘制装配图来体现设计构思及相应的设计要求;在仿制或改造一部机器时,先将其拆散成单个零件,对每个零件进行测量尺寸,画出除标准件外的零件的草图,再由零件草图画出装配图。无论是前者或后者,绘制装配图时应力求将机器或部件的工作原理和装配连接关系表达清楚。为了达到这个目的,必须掌握画装配图的方法。

(1)分析了解所画对象。在画装配图前,必须对该机器或部件的功用、工作原理、结构特点,以及组成机器或部件的各零件的装配关系、连接方式,有一个全面的了解。

(2)确定表达方案。

①确定主视图。选择最能反映机器或部件的工作原理、传动路线及零件间的装配关系和连接方式的视图作为主视图。一般机器或部件将按工作位置放正。

②其他视图选择根据确定的主视图,选择适当视图进一步表达装配关系、工作原理及主要零件的结构形状。

（3）选定图幅。根据机器或部件的大小及复杂程度选择合适的绘图比例；再根据视图数量及各视图所占面积以及标题栏、明细栏、技术要求所占位置的大小，选定图幅。

2. 画装配图的步骤

现以平口钳为例说明画装配图的步骤。

（1）画图框、标题栏、明细栏。如图 7-17 所示。

（2）布置视图。画出视图的对称线、主要轴线、较大零件的基线。在确定视图位置时，要注意为标注尺寸及编写序号留出足够的位置。如图 7-17 所示，画边框线、标题栏、明细栏、长宽高基准线。

（3）画底稿。一般可先从主视图画起，从较大的主要零件的投影入手，几个视图配合一起画。不必画的图线，如被剖去部分的轮廓线，一律不画。有时也可先画俯视图（剖视图），在剖视图上，一般由里往外画。画每个视图时，应该先从主要装配干线画起，逐次向外扩展。如图 7-18 所示。

（4）完成主要装配干线后，再将其他的装配结构逐步画出，如钳口板、螺母、垫圈等。如图 7-19 所示，画出每个零件细节。

（5）检查校核后加深图线，画剖面代号，标注尺寸，最后编写序号，填写明细栏、标题栏和技术要求，完成全图。如图 7-20 所示。

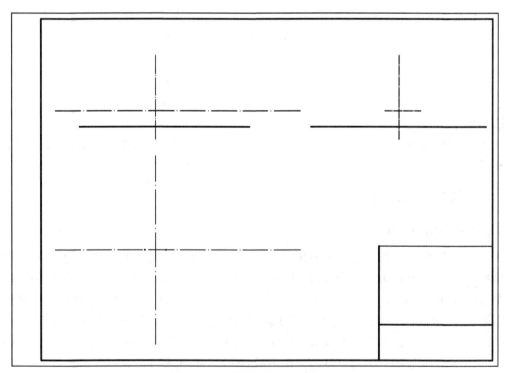

图 7-17 画装配图的步骤之一

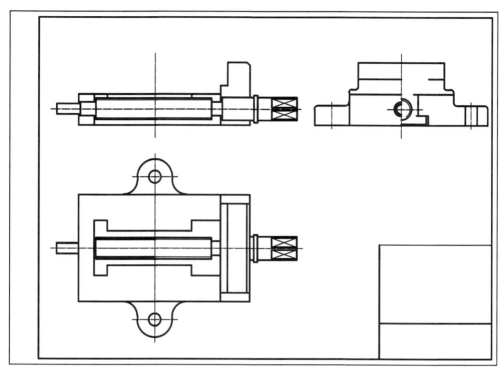

图 7-18 画装配图的步骤之二

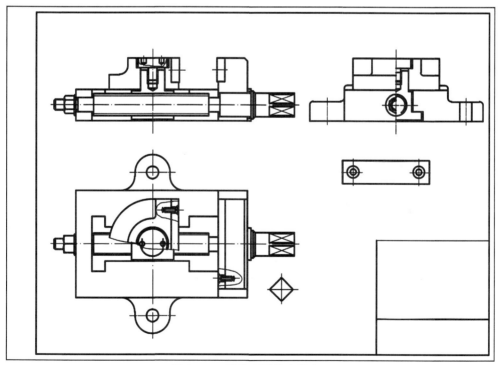

图 7-19 画装配图的步骤之三

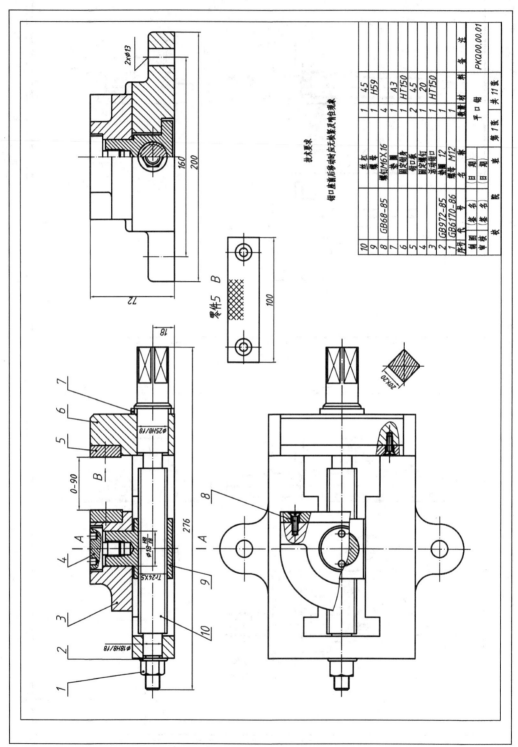

图7-20　画装配图的步骤之四

7.5 读装配图和拆画零件图

在机器或部件的设计、制造、使用、维修和技术交流中,都会遇到读装配图的问题。因此需要学会读装配图和由装配图拆画零件图的方法。

读装配图的基本要求是:

①了解部件的用途、性能、工作原理和组成该部件的全部零件的名称、数量、相对位置及其相互间的装配关系等;

②弄清每个零件的作用及其基本结构;

③确定装配和拆卸该部件的方法和步骤。

下面以图 7-18 所示的微动机构为例,说明读装配图和由装配图拆画零件图的方法和步骤。

1. 读装配图的方法和步骤

(1)概括了解。

①了解部件的用途、性能和规格。从标题栏中可知该部件名称,从图中所注尺寸,结合生产实际知识和产品说明书等有关资料,可了解该部件的用途、适用条件和规格。图 7-18 所示的微动机构,用于微调距离。

②了解部件的组成。由序号和明细栏可了解组成部件的零件名称、数量、规格及位置。由图 7-21 可知该部件由 11 种零件组成,其中有 5 种标准件。

③分析视图。通过对各视图表达内容、方法及其标注的分析,了解各视图间的关系。图 7-18 中用了三个基本视图及一个移出断面,全剖的主视图加局部剖视,反映了一条主要的装配干线;单一剖切面半剖的左视图主要反映了手轮的形状及支座体的装配情况;俯视图主要支座的下部腔及安装孔的位置。

(2)了解部件的工作原理和结构特点。

对部件有了概括了解后,还应了解其工作原理和结构特点。如图 7-21 所示,当转动手轮 1 时,通过销 2 使螺杆 5 转动;被键限制不能转动的导套,限制导杆不能转动;因为螺杆只能转动不能直线运动,就带动导杆沿轴向运动。当手轮旋转一周,安装在其螺孔上的零件将移动一个螺距。手轮转动 10°,零件移动 1/6 螺距微动。

(3)了解零件间的装配关系。

在微动机构中,左手轮与螺杆的配合为 10H8/e9,螺杆与压盖的配合为 10H8/h9,导套与压盖的配合为 30H8/f9,导套与支座的配合为 33H7/k7,导套与导杆的配合分别 25H8/f7,键和导杆使用螺钉连接。

(4)分析零件的作用及结构形状。

由于装配图表达的是前述几方面内容,因此,装配图往往不能把每个零件的结构完全表达清楚,有时因表达装配关系而重复表达了同一零件的同一结构,所以在读图时要分析零件的作用,并据此利用形体分析和构形分析(即对零件每个部分形状的构成进行分析)等方法确定零件的结构和形状。

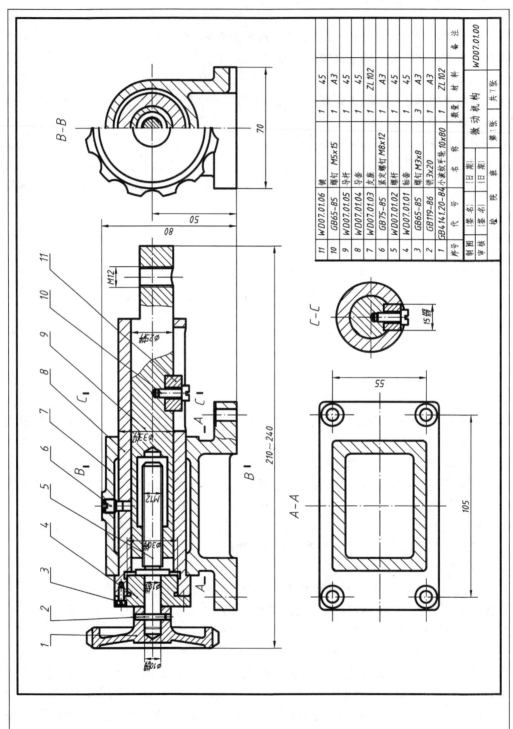

图7-21　微动机构装配图

2. 由装配图拆画零件图

在部件的设计和制造过程中,需要由装配图拆画零件图,简称拆图。拆图应在读懂装配图的基础上进行。零件图的内容在前一章已有介绍,现仅就拆图步骤和应注意的问题介绍如下。

(1)读懂装配图,确定零件的结构形状。

其方法在前面已有介绍,但是由于零件图要表示零件各部分结构和形状,因此在装配图中零件被遮住部分、被简化掉的结构及未表达的结构等,要进行合理的确定和恢复。

(2)确定零件的视图和表达方案。零件在装配图主视图中的位置反映其工作位置,可以作为确定该零件主视图的依据之一。但由于装配图与零件图的表达目的不同,因此不能盲目地照搬装配图中零件的视图表达方案,而应根据零件的结构特点,全面考虑其视图和表达方案。以微动机构中的支座为例,先画出如图 7-22 所示为从装配图中支座的部分图形,考虑其加工位置和形状特征,主视图采用了与装配图相同的摆放位置。

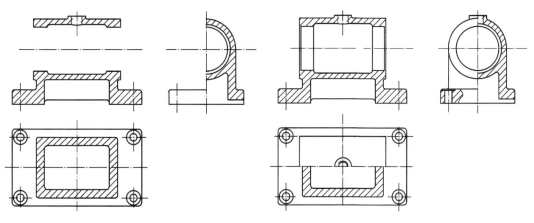

图 7-22　支座的部分图形　　　　　　　图 7-23　支座的图形

(3)补全图形,并且加上装配图中简化的倒角等细节结构,如图 7-23 所示。

(4)确定零件的尺寸。在标注零件的尺寸时,应根据其在部件中的作用、装配和加工工艺的要求,在结构和形体分析的基础上,选择合理的尺寸基准。

装配图中已注出的尺寸,一般均为重要尺寸,应按尺寸数值标注到有关零件图中;零件上的标准结构如倒角、退刀槽、键槽、螺纹等的尺寸,应查阅有关手册,按其标准数值和规定注法进行标注;其他未注尺寸可根据装配图的比例,用比例尺直接从图中量取,圆整后以整数注在零件图中。

(5)确定零件表面粗糙度及其他技术要求。根据零件表面的作用和要求,确定表面粗糙度符号和代号并注写在图中;参考有关资料,根据零件的作用、要求及加工工艺等,拟订其他技术要求。同时,还应该根据需要增加尺寸和形位公差。

(6)校核。对零件图的各项内容进行全面校核,按零件图的要求完成支座零件图,如图 7-24所示。

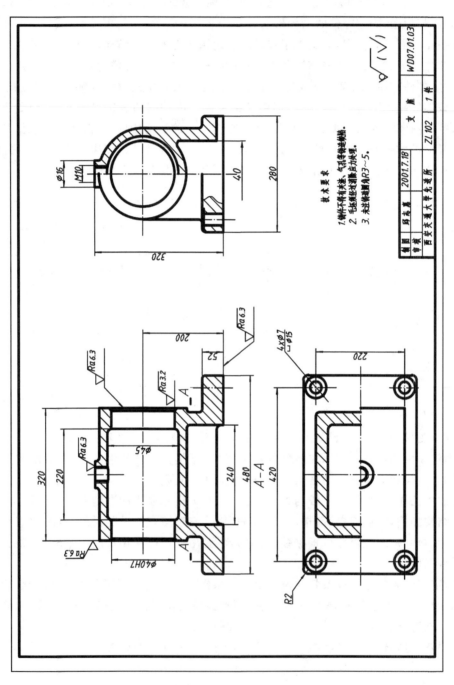

图7-24　支座的零件图

第8章　展开图

在工业生产中,常常有一些零部件或设备是由板材加工制成的。在制造时需先画出有关的展开图,然后下料,用卷扎、冲压、咬缝、焊接等工艺成型制作完成。

将立体的各表面,按其实际形状和大小,摊平在一个平面上,称为立体的表面展开,也称放样。展开所得的图形,称为表面展开图,简称展开图。

展开图在石油、化工、造船、汽车、航空、电子、建筑等机械中得到广泛的应用。如图8-1所示,我们把圆管看成圆柱面,因此,圆管的展开图就是圆柱面的展开图。通过图解法或计算法画出立体各表面的摊平后的图形,即为展开图。

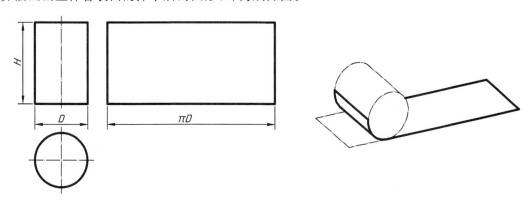

图8-1　展开图的概念

在实际生产中,板材制件分为可展制件和不可展制件两大类。平面立体的表面都是平面,一定是可展的。曲面立体表面按其性质分为可展表面立体和不可展表面立体。对于不可展立体表面的展开一般采用分块近似方法进行展开。

8.1　平面立体表面的展开

因为平面立体表面都是平面图形,所以求平面立体的表面展开图,就是把这些平面图形的真实形状求出,再依次连续地画在一起即可。

8.1.1　棱柱管的展开

图8-2(a)为斜口四棱柱的两面投影;图8-2(b)为该展开图的作图过程。

①按水平投影所反映的各底边的实长,展成一条水平线,标出 A、B、C、D、A 各点;

②由这些点作铅垂线,再在铅垂线上截取各棱线的相应长度,即得各端点 E、F、G、H、E;

③按顺序连接各端点,即得四棱柱管的展开图。

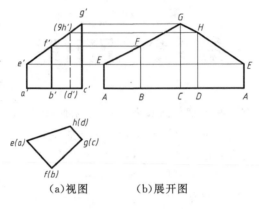

（a）视图　　　　（b）展开图

图 8-2　四棱柱管的展开图

8.1.2　棱锥管的展开

图 8-3(a)为斜口四棱锥的两面投影。四条棱线延长相交于一点 S，形成一个完整的四棱锥。四条棱线长度相等，但投影中不反映实际长度，可用直角三角形法求出实长。图 8-3(b)为求各棱线实长的作图过程。然后，按已知边作三角形的方法，顺次作出各三角形棱面的实形，拼得四棱锥的展开图。截去假想延长的上段棱锥的各棱面，就是棱锥管的展开图。图 8-3(c)为展开图的作图过程。

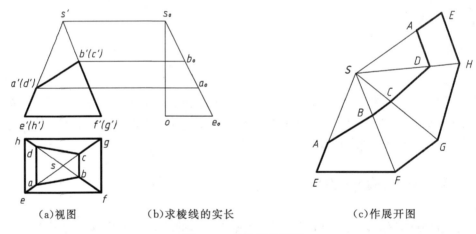

（a）视图　　　　　　（b）求棱线的实长　　　　　　　（c）作展开图

图 8-3　棱锥管的展开

(1)求棱线的实长。如图 8-3(b)所示，以水平投影 se 长度作水平线 oe_0。从 o 点作铅垂线，使之等于假想完整四棱锥总高，得点 s_0。连接 s_0、e_0 两点的斜线即为棱线 SE 的实长。分别过 a'、b' 两点作水平线交于 s_0e_0 线上 a_0、b_0 两点，s_0a_0、s_0b_0 即为假想延长的棱线实长。

(2)作展开图。如图 8-3(c)所示，以棱线的实长和棱锥底边的实长，依次作三角形 $\triangle SEF$、$\triangle SFG$、$\triangle SGH$、$\triangle SHE$，即得四棱锥的展开图。

(3)在各棱线上截取假想延长的实长，得 A、B、C、D、A 各点。顺次连接各点，即得棱锥管的展开图。

8.2 可展曲面立体表面的展开

当直纹曲面的相邻两条素线是平行或相交时,属于可展曲面。在作这些曲面展开时,可以把相邻两素线间的很小一部分曲面当作平面进行展开。所以,可展曲面的展开与棱柱、棱锥的展开方法类似。

8.2.1 圆管制件的展开

1.斜口圆柱管的展开

斜口圆柱管展开的方法和棱柱管展开一样,我们把圆柱看成正棱柱的极限状态,如图 8 - 4 所示。

① 将底圆分成若干等份(本例分为 12 等份),通过各点作相应素线的正面投影($1'a'$,$2'b'$,…)。

② 展开底圆得一水平线,其长度等于 πD。在水平线上作相应的等分点($1,2,\cdots$),由等分点作铅垂线($1A,2B,\cdots$),在其量取每条素线的实长。

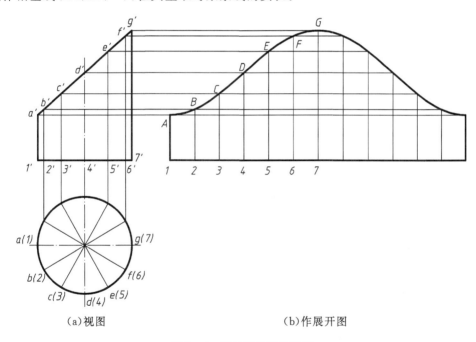

(a)视图   (b)作展开图

图 8 - 4　斜口圆柱管的展开

③ 以 $7G$ 为对称轴作另一半展开图中各条素线,用光滑曲线连接 $A,B,\cdots$各点,即得其展开图(如图 8 - 4(b)所示)。

2.等径直角弯管的展开

等径直角(或锐角或钝角)弯管用来连接两根直角(或锐角或钝角)相交的圆管,在工程中常采用多节斜口圆管拼接而成。如图 8 - 5(a)所示,5 节直角弯管正面投影,中间 3 节是两端 2 节的 2 倍,这样保证两端轴线与之相连接管轴线在一条直线上。已知 5 节弯管的管

径为 D，弯曲半径为 R，作弯管的正面投影步骤如下：

①过任意一点作水平线和垂线，以 O 为圆心，以 R 为半径，作 1/4 圆弧；

②分别以 $R-D/2$ 和 $R+D/2$ 为半径，作 1/4 圆弧；

③因为整个弯管有 3 全节和 2 半节所组成，因此半节的中心角 $\alpha=90°/8=11°15'$。将直角分成 8 等份，画出弯管各节的分界线；

④作出外切各圆弧的切线，即完成弯管的正面投影。

如图 8-5(b)所示，分别将 BC、DE 两节绕其轴线旋转 180°，各节就可以拼成一个完整的圆柱管。因此，可将现成的圆柱截成所需的节数，再焊接成所需的弯管。如图 8-5(c)所示，如需要作展开，只要按照前面介绍斜口圆柱管的展开方法画出半节弯管的展开图，把半节弯管展开图作为样板，在一块钢板上画线下料即可，这样最大限度地利用了材料。

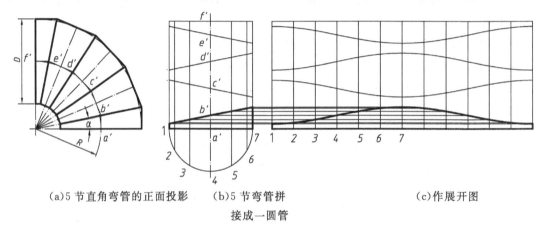

|(a)5 节直角弯管的正面投影|(b)5 节弯管拼
接成一圆管|(c)作展开图|

图 8-5　等径直角弯管的展开

3. 异径正交三通管的展开

如图 8-6(a)所示，异径正交三通管的大、小两管的轴线是垂直相交的。小圆管展开图作法与斜口圆管展开相同，如图 8-6(b)所示。大圆管展开图的作图过程，如图 8-6(c)所示。

①先画出大圆管的展开图（为了节省幅面，图 8-6(c)采用了折断画法），并画出一条对称线（用细点画线表示）；

②根据侧面投影 1、2、3、4 点所对应的大圆弧的弧长，在图 8-6(c)中截取 1、2、3、4 各点，过 2、3、4 点作对称线的平行线，即为大圆柱面上各条素线的展开位置；

③过 $1'$、$2'$、$3'$、$4'$ 各点向下作垂线，对应相交于 1、2、3、4 素线上，得 Ⅰ、Ⅱ、Ⅲ、Ⅳ 各点。

④用光滑曲线连接 Ⅰ、Ⅱ、Ⅲ、Ⅳ 各点，即为 1/4 切口展开线，根据前后左右的对称关系，完成整个切口的展开图。

在实际生产中，也常常只作小圆管的展开放样。弯成圆管后，根据大小管的相对位置，对准大圆管上画线开口，最后将两管焊在一起。

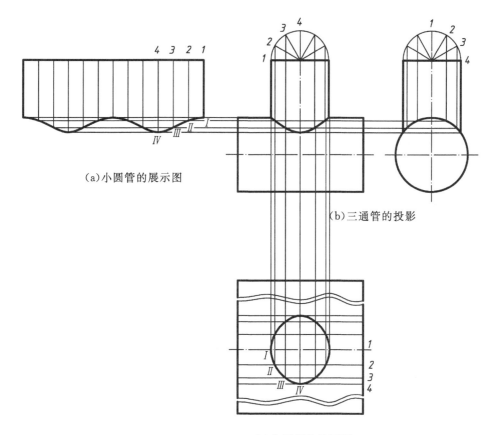

(a)小圆管的展示图

(b)三通管的投影

(c)大圆管的展开图

图 8-6 异径正交三通管的展开

8.2.2 斜口锥管制件的展开

图 8-7(a)为斜口正圆锥管的两面投影。展开时,一般把斜口圆锥管假想延伸成完整的正圆锥,即延伸至顶点 S。

1. 求斜口正圆锥管各条素线的实长

求斜口圆锥管各条素线的实长可用旋转法,作图过程如图 8-7(a)所示。

①在水平投影中将底圆进行 12 等分,得 a、b、c、d、e、f、g 各点,并与 s 点相连,得各素线的水平投影;

②根据投影关系求出各点的正面投影 a'、b'、c'、d'、e'、f'、g',并与 s' 点相连,得各素线的正面投影,交于斜口上 $1'$、$2'$、$3'$、$4'$、$5'$、$6'$、$7'$ 各点;

③过 $2'$、$3'$、$4'$、$5'$、$6'$ 各点作水平线交于 $s'g'$ 上得 $2°$、$3°$、$4°$、$5°$、$6°$ 点,$1'a'$、$2°g'$、$3°g'$、$4°g'$、$5°g'$、$6°g'$、$7'g'$ 分别是 $1A$、$2B$、$3C$、$4D$、$5E$、$6F$、$7G$ 的实长。

2. 求斜口正圆锥管的展开图

作图过程如图 8-7(b)所示。

①任选一点 S 为圆心,以 $s'g'$ 为半径画圆弧。

②以圆锥底圆 1/12 弦长为半径,在圆弧上截取 12 等份,得 A、B、C、D、E、F、G 各点,并

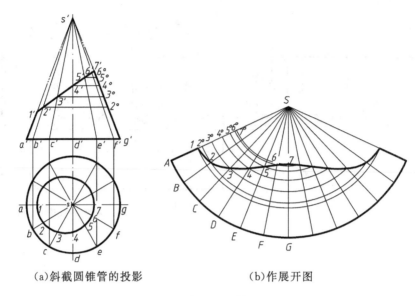

(a)斜截圆锥管的投影   (b)作展开图

图 8-7 斜截圆锥管的展开

与 S 点相连,即各素线的展开位置;

③以 S 为圆心,分别以 $s'1'$、$s'2°$、$s'3°$、$s'4°$、$s'5°$、$s'6°$、$s'7'$ 为半径,画圆弧分别交于 SA、SB、SC、SD、SE、SF、SG 各线上得 1、2、3、4、5、6、7 各点;

④用光滑的曲线连接 1、2、3、4、5、6、7 各点,再根据对称关系,画出后半圆锥面和展开图。

8.2.3 天圆地方变形接头的展开

图 8-8(a)表示天圆地方变形接头的两面投影。此变形接头是前后对称的,由 4 个斜圆锥面和 4 个三角形平面所组成。其上下底边的水平投影已反映实形。对于斜圆锥面可划分为若干个小块,近似看成三角形平面来展开。这些三角形的上边用圆口的弦长来代替弧长,其水平投影反映实长;另外两边为一般位置直线,需求实长,一般用直角三角形法。

1. 用直角三角形法求出各线段的实长

作图过程如图 8-8(b)所示。

①作铅垂线 OP,使 OP 长度等于天圆地方的高,过点 O 作 OP 的垂直线;

②在 OP 的左侧量取 $O1°=a1$、$O2°=a2$、$O3°=a3$、$O4°=a4$,连接 $P1°$、$P2°$、$P3°$、$P4°$,即为 $A1$、$A2$、$A3$、$A4$ 的实长;

③在 OP 的右侧量取 $O4°=b4$、$O5°=b5$、$O6°=b6$、$O7°=b7$,连接 $P4°$、$P5°$、$P6°$、$P7°$,即为 $B1$、$B2$、$B3$、$B4$ 的实长;

2. 作天圆地方变形接头的展开图

作图过程如图 8-8(c)所示。

①根据制造工艺的要求,从最短处展开,以减少焊缝长度。所以从 AD 中点 K 处沿 $K1$ 线展开。任作一条直线 $K1(K1=a'1')$,再作 $K1$ 的垂线 $KA(KA=ka)$;

②连接 A、1 得 $\triangle AK1$,以点 1 为圆心,以 1/12 圆周为半径画圆弧,再以点 A 为圆心,以

$P2°$为半径画圆弧,两圆弧相交于点 2。以此类推,求出 3、4 点;

③分别以点 A、4 为圆心,以 ab、$P4°$（OP 右侧）为半径,画圆弧交于点 B;

④分别以点 B、4 为圆心,以 $P5°$、1/12 圆周为半径,画圆弧交于点 5,以此类推,求出 6、7 点;

⑤同理求出点 C,用光滑曲线连接 1、2、3、4、5、6、7 点。以 BC 的中点 R 与 7 的连线为对称轴,求出另一半的展开图。

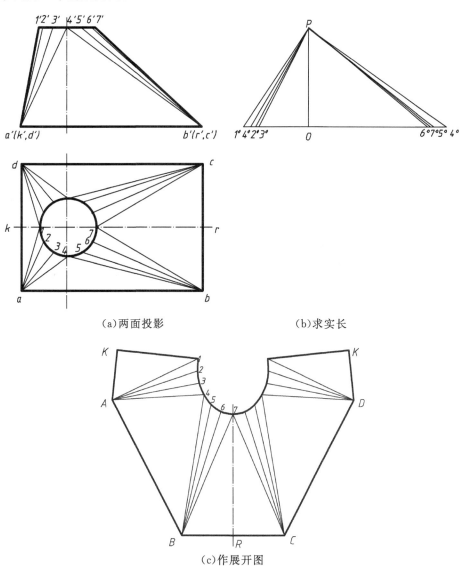

(a)两面投影　　　　　　　　(b)求实长

(c)作展开图

图 8-8　天圆地方变形接头的展开

第二部分　计算机绘图

第9章　SolidWorks 绪论

9.1　概述

SolidWorks(简称 SW)是机械设计软件包,作为一个大型的 CAD 软件,其能够实现模型创建、模型装配、模型的有限元分析、加工过程的动态仿真、模具设计、数控加工等功能,相对于其他建模软件,其具有软件模块齐全,覆盖设计生产交流管理全流程、设计仿真一体化、机电一体化、设计制造一体化等优势。Solidworks 拥有众多的模块,下面就对其主要模块进行简单介绍。

1. 3D CAD 功能

易于使用的、强大的 3D CAD 设计功能为直观的 SolidWorks 产品开发解决方案提供了支持。其可以快速创建、验证、交流和管理产品开发过程,将产品更快地投放市场,降低制造成本,并提高各个行业和应用领域的产品质量和可靠性。SolidWorks 的特色功能包括 3D 实体建模、焊件、电缆线束和导管设计、大型装配体设计、塑料和铸造零件设计、管道和管筒设计、钣金设计、模具设计和 CAD 导入/导出功能。

2. SolidWorks Simulation 仿真

使用强大且丰富的 SolidWorks Simulation 软件包套件的高效评估性能,可以提高产品的设计质量和推动产品创新。可以设置虚拟的真实环境,以在制造前测试产品设计。在设计过程中对很多参数(如持久性、静态和动态响应、装配体运动、热传递、流体动力学和注塑成型)进行测试。SolidWorks Simulation 仿真具有易于使用的 CAD 嵌入式分析功能的软件工具和解决方案,使所有设计师和工程师能够模拟和分析设计的性能。在设计时,可以快速、轻松地利用高级仿真技术来优化性能,以减少对成本高昂的样机的需求,消除返工和延迟,以及节省时间和降低开发成本。

3. 产品数据管理

SolidWorks 产品数据管理（PDM）解决方案可帮助用户控制设计数据,从本质上改进团队就产品开发进行管理和协作的方式。使用 SolidWorks 产品数据管理可以:
(1)安全地存储和索引设计数据以实现快速检索。
(2)消除关于版本控制和数据丢失的顾虑。
(3)与多个地点的组织内外部的人员就设计进行分享和协作。
(4)创建电子化工作流程,以便规范管理和优化开发、文档审批和工程变更流程。

4. SolidWorks CAM

SolidWorks CAM 是一种完全集成的、基于知识的技术,允许用户将设计和制造流程集成到一个系统下,从而在流程的早期对设计进行评估,避免意外的成本以及由于延迟而不能按时完成产品。该软件利用 3D CAD 模型中丰富的内容加快产品开发速度,并减少当前开发流程中易出错、耗时、重复的手动步骤,比如数控机床编程。基于知识的加工(KBM)使用户在编程时简化编程过程,这样将能够释放出更多时间来专注于零部件的关键区域。使用 CAM 功能能够:

(1)不仅将特定类型的几何体识别为 CAD 特征,而且可以了解这些特征中有多少可以被制造,以及会花费多大的制造成本。

(2)读取公差和表面粗糙度,并做出如何制造产品的决策。

(3)自动应用您想使用的最佳制造决策,这样制造流程不仅更快,而且更加标准化。

(4)自动执行报价并将其与传统方法对比,以确保提前考虑零件的各个方面。

(5)利用基于模型的定义(MBD)以确保基于公差规格自动调整加工策略。

(6)自动特征识别功能可自动对棱柱形零件进行编程,同时参考编程标准。

(7)包括零件和装配体加工的 2.5 轴功能。

5. SolidWorks Electrical

SolidWorks Electrical 提供了一系列电气系统设计功能,可满足专业设计人员的各种需求。在协同环境中,所有项目设计数据都能在原理图与 3D 模型之间实现实时、双向同步。

6. SolidWorks 可视化产品

SolidWorks 可视化产品提供一套独立的软件工具,将行业领先的渲染功能与面向设计的功能和工作流程相结合,可为设计师、工程师、营销及其他内容创建者轻松、快速地创建可视内容。导入 SolidWorks 、Autodesk Alias、Rhino、SketchUp 及其他 CAD 格式以创建引人入胜的场景,并最终生成最逼真的内容。

SolidWorks 可视化产品可以帮助组织(包括非技术用户)利用 3D CAD 数据在数分钟内创建可供打印和生成网页的逼真营销内容。从静态图像到动画和沉浸式 Web 内容,SolidWorks 可视化产品提供的摄影内容可清晰、形象、生动地描绘现实世界中的产品。简单直观的界面为用户提供相应工具,以轻松创建丰富的照片级内容,让所有用户(无论技能水平如何)都能以快速、轻松且有趣的方式享受增强的 3D 决策制定体验。

7. SolidWorks Composer 功能

借助 SolidWorks Composer 技术交流软件提供的工具,可清楚、准确地呈现您的产品的图形内容及其工作原理、装配方法、使用方法、维护方法,从而简化用户体验。

可以利用 3D CAD 数据,并随最新设计变动自动保持内容的最新状态,无需等待物理样机。借助直观的 SolidWorks Composer 软件,即使非技术用户也可以快速、高效地开发令人赞不绝口的 2D 和 3D 内容。

9.2　SolidWorks 的窗口界面与基本操作

本节主要介绍 SolidWorks 2020 Premium 的窗口界面及其基本操作,使用户对 Solid-Works 2020 有初步的认识。SolidWorks 2020 的窗口界面如图 9 - 1 所示,与较早版本相比,用户界面有了很大改变。采用 Windows 风格的用户界面,主要包括下拉菜单、快捷图标工具按钮、信息窗口、菜单管理器、图形显示区。

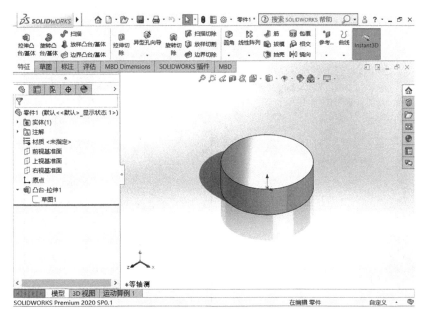

图 9 - 1　SolidWorks 2020 的主菜单界面

SolidWorks 2020 的主菜单如图 9 - 2 所示,它可以使用户实现对 SolidWorks 2020 的各种操作。

注意,SolidWorks 不同模块下的菜单略有不同。用户可以使用的所有功能几乎都能在其下拉菜单中实现。下面将对下拉菜单中的常用功能进行介绍。

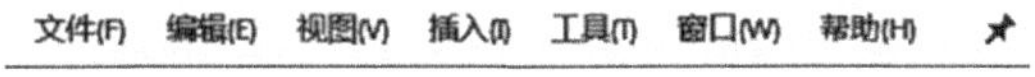

文件(F)　编辑(E)　视图(V)　插入(I)　工具(T)　窗口(W)　帮助(H)　📌

图 9 - 2　SolidWorks 2020 的主菜单

9.2.1　文件(File)菜单的基本操作

文件(File)下拉菜单涵盖了 SolidWorks 对文件操作的所有命令,包括新建、打开、保存、另存为、备份、重命名、擦除文件、删除文件、打印、最近打开的文件及退出 SolidWorks 系统命令。

1. 新建(New)

创建新的不同类型的文件。点击该菜单之后,在出现的如图 9 - 3 所示的新建对话框中选取合适的选项,分别在零件(Part)、装配体(Assembly)、工程图(Drawing)三类中选取。单击“高级”按钮,用户可以在随后弹出的模板选项卡和 Tutorial 选项卡中选择 GB 标准或 ISO 标准的模板。选择一个模板文件即可进入相应的设计环境。

2. 打开(Open)

打开不同类型的文件,其对话框如图 9 - 4 所示。SolidWorks 能直接打开的文件种类比较多,除了 SolidWorks 系统创建的文件之外,还可打开 dwg、psd、cgm、stp、stl 及 asm 文件等。SolidWorks 还支持对某些类型文件的预览功能,在打开对话框中,通过鼠标选择图可以实现操作预览的变化,通过选择快速过滤器图标可以快速选择需要打开的文件;“模式”

分为两种，分别为还原和快速查看；单击"打开"按钮，即可打开文件，如图 9 - 4 所示。

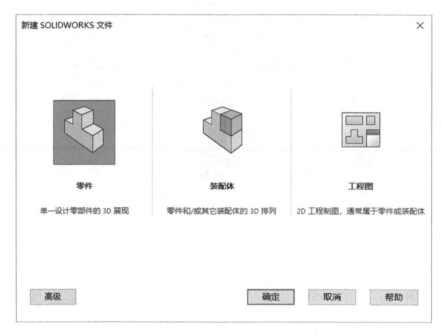

图 9 - 3　"新建 SolidWorks 文件"对话框

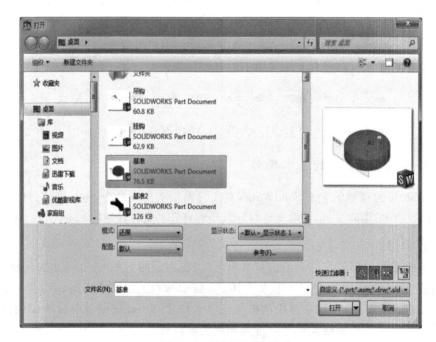

图 9 - 4　"打开"对话框

若要打开最近查看过的文档，则可以在标准工具栏中单击浏览最近文档按钮进行选择。

3. 保存(Save)及保存副本(Save as)

初次保存文件，显示询问是否保存菜单栏，如图 9 - 5 所示，点击文件名，可以使用默认名称，用户更改文件名时，在文件名中输入该零件的文件名，在保存类型中选择需要保存的类型。其中若是第一次保存,则保存和另存为一样,包括"另存为""另存为副本并继续""另存为副本并打开"三种形式,其中"另存为"是把修改的文档保存在当前文件夹中,在"另存为"中可以选择形式,生成其他不同格式、类型的文件。例如,在模型状态下,可以把文件存为 jpg 图片格式,将模型的某种状态制作成图片。

图 9-5　保存(Save)的功能

4. 页面设置(Doro PDF Writer)

"页面设置"包括设置比例和分辨率、工程图颜色、工程图方向、纸张大小等,如图 9-6 所示。

图 9-6　"页面设置"对话框

5. 打印（Print）

利用"打印"命令，可以将 SolidWorks 对象输出到打印机和绘图仪。点击该命令之后，会出现如图 9-7 所示的打印效果对话框。在对话框中选择合适的打印机或绘图仪，输入要打印的份数，选择到打印机或到文件（将保存为新文件），点击"页面设置"选项，就会出现上一步操作，选择适当的打印尺寸和分辨率，点击"确定"（Ok）退出对话框。点击"预览"按钮就可以打印预览，在其中还可以选择打印范围和份数，在"打印"（Print）对话框中单击"确定"（Ok）即可打印。

图 9-7　"打印"对话框

9.2.2　视图（View）菜单的基本操作

视图菜单栏中包括了改变模型显示方式和工作区的显示等功能。在该菜单栏中包括了重画、荧幕捕获、显示、修改、光源与相机、隐藏/显示等常用命令，如图 9-8 所示。

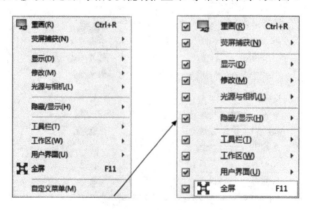

图 9-8　视图（Views）下拉菜单

1. 重画

"重画"命令用来刷新显示区,相当于刷新命令。在显示区由于选择、修改尺寸等原因而使工作区某些特征或尺寸不清晰时,使用该命令可使显示区刷新。

2. 荧幕捕获

"荧幕捕获"命令主要用于图像捕获和视频捕获。

3. 显示

"显示"菜单用来控制显示区显示的图形,调整模型以线框图或者着色图来显示有利于模型分析和设计操作(见图 9 - 9)。在前导视图工具栏中单击显示样式也可以实现同样的功能。

- 线架图:模型零件的所有边线可见;
- 隐藏线可见:模型零件的隐藏线以细虚线表示;
- 消除隐藏线:模型零件的隐藏线不可见;
- 带边线上色:对模型零件进行带边线上色;
- 上色:对模型零件进行上色。

自定义菜单可以添加或者减少显示中的内容。

4. 修改

"修改"菜单如图 9 - 10 所示。

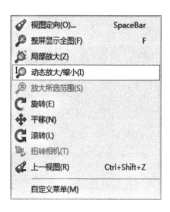

图 9 - 9 "显示"菜单   图 9 - 10 "修改"菜单

"视图定向"命令可以实现在设计过程中改变视图的方向,通过改变视图的定向可以方便地观察模型。视图定向包括:前视、后视、左视、右视、上视、下视、等轴测、上下二等角轴测、左右二等角轴测等。

- 整屏显示全图:重新调整模型的大小,将绘图区内的所有模型调整到合适的大小和位置;
- 局部放大:放大所选的局部范围。在绘图区内确定放大的矩形范围,即可将矩形范围内的模型放大为全屏显示;
- 放大和缩小:在绘图区内按住鼠标左键不放并移动鼠标,向上移动则放大图像,向下移动则缩小图像;

- 放大所选范围：在绘图区中选择要放大的实体，即可将所选实体放大为全屏显示；
- 旋转、平移、滚转命令可实现在零件和装配体中旋转模型视图、平移模型视图和翻滚模型视图。

5. 光源与相机

使用光源，可以极大地提高渲染的效果。光源类型分为：环境光源、线光源、聚光源和点光源。使用相机，可以创建自定义视图，使用相机对渲染的模型进行照相，然后通过相机拍摄角度来查看模型。

6. 显示与隐藏

通过"显示与隐藏"打开"显示与隐藏"面板，如图 9 - 11 所示，可以改变图形区中项目的显示状态。

7. 工具栏

通过选择工具栏中的命令，可以改变工具栏的显示与否，如图 9 - 12 所示。

图 9 - 11　"显示与隐藏"面板　　　　　图 9 - 12　工具栏对话框

8. 工作区

工作区包括默认、宽荧屏和双监视器，可以控制工作区的显示状态。

9.2.3　其他菜单的基本简介

"编辑"菜单用于对创建的 CAD 重建模型、装配体中压缩以及编辑系列零件设计表等，本书将只在部分范例中介绍该部分内容，不作重点讲述。

"插入"菜单用于插入各种特征，几乎所有的实体建模和曲面建模命令都能在该菜单中找到，通过"插入"进行建模，常常比使用"菜单管理器"要快，具体应用将在后续各章中详细讲述。

"工具"菜单主要包括各种选择方式，比较、查找、草图绘制工具的调用。本书将在下一章介绍"草图工具绘制工具"的使用，详细使用方式见第 10 章。

"窗口"菜单主要实现对 SolidWorks 显示窗口的设置。当多个文档同时打开时，要先激活当前窗口,才能工作。

"帮助"菜单与其他软件的帮助菜单相同,主要实现对 SolidWorks 各个功能的详细说明,本书不对其进行讲述。

9.2.4　快捷图形工具按钮的基本操作

快捷图形工具按钮主要实现对常用命令的快捷使用。

1. 文件管理类

如图 9-13 所示的图标按钮,分别与"文件"下拉菜单中的新建 、打开 、保存及打印命令的功能完全相同。

图 9-13　　文件管理类图标

2. 视图显示类

如图 9-14 所示的图标按钮,分别与"整屏显示全图"、"局部放大"、"上一视图"、"剖面视图"、"动态注解视图";"视图定向"、"显示样式"等下拉菜单中的命令的功能相同。

图 9-14　视图显示类图标

3. 模型显示类

如图 9-15 所示的图标按钮中,"线框"命令是指模型显示为可见边缘线形式;"隐藏线"命令是指模型显示不可见的隐藏线为虚线;"消除隐藏线"命令指模型只显示在当前角度能看到的边缘线,不包括隐藏线;"着色"命令指模型以渲染形式显示;"模型树"命令用来控制目录树的显示与否。

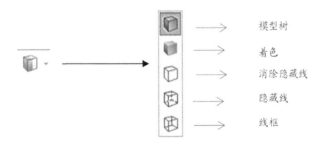

模型树

着色

消除隐藏线

隐藏线

线框

4. 基准显示类

图 9-15　模型显示图标

在前导视图工具栏中有隐藏/显示项目工具,单击前导视图中的按钮 ,弹出如图 9-16 所示下拉菜单。

基准面、基准轴、基准点及坐标系命令分别用来控制其是否显示。所有按钮的按下表示打开显示,凸起表示关闭显示。

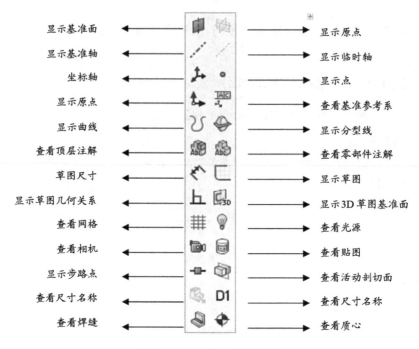

图 9-16　基准显示类图标

9.2.5　消息提示区的基本功能

消息提示区主要提供用户建模时所需的一些重要提示信息，用户在进行零件设计时，该窗口将提示下一步进行什么操作，当用户操作有误时，该窗口将提示错误原因。总之，该窗口对于用户，特别是初学者是相当重要的，初学者最好在进行每一步操作时都注意一下该窗口的提示，以减少不必要的错误。

9.2.6　模型树的基本功能

模型树主要记录了用户对模型进行的各种操作的过程，包括实体特征、曲面特征、复制、分析等都会在模型树中反映出来，这有助于了解模型的创建过程。在模型树中选取特征，点击鼠标右键，显示如图 9-17 所示的快捷菜单，通过菜单可以对特征删除、修改、重定义等，给模型的修改带来方便，其具体的使用将在以后的范例中详细说明。

9.2.7　菜单管理器的基本功能

菜单管理器集中了 SolidWorks 的所有模型创建命令和模型操作命令，包括实体建模、曲面建模、零件装配、模型修改等，这些指令将在本书以后的章节详细介绍。

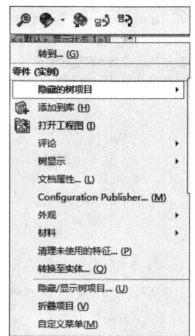

图 9-17　模型树的快捷菜单

9.2.8　基准创建快捷按钮的基本功能

三维模型在创建过程中需要很多的参考基准，Solid-Works 的基准创建功能为用户快捷的创建基准提供了很大的方便，基准创建图形按钮如图 9－18 所示，该功能在第 11 章中介绍。

9.2.9　图形显示区的基本功能

图形显示区显示用户创建的模型，其显示控制可以通过下拉菜单中的视图（View）菜单进行设置，用户可以观察模型的各种效果及结构的变化。

图 9－18　创建参考基准图标

9.3　键盘和鼠标应用技巧

鼠标和键盘按键在 SolidWorks 软件中的应用频率非常高，可以用其实现平移、缩放、旋转、绘制几何图素和创建特征等操作。

左键用于选择命令、单击按钮和绘制几何图元等，单击或双击鼠标左键，可执行不同的操作。

中键（滚轮）可以进行放大或者缩小视图、平移和旋转，按住 Shift＋鼠标中键并上下移动光标，可以放大或缩小视图；直接滚动滚轮，也可放大或缩小视图；按住 Ctrl＋鼠标中键并移动光标，可将模型按鼠标移动的方向平移；按住鼠标中键不放并移动光标，即可旋转模型。

右键用于定向视图和对工程设置图视图进行选择，在零件或装配体模式中，按住鼠标右键不放，可以通过指南设置上视、下视、左视和右视 4 个基本定向视图；在工程图模式中设置 8 个工程图。

9.4　SolidWorks 的各种基本配制简介

1. 功能区配置

在菜单栏中执行工具自定义命令程序，弹出如图 9－19 所示对话框。

在"自定义"对话框中，选择想要显示的每个功能区复选框，当鼠标指针在工具按钮上时，就会出现对工具的说明。如果显示的功能区位置不理想，可以将光标指向功能区上按钮之间的空白位置，然后拖动功能区到想要的位置。如果将功能区拖动到 SolidWorks 窗口的边缘，功能区就会自动定位在该边缘。

在"自定义"对话框的"命令"选项卡下，选择左侧的命令类别，右侧将显示该类别的所有按钮。选中要使用的按钮图标，将其拖放到功能区上的新位置，从而实现重新安排功能区上按钮的目的，如图 9－20 所示。

图 9-19　"自定义"对话框

图 9-20　"命令"选项卡

2. 设置单位

SolidWorks 提供多种计量单位，默认为英制单位。用户需根据自己设计需要进行设

定,设定过程如下:

"文件"菜单→"工具"→弹出下拉菜单,选择"选项"→弹出系统选项菜单,打开"文档属性"选项卡,出现"单位管理器"对话框→打开"单位",如图 9 - 21 所示。

图 9 - 21　"文档属性"选择卡

点击图形窗口下方的"自定义(毫米、千克、秒)",弹出"单位选择"面板,选择自己需要的单位,如图 9 - 22 所示。

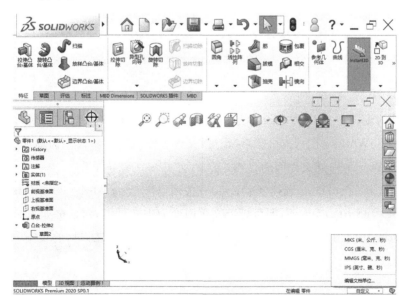

图 9 - 22　"单位选择"面板

3.设置材料

设置材料的目的是为对模型进行分析奠定基础，例如分析测量模型的质量，我们就必须定义 MASS_DENSITY（密度），设置材料过程如下：

在模型树中右击"材质"→点击"编辑材料"。

单击"工具"下的选项→系统选项→选择一种材料→确定，材料设置完毕，如图 9 – 23 所示。

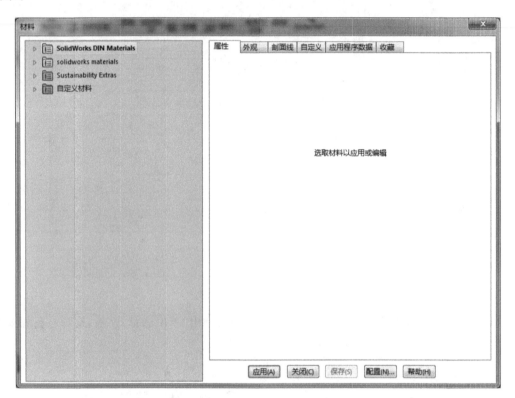

图 9 – 23　设置材料窗口

4.配置语言

配置文件的设定在 SolidWorks 中是非常重要的，系统很多参数都必须通过它来设定，要成为一个 SolidWorks 高手，就必须对"配置"文件有深入的了解。下面简述一下用"配置"文件设定 SolidWorks 中英文界面的过程。

单击菜单工具（Tools）→选择（Options）→关闭"Use English language menus "和"Use English feature and file names"，即可把英文页面变为中文页面，对话框如图 9 – 24 所示。

SolidWorks 在使用过程中还会有很多配制设定，读者可以在以后的实例中学习。

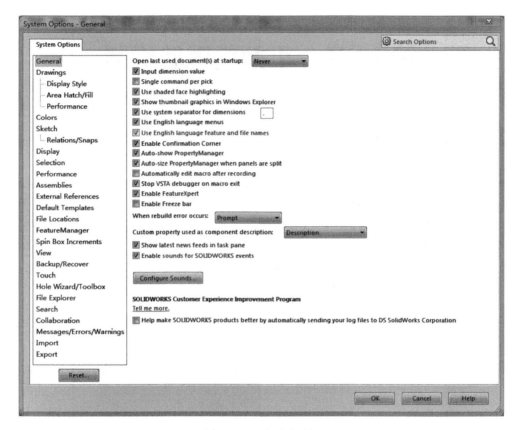

图 9 - 24　选项对话框

第 10 章　平面草图的绘制

10.1　草图菜单简介

在以后的学习中,用户可以体会到平面图的绘制对于三维特征创建至关重要。绘制 3D 立体模型时,首先需要绘制 2D 平面草图,以便作为立体的截面图(底面图)。所有的立体特征,都是通过平面草图形创建的。所以有必要把平面草图作为 SolidWorks 的基础来掌握。SolidWorks 的参数化绘制在这里充分显示出来,尺寸自动标注,并且是关联的,即修改尺寸数值,图形自动修正;拖动图形改变,尺寸自动修正。这彻底改变了以往用户标注尺寸的麻烦,极大地提高了绘图效率。单击"新建",弹出"新建 SolidWorks 文件"对话框,如图 10 - 1 所示。

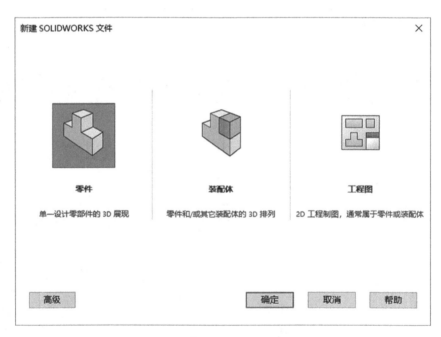

图 10 - 1　"新建 SolidWorks 文件"对话框

进入平面草图绘制有两种方式:一是在绘制类型的选项中,选择"草图绘制"直接进入绘制平面图的界面,在这种模式下只能进行平面草图的绘制;二是在 3D 零件模型创建过程中,也需要进入平面草图的绘制状态,绘制的方法与草绘相同,此时绘制的平面特性已经包含于每一个立体特征中。

如图 10 - 2 所示为草图绘制的界面。在草图绘制界面中主要包含主菜单、通用图形菜单(工具条)、下拉菜单、绘图的图形菜单,绘图区,以及一些常用的图形工具条。

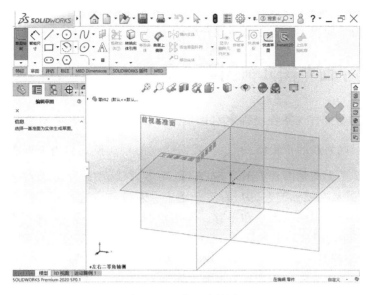

图 10 - 2　草图绘制界面

　　平面图的绘制有两种方式供用户选择,一是在自定义 Command Manager 选择草图,然后在状态栏中选择草绘命令;二是通过如图 10 - 3 所示的草图绘制图形菜单绘制。两种绘制方法本质上一样,图形菜单简便直观,系统能够自动标注尺寸,自动设定约束,而且具有方便的撤销和重做功能,本章主要介绍采用草图绘制菜单栏进行平面图的绘制。

图 10 - 3　草图绘制(Sketch)的图形菜单

层叠绘制菜单管理器与状态栏绘制的功能相同，因层叠菜单管理器中的内容较繁琐，本书以实例为主，力求简单、实用，故不详细介绍。

10.2　绘制平面草图几何图素的基本命令

单击 创建新文件→零件→确定对话框→草图绘制→进入草图绘制的界面，右键单击，可以进入显示网格线的草绘模式 。带网格线的草绘模式相当于草图纸，是否使用网格，由个人选择。平面图是由基本图素，如直线、矩形、圆弧和圆等构成的，SolidWorks 将常用的图素产生方式放在鼠标的左、中、右 3 个键上。左键选点选特征；右键出现快捷菜单，可以选取命令；中键控制图像大小和平移。利用绘图的基本命令，绘制出各种几何图素，如点（Point）、线（Line）、圆（Circle）、圆弧（Arc）及曲线（Spline），用以完成每一个平面图的绘制。也可以绘制坐标系（Coordinate System）或书写文字（Text）等。

注意：在平面草图的绘制中尺寸与图形是相关的，所有的图形尺寸均可随意绘制，点击尺寸，修改数值，得到所要的尺寸的精确图形。

1. 直线

直线分实线、中心线（结构线）和中点线三种线型，三者的绘制方式相同。单击 →用鼠标左键单击线的起点、端点，移动鼠标，线条即随鼠标位置动态改变，可绘制连续的线段，结束时，单击鼠标左键即可结束，可绘制任意直线。当两点接近水平时，即可绘制水平线，系统自动标示 ；当两点接近铅垂时，即可绘制铅垂线，系统自动标示 ，SolidWorks 提供默认水平线及铅垂线功能，如图 10-4 所示，并可绘制平行线和垂直线。这是目的管理器自动添加的约束，尺寸也是目的管理器自动添加的。

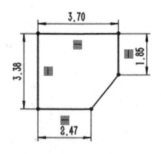

图 10-4　直线的绘制

绘制与圆弧或不规则曲线相切的直线时，用左键选取要相切的圆弧的端点作为延伸线的起点，然后移动鼠标至适当位置，显示出 ，表示已相切，按左键定出切线终点。

2. 矩形

矩形的绘制，只需鼠标左键单击矩形的两个对角点即可。

单击 →鼠标左键单击矩形两个对角点→单击鼠标左键结束矩形绘制命令，效果如图 10-5 所示。

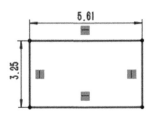

图 10 - 5　矩形的绘制

3. 圆

SolidWorks 中有四种圆定义方式：圆心与圆周上一点 ⊙（半径）、同心圆、三点圆 ◔、椭圆。

（1）圆心与圆周上一点(半径)定义圆

单击 ⊙ →鼠标左键单击圆心,拖动鼠标到适当位置单击左键给定半径,绘制圆。

（2）同心圆

单击 ◠ →左键单击欲同心的圆或弧线,拖动鼠标到适当位置单击左键给出同心圆的半径,绘制的圆如图 10 - 6 所示。

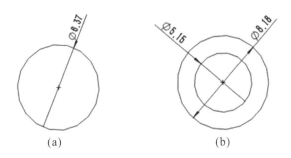

(a)　　　　　　　　(b)

图 10 - 6　圆及同心圆的绘制

（3）三点圆

单击三点圆 ◔ →左键在绘图区选一点,然后继续选取圆上第二点,之后可以看到一个随鼠标移动变化的预览圆。

（4）椭圆

单击椭圆 ⊘ →左键单击定中心,拖动鼠标到椭圆半径,单击左键→按鼠标左键回到选取模式，如图 10 - 7 所示 。

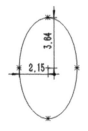

图 10 - 7　椭圆的绘制

4. 圆弧

SolidWorks 中有四种圆弧定义方式：三点定义圆弧 ⌒、切线弧 ⌒、圆心和两个端点定义圆弧 ⌒、部分椭圆 ⌒ 。

（1）三点定义圆弧

单击 ⌒ →左键单击圆弧的起点→适当位置单击鼠标左键定出圆弧终点→移动鼠标到合适位置，点出圆弧第三点定出半径，如图 10 - 8 所示。

（2）切线弧

利用鼠标左键产生相切圆弧：先点击 ⌒ 命令，以鼠标左键选出要与其相切的直线（或圆弧）的端点，然后移动鼠标，圆弧随鼠标的移动而变化，当圆弧达到所需的大小与位置时再单击左键，即产生相切圆弧，如图 10 - 9 所示。

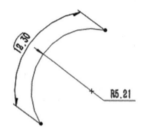

图 10 - 8　圆弧的绘制

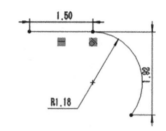

图 10 - 9　相切圆弧的绘制

同心弧的定义与同心圆的定义相似，单击 ⌒ →左键单击欲同心的圆弧或圆→移动鼠标到适当位置单击确定圆弧的起点→移动鼠标到适当位置单击确定终点→单击 ✓ 结束，再进行同样操作，注意将两个命令的圆心一致，即可画出同心弧，如图 10 - 10 所示。

（3）圆心和两个端点

单击 ⌒ →单击鼠标左键定出圆弧圆心→移动鼠标到适当位置单击左键，确定圆弧起点→移动鼠标到适当位置，单击左键，定出圆弧终点，如图 10 - 11 所示 。

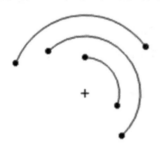

图 10 - 10　同心圆弧的绘制

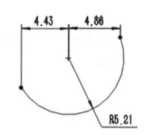

图 10 - 11　中心圆弧的绘制

（4）部分椭圆 ⌒

单击 ⌒ →单击鼠标左键，确定部分椭圆圆心→单击左键，确定部分椭圆（指定长轴）→

移动鼠标,单击左键,确定弧起点(指定短轴)→移动鼠标,单击左键,确定圆弧的终点→单击 ✔ 完成绘制,如图 10-12 所示,图 10-12(a)中两点倾斜,图 10-12(b)中两点水平 。

图 10-12　圆锥弧的绘制

5. 圆角

SolidWorks 提供两种角定义方式:圆角 ⌐、倒角 ⌐ 。

(1)绘制圆角

单击 ⌐ →鼠标左键点击欲画圆角的两图线,如图 10-13(a)所示,绘制出弧形圆角,如图 10-13(b)所示。

(2)绘制倒角

倒角创建与圆形圆角创建方法相同,单击 ⌐ →鼠标左键点击欲倒角的两图线→绘制出倒角,如图 10-13(c)所示。

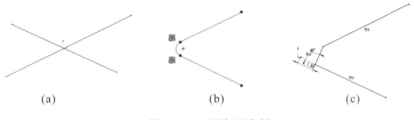

图 10-13　圆角的绘制

注意:右击草图绘制页面空白处,弹出快捷菜单,可以选择开启或者关闭网格显示开关 ▦,可以关闭或者开启网格。

6. 样条曲线

由二阶以上的多项式定义的曲线称为样条曲线,在 SolidWorks 中可以创建和修改样条曲线。

单击 Ν · →左键单击样条曲线欲通过的点,绘制出样条曲线。

单击选中样条曲线→左边会出现特征管理器(Feature Manager),进入样条曲线修改模式,在消息栏可修改参数和几何关系等,如图 10-14 所示 。

SolidWorks 提供了样条的多边形修改模式,内插点修改模式,控制点修改模式以及曲率分析工具。此外用户也可以采用样式曲线 Ν 样式曲线(S) 和方程式驱动的曲线 ⅍ 方程式驱动的曲线 进行绘制。

图 10 - 14　样条修改提示框

7. 点与参考坐标系

点与参考坐标系的创建相对简单，单击 ▫ →在绘图区适当位置单击鼠标左键即可，在设计树的属性管理器选项卡中将显示点属性面板。在进入草图界面时，默认情况下，坐标系建立在原点上，如图 10 - 15 所示。

图 10 - 15　创建的点与参考坐标系

8. 尺寸

在 Intent Manager 环境下，草图绘制过程中，系统会自动添加尺寸和约束，但这尺寸和约束不一定和用户的真正意图吻合，需要进行尺寸标注以及添加约束。

（1）标注直线和角度尺寸

在草图环境下单击 ✍ →分别单击欲标注尺寸的两个几何特征→在合适位置单击左键，在弹出的修改命令框中输入数据即可，如图 10 - 16 所示。

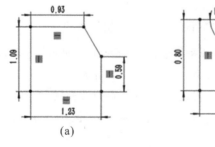

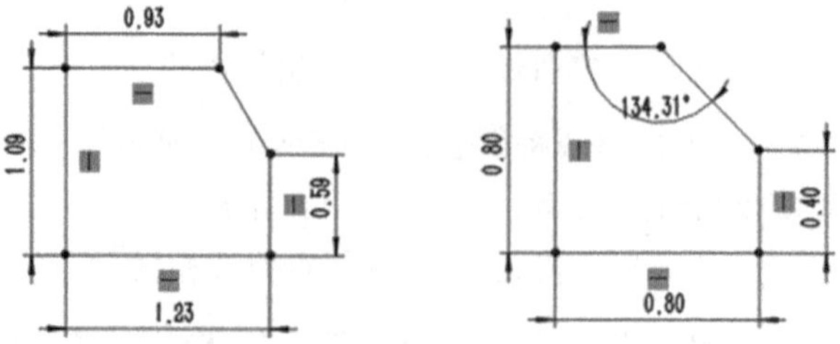

（a）　　　　　　　　　　　（b）

图 10 - 16　直线和角度尺寸

（2）标注圆或圆弧尺寸

· 半径的标注：单击智能尺寸 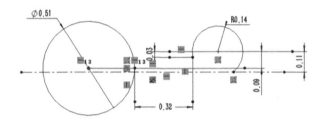→以左键选取圆或圆弧，然后用左键指定尺寸参数摆放位置，即可标出半径。

· 直径的标注：单击智能尺寸 →单击圆弧或圆 →在适当位置单击鼠标左键指定尺寸放置位置，输入尺寸，效果如图 10 - 17 所示。

· 完整圆标注默认为直径，圆弧标注默认为半径。

· 圆心到圆心：单击智能尺寸 ，以左键选取两个圆或圆弧的圆心，然后单击左键指定尺寸放置的位置，之后会根据鼠标的移动分别显示水平、垂直、倾斜的距离，在修改中输入距离尺寸参数即可。

图 10 - 17　半径及直径的标注

9. 修改尺寸

该功能用于修改尺寸、样条文件以及文本图元，与修改各种几何元素的步骤相似，本节以修改尺寸为例说明。

单击智能尺寸→左键单击欲选中的尺寸（可以为多个），出现修改尺寸对话框，可以更改尺寸数值，如图 10 - 18 所示。

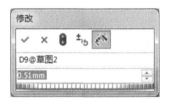

图 10 - 18　更改尺寸数值

注意：当在几何绘制完毕后在进行尺寸调节时，常常会出现难以大幅修改的问题，所以建议用户绘制一个几何特征就修改一个，或者绘制时尽量接近尺寸，以减少修改难度。

10. 约束

SolidWorks 可以添加的约束有很多种，而且添加也很容易，在命令管理器的草图工具栏上单击添加几何关系按钮，如图 10 - 19 所示，弹出"添加几何关系"面板，如图 10 - 20 所示，添加相应的约束即可。

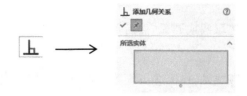

图 10-19　约束对话框　　　　　　　　　图 10-20　"添加几何关系"面板

(1)铅垂约束

铅垂约束主要用于强制直线铅垂以及两点铅垂对齐。

单击欲铅垂的几何体(或两个点),左端会显示线条属性(在添加几何关系中选择)┃→
单击 ✔ 即可使选中几何体铅垂,如图 10-21 所示 。

(2)水平约束

水平约束主要用于强制直线水平以或两点水平对齐。

单击欲水平的几何体(或者两点)→ 单击线条属性(在添加几何关系中选择)━━→单击
✔ 即可使选中几何体水平,如图 10-22 所示。

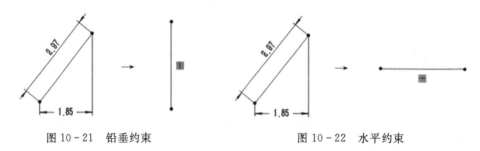

图 10-21　铅垂约束　　　　　　　　　　图 10-22　水平约束

(3)垂直约束

垂直约束主要使两线条垂直。

按住 Ctrl 键,选择欲进行垂直约束的线条→单击 ⊥ →单击 ✔ ,即可使选中的两线条
垂直,如图 10-23 所示 。

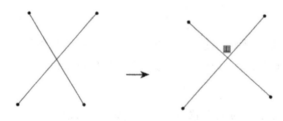

图 10-23　垂直约束

(4)相切约束

相切约束主要用于使两线条相切。

按住 Ctrl 键,单击欲进行相切约束的线条→单击 ♂ →单击 ✔ ,即可使选中的两线条
相切,如图 10-24 所示 。

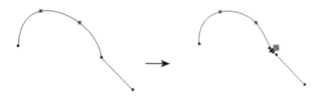

图 10-24　相切约束

（5）中点约束

中点约束主要使点处于直线的中心。

单击欲进行中点约束的点和直线→单击直线端点移动到另一条直线中点即会自动捕捉→单击即可使选中两线条中点约束，如图 10-25 所示 。

（6）重合约束

图 10-25　中点约束

共线约束主要使点在线条上，或使两点重合。

在约束对话框中→单击 　→按住 Ctrl 键，单击欲进行共线约束的点和线条（点）→单击 ✔ ，即可使选中点在线上（或延长线上）或点处与点重合，如图 10-26 所示。

图 10-26　重合约束

（7）对称约束

对称约束主要使两个点关于中心线对称。

按住 Ctrl 键单击欲进行对称约束的两点和中心线→单击即可使选中的两点关于中心线对称，如图 10-27 中下点所示 。

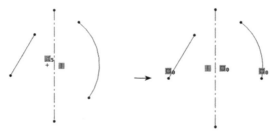

图 10-27　对称约束

（8）等长约束

等长约束主要使两条直线等长或者两个圆（圆弧、椭圆）半径相等。

按住 Ctrl 键，单击欲进行等长约束的两条直线（圆、圆弧、椭圆）→ 单击 $\boxed{=}$ →按 Enter 键，即可使选中两直线等长，如图 10－28 所示 。

图 10－28　等长约束

（9）平行约束

平行约束主要用于使两直线平行。

按住 Ctrl 键，单击欲进行平行约束的两条直线→单击 $\boxed{\diagdown}$ →单击欲进行平行约束的两条直线→单击 ✔ ，即可使选中两直线平行，如图 10－29 所示 。

图 10－29　平行约束

11. 文本

该功能用于在平面图中绘制各种字体的文字，方便用户在产品造型上打上公司名称等铭牌。

单击 $\boxed{A}$ →鼠标在绘图区绘制直线作为文字放置位置和文字竖直方向的大小尺寸，出现文本对话框。

单击文字（T），输入欲绘制的文字→在草图文字栏中选中合适的字体→直线和曲线中选择文字放置的位置→单击 ✔ 退出文本绘制，如图 10－30 和图 10－31 所示。

图 10－30　直线方向放置文字

图 10－31　曲线方向放置文字

12. Trim Entities（裁剪线条）

在命令管理器的草图工具栏上单击裁剪实体按钮 。

使用剪裁实体命令能够快速地对几何线条进行裁减操作，主要有五种裁减类型：强劲裁剪、边角裁剪、在内裁剪、在外裁剪、裁剪到最近端，如图 10－32 所示。

图 10-32　剪裁对话框　　　　　　　图 10-33　裁剪到最近端

（1）动态裁剪图元

动态裁剪图元有两种方式进行图元的裁减，强劲剪裁选项用于大量曲线的裁剪。修剪曲线时无需逐一选取修剪的对象，可在绘图区中按住左键并拖动指针，与指针划线相交的草图曲线被自动裁剪。

选择裁剪到最近端，也可以快速裁剪，如图 10-33 所示。

（2）边角

该功能能够实现两条线条自动剪切相交：

单击裁剪选项中的边角 →鼠标单击欲交截的两个图元，如图 10-34 所示 。

图 10-34　边角

注意：进行图元交截操作后，剩下图元部分为鼠标点击一侧的图元。

（3）在内裁剪和在外裁剪

在内裁剪是选择两个边界曲线或一个面，然后选择要修剪的曲线，修剪的为边界曲线内部分；在外裁剪正好和在内裁剪相反，如图 10-35 和图 10-36 所示。

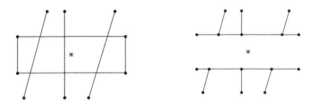

图 10-35　在内裁剪

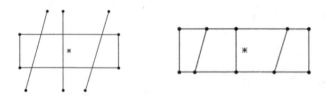

图 10-36 在外裁剪

13. 镜像

对于轴对称的平面图,该项功能能够节省大量的工作时间,复制对称的图形。

单击 ✎ 绘制对称轴→鼠标左键选取对称图形→单击镜像实体 ▶◀ →单击对称轴→对称图形生成,如图 10-37 所示 。

如欲放弃平面图的绘制,则直接单击 退出草图 退出平面图的绘制。

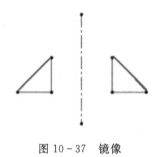

图 10-37 镜像

10.3 草图绘制实例

10.3.1 底板的草图

目的:绘制如图 10-38 所示底板草图,学习使用绘制中心线、线、圆、圆弧及标注尺寸、修改尺寸、修剪图形、镜像图形、关键点约束等命令的使用。

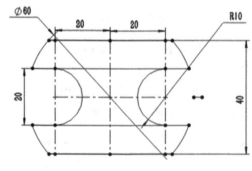

图 10-38 底板平面草图

1. 文件→新建 ⬜

新建文件,选择零件,在对话框中选取草图绘制,单击"确定"按钮。

2. 绘制中心线 ✐

用鼠标左键选取绘制中心线命令,在绘图区点画出一条水平线及三条垂直中心线,并使中心线位置固定,如图 10 - 39 所示,结束时,按 Enter 键。

3. 绘制圆 ⊙

用鼠标左键选取中心线交点作为圆心,在绘图区内画圆的草图,如图 10 - 40 所示。

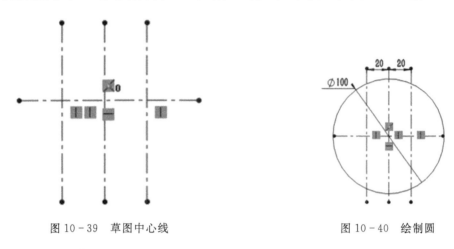

图 10 - 39　草图中心线　　　　　　　　图 10 - 40　绘制圆

4. 绘制线(Line) ✐

用鼠标选取圆上点绘制两条水平线,如图 10 - 41 所示。

5. 镜像线(Mirror Entities) ⬚

点取镜像命令,鼠标点击两条水平线,再点对称的水平中心线,再镜像二条水平线,如图 10 - 42 所示。

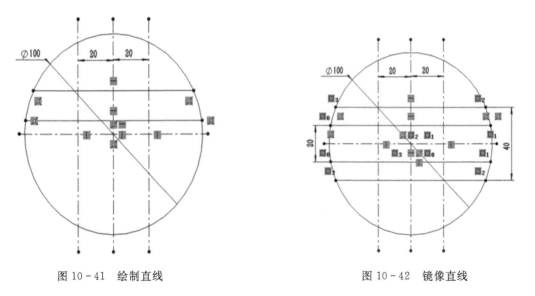

图 10 - 41　绘制直线　　　　　　　　　图 10 - 42　镜像直线

6. 修改尺寸 ✐

点击修改尺寸命令,点击智能尺寸,修改水平线间的尺寸,如图 10 - 43 所示。修改相关的数值,以完成对图形的修改。

7. 修改约束 ⊥

选取约束命令,在添加几何关系对话框中点击对称约束,用鼠标左键点取两水平线与圆的交点,再点取中间的对称轴,强制两水平线上下左右对称 ⊠ 。

8. 绘制圆弧(3 Point Arc) ⌒

用鼠标左键点取两水平线与中心线的交点作为圆弧的两个端点,注意让圆弧中心落在两条中心线交点上,点出第三点绘制圆弧,如图 10 - 44 所示。

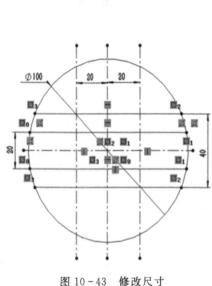

图 10 - 43　修改尺寸

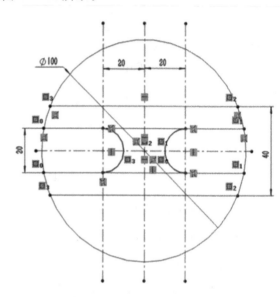

图 10 - 44　对称约束与绘制圆弧

9. 移动尺寸

确认选取按钮处于被选中状态,改变其中尚未定义的尺寸,用鼠标左键点取要移动的尺寸标注,移动到合适位置,如图 10 - 45 所示。

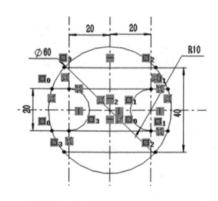

图 10 - 45　修改尺寸与移动尺寸

10. 剪除线段 ✂

用鼠标点取外圆不要的线段,逐段删除,完成草图任务,效果如图 10 - 38 所示。

10.3.2 底座的草图

目的:绘制如图 10-46 所示底座草图,复习使用绘制中心线、圆、镜像及标注尺寸、修改尺寸、修剪图形等,学习绘制同心圆、矩形、圆角等命令。

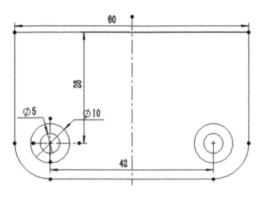

图 10-46 底座平面图

1. 文件→新建

新建文件,选择零件,单击确定,在对话框中选取草图绘制。

2. 绘制中心线

用鼠标左键选取绘制中心线命令,在绘图区点画出两条水平中心线及两条垂直中心线,将中心线使用固定约束,以便后续作图,如图 10-47 所示。

3. 绘制矩形

用鼠标选取水平线上点绘制矩形,如图 10-48 所示。

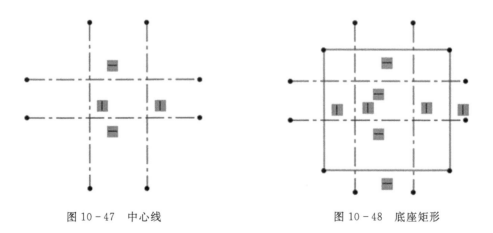

图 10-47 中心线　　　　　　　图 10-48 底座矩形

4. 绘制圆

不必考虑尺寸,用鼠标左键选取中心线交点即圆心,在绘图区点草绘圆,如图 10-49 所示。

5. 绘制同心圆 ⊙

不必考虑尺寸，用鼠标左键选取圆，绘制出同心圆，如图 10 - 50 所示。

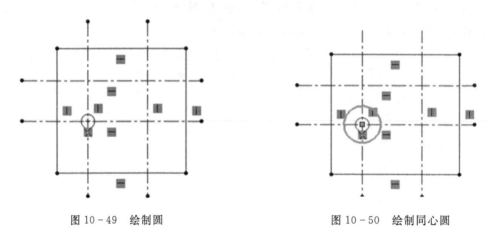

图 10 - 49　绘制圆　　　　　　图 10 - 50　绘制同心圆

6. 标注尺寸与修改尺寸 ⟨⟩

按基准标注尺寸，用鼠标左键点取两线，修改不合理尺寸，结束时点击标注尺寸位置，如图 10 - 51 所示。

注意：由于约束太多影响图形的绘制，可以在视图草图几何关系中进行隐藏。

7. 镜像 ▷|◁

点取镜像实体命令，先点击两个需要镜像的圆，再点击对称的垂直中心线，如图 10 - 52 所示。

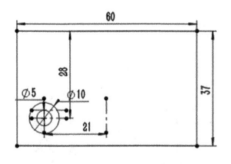 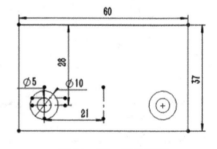

图 10 - 51　标注尺寸与修改尺寸　　　　　图 10 - 52　镜像图形

8. 绘制圆角 ⌐

用鼠标左键点取两线圆角，如图 10 - 53 所示。

9. 修改约束(Add Relations) ⊥

按住 Ctrl 键，用鼠标左键点取圆弧的圆心及圆的圆心点，约束两点重合，如图 10 - 54 所示。删除掉自动生成的圆角半径，如果不删除的话，就会产生过定义。

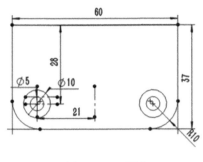
图 10-53 圆角

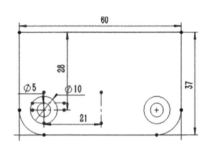
图 10-54 重合约束

10. 裁剪线条和删除多余线条

用强制裁剪命令与 Delete 键删除图形中多余图元。

11. 标注尺寸

用鼠标点取两个圆的中心线,标注对称尺寸,如图 10-55 所示。

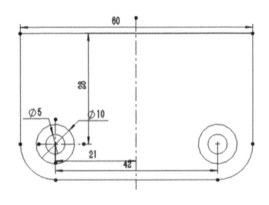
图 10-55 标注尺寸

12. 移动尺寸

用鼠标点取要修改的尺寸,逐个移动到合理位置,最后完成的草图绘制,如图 10-56 所示。

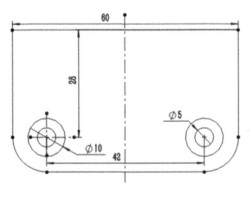
图 10-56 删除尺寸

10.3.3　腰圆形的草图

绘制如图 10 - 57 所示腰圆形图形。

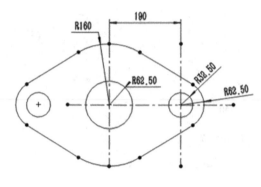

图 10 - 57　腰圆形图

分析该图形可以看出该图形由四块相同图形组成,所以只需要绘制该图的四分之一即可。

1. 创建新文件

新建文件,选择零件,单击"确定"按钮,在对话框中选取草图绘制。

2. 绘制中心线

单击 →在绘图区绘制三条中心线→单击 修改尺寸,如图 10 - 58 所示,将中心线使用固定约束,以便后续作图。

3. 绘制基本图形

单击 分别绘制四条圆弧,如图 10 - 59 所示 。

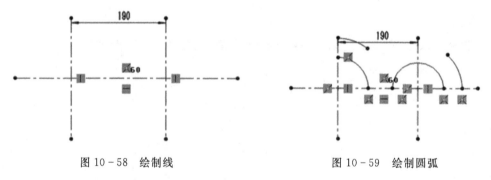

图 10 - 58　绘制线　　　　　　　　　　图 10 - 59　绘制圆弧

单击 修改尺寸,如图 10 - 60 所示 。

单击 绘制连接圆弧的直线,如图 10 - 61 所示 。

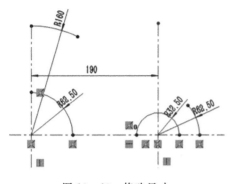

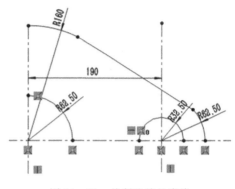

图 10-60　修改尺寸　　　　　　　　　　　图 10-61　绘制连接的直线

按住 Ctrl 键点击圆弧和直线→单击添加几何关系对话框中的 ⌀ 按钮,添加相切约束 →分别单击选择两圆弧与直线→单击 ✔ 按钮结束约束添加,如图 10-62 所示 。

4.图形镜像 ▷◁

鼠标选取(可窗选)所有实线图形→单击水平中心线上第一点→单击水平中心线上 第二点→再选中所有实线图形→单击→单击铅垂中心线完成第 2 次图形镜像,如图 10-63所示 。

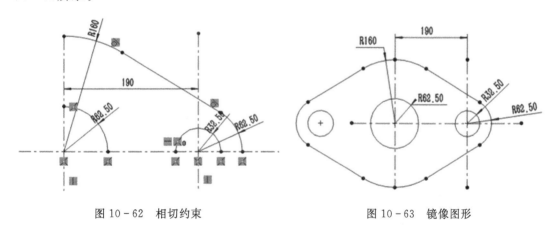

图 10-62　相切约束　　　　　　　　　　　图 10-63　镜像图形

5.保存退出

单击快捷键保存文件,设置文件名称,而后单击离开平面图绘制。

10.3.4　吊钩的草图

目的:绘制如图 10-64 所示的吊钩草图,学习使用绘制中心线、同心圆、同心圆弧、相切 圆弧及标注尺寸、相切约束等命令的使用。

1. 文件→新建 ▢

新建文件,选择零件,单击"确定"按钮,在对话框中选取草图绘制。

2. 绘制中心线 ⸜

用鼠标左键选取绘制中心线命令,在绘图区画出三条中心线,标注水平中心线之间距离为 12，将中心线使用固定约束，以便后续作图，如图 10 - 65 所示。

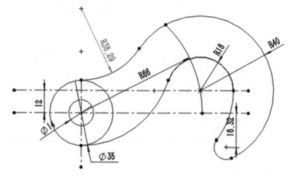

图 10 - 64　吊钩

3. 绘制圆 ⊙

鼠标左键选取中心线交点作为圆心，在绘图区内画圆的草图，如图 10 - 66 所示。

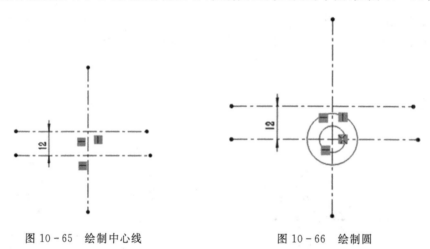

图 10 - 65　绘制中心线　　　　　　　图 10 - 66　绘制圆

4. 绘制同心圆弧

不必考虑尺寸，用鼠标左键选取圆，给出起点及终点，绘制出同心圆弧，如图 10 - 67 所示。

5. 绘制圆 ⊙

用鼠标左键选取中心线交点作为圆心，绘制出圆，如图 10 - 68 所示。

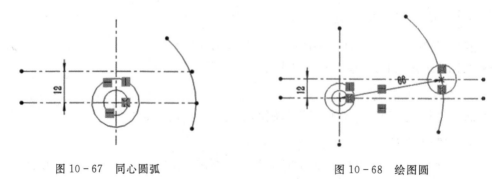

图 10 - 67　同心圆弧　　　　　　　图 10 - 68　绘图圆

6. 绘制同心圆 ⊙

不必考虑尺寸,用鼠标左键选取圆,绘制出同心圆,如图 10 - 69 所示。

7. 修改尺寸 ✎

点击智能尺寸,要固定两个中心线,方便确定其他线的位置,修改尺寸数值,如图 10 - 70 所示。

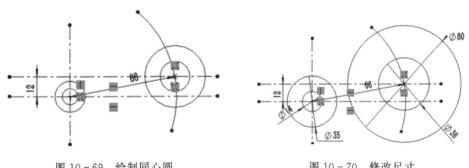

图 10 - 69　绘制同心圆　　　　　图 10 - 70　修改尺寸

8. 绘制圆弧 〰

重复绘制圆弧命令,分别绘制两圆弧。选取三点画圆命令,用鼠标左键点取两圆作为圆弧的两个端点,约束绘制的圆弧与圆相切,如图 10 - 71 所示。

9. 绘制同心圆弧 〰

用鼠标左键选取圆,给出起点及终点,绘制出同心相切圆弧,如图 10 - 72 所示。(可以在视图→显示/隐藏,隐藏草图几何关系)

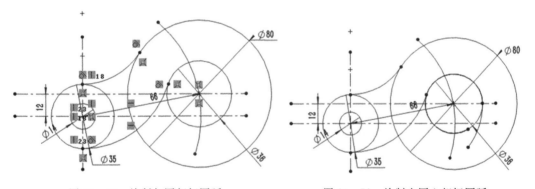

图 10 - 71　绘制与圆相切圆弧　　　　　图 10 - 72　绘制出同心相切圆弧

10. 绘制圆弧 〰

用鼠标左键点取圆及圆弧端点作为圆弧的两个端点,约束绘制的圆弧与圆相切,如图 10 - 73 所示。

11. 修改尺寸 ✎

点击 ✎ 修改尺寸,点击所有尺寸数字, ✎ 修改尺寸。

12. 剪除线段 ✂

用鼠标点取所有不要的线段,逐段删除。

13. 修改约束 ⊥

按住 Ctrl 键选择两端圆弧,单击相切约束,约束相切,如图 10-74 所示。

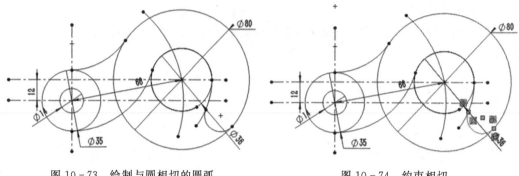

图 10-73　绘制与圆相切的圆弧　　　　　图 10-74　约束相切

14. 标注尺寸 ⌒

按基准标注尺寸,用鼠标左键点取圆弧标注半径尺寸,删除直径尺寸,如图 10-75 所示。

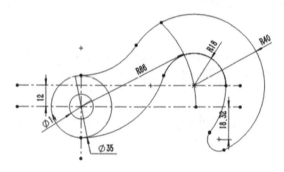

图 10-75　标注半径尺寸

15. 删除线段

用鼠标点取所有不要的圆弧线段,按 Del 键删除,完成草图任务,如图 10-64 所示。

10.3.5　凸轮的草图

目的:绘制如图 10-76 所示的凸轮的草图,学习使用角度绘制中心线、同心圆弧、相切圆弧及圆角、相切约束等命令的使用。

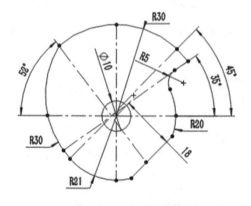

图 10-76　凸轮草图

1. 文件→新建

新建文件,选取零件,单击"确定"按钮,选择草图绘制。

**2. 绘制中心线 　与修改尺寸 **

用鼠标左键选取绘制中心线命令,在绘图区点画出五条中心线,并修改尺寸,将中心线使用固定约束,以便后续作图,如图 10 - 77 所示。

**3. 绘制圆 **

用鼠标左键选取中心线交点作为圆心,在绘图区内画圆的草图,如图 10 - 78 所示。

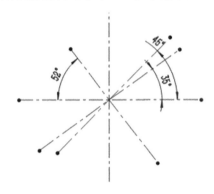

图 10 - 77　绘制中心线与修改尺寸

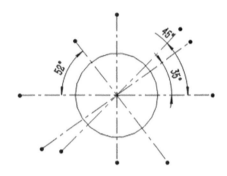

图 10 - 78　绘制圆

**4. 绘制同心圆弧 **

用鼠标左键选取圆,在点划线上给出起点及终点,绘制出同心圆弧,如图 10 - 79 所示。

**5. 绘制线 **

用鼠标沿 35°点划线,在圆弧终点给出起点及终点绘制 35°直线,如图 10 - 80 所示。

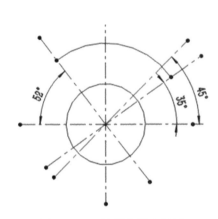

图 10 - 79　绘制出同心圆弧

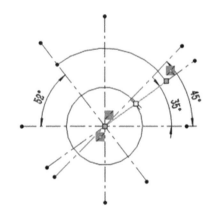

图 10 - 80　绘制 35°直线

**6. 绘制同心圆弧 **

用鼠标左键选取圆,以点划线上直线的终点为起点,绘制出同心圆弧,如图 10 - 81 所示。

**7. 绘制线 **

用鼠标在圆弧终点给出起点绘制 45°直线,显示约束,45°线与点划线平行,如图 10 - 82

所示。

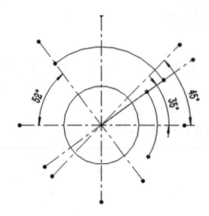
图 10-81　绘制出同心圆弧

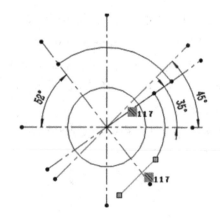
图 10-82　绘制 45°直线

8. 绘制同心圆弧

用鼠标左键选取圆,以 45°直线的终点为起点,绘制出同心圆弧,如图 10-83 所示。

9. 绘制圆弧

用鼠标左键点取两圆弧端点作为圆弧的两个端点,不要让绘制的圆弧与圆弧相切,如图 10-84 所示。

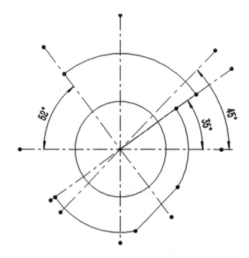
图 10-83　绘制出同心圆弧

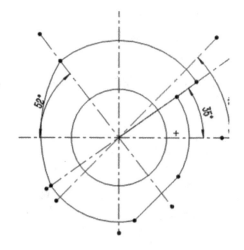
图 10-84　绘制圆弧

10. 绘制圆角

用鼠标左键点取两线圆角,如图 10-85 所示。

11. 剪除线段

用鼠标点取圆角处不要的线段,逐段删除,如图 10-86 所示。

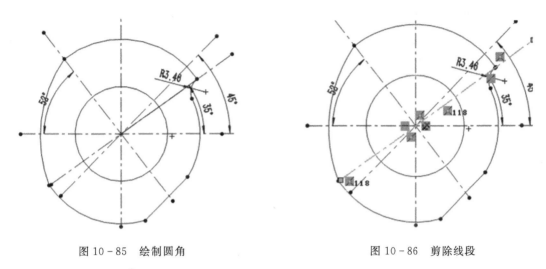

图 10-85　绘制圆角　　　　　　　　　　　　图 10-86　剪除线段

12. 修改尺寸

点击修改尺寸,修改尺寸时固定中心线与已知圆心位置,修改尺寸以修改图形,如图 10-87 所示。

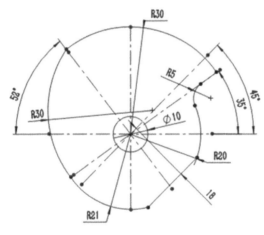

图 10-87　修改尺寸

10.3.6　铣刀断面的草图

目的:绘制如图 10-88 所示的铣刀断面的草图,学习复杂平面图形的绘制,同时为后面制作混成的铣刀模型做好准备工作。

1. 文件→新建

在新建文件对话框的类型选择中选取草绘,单击"确定"按钮,进入草绘界面(模式)绘制平面图。

2. 绘制中心线

用鼠标左键选取绘制中心线命令,在绘图区点画出一条水平线及一条垂直中心线。结束时,点击鼠标中键。将中心线使用固定约束,以便后续作图。

3. 绘制圆(Circle) 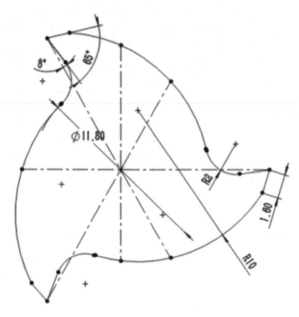(icon)

用鼠标左键选取中心线交点作为圆心,在绘图区内单击鼠标左键,画圆的草图如图10 - 88 所示。

图 10 - 88 铣刀断面图

4. 绘制同心圆(Circle Concentric)

不必考虑尺寸,用鼠标左键选取圆,再单击鼠标左键绘制出同心圆,如图10 - 89 所示。

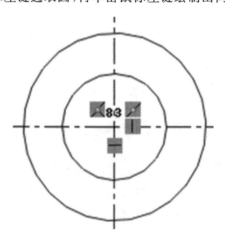

图 10 - 89 绘制同心圆

5. 绘制中心线(Centerline)

用鼠标左键选取绘制中心线命令,画出两条 60°中心线。

6. 修改尺寸(Smart Dimension)

点击修改尺寸命令,修改相关的圆的直径数值 Φ20、Φ11.8,如图10 - 90 所示。

7. 绘制线(Line)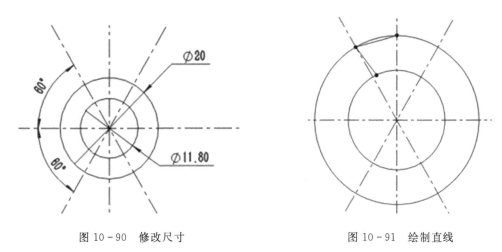

用鼠标左键在圆的交点左侧绘制两条直线,如图 10-91 所示。

图 10-90 修改尺寸   图 10-91 绘制直线

8. 标注尺寸

选取尺寸标注命令,用鼠标左键点取直线,再按鼠标中键结束,标注与线平行的尺寸(如不平行,再重新标注一次,直到满意为止)。

9. 绘制圆弧

用鼠标左键点取线的端点及小圆作为圆弧的两个端点,绘制弧,注意让圆弧与圆相切,并且绘制半径为 2 的圆弧。两个端点:一个在小圆上,一个在直线上,绘制圆弧,效果如图 10-92 所示。

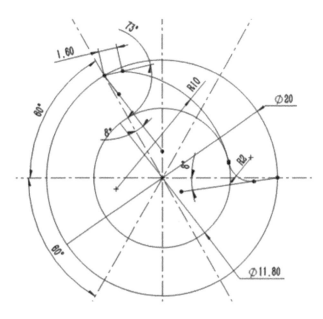

图 10-92 绘制圆弧滑

10. 修改尺寸

点击修改尺寸命令，修改相关的圆弧的半径，数值 10、两直线与基准线夹角为 8°、73°。

11. 修改约束选择

选取约束命令，在对话框中点击相切约束，用鼠标左键点取线和圆弧，强制两线相切，显示相切标记。

12. 圆周阵列命令

选择圆周阵列命令，首先选择中心点为阵列中心，选择实例数为 3，然后选择要阵列的实体即可，如图 10-93 所示。

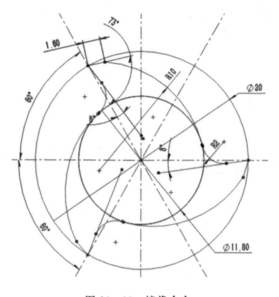

图 10-93 镜像命令

13. 剪除线段（Trim Entities）

用鼠标点取外圆不要的线段，逐段删除，完成草图，如图 10-94 所示。

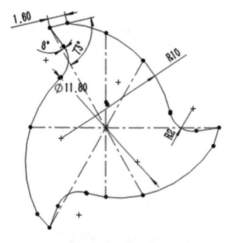

图 10-94 剪切线段

14. 移动尺寸

确认选取按钮处于被选中状态,用鼠标左键点取要移动的尺寸标注,移动到合适位置,如图 10 - 95 所示,关闭尺寸,效果如图 10 - 96 所示。

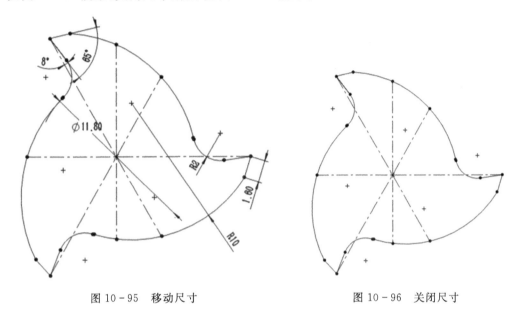

图 10 - 95　移动尺寸　　　　　　　图 10 - 96　关闭尺寸

第 11 章　创建基准

三维模型在创建过程中往往需要使用到一些参考数据,这些参考数据在 SolidWorks 中我们称之为基准。如同我们在绘制机械二维工程图时所使用的尺寸参考基准一样,Solid-Works 中这些参考也是必不可少的。基准不是实体或曲面,但是在 SolidWorks 中它也被视为一种特征,主要用于为三维模型的创建提供合适的参考数据如基准面、基准轴、基准点。

11.1　基准概述

在图 11-1 所示的插入下拉菜单选取"参考几何体"命令,显示 SolidWorks 中基准参考的类型:基准面、基准轴、坐标系、点等。

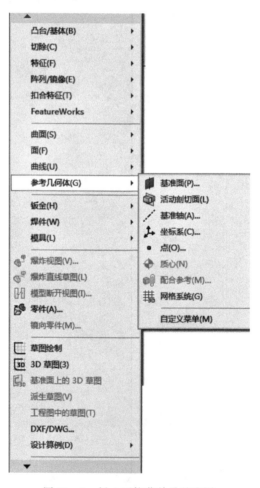

图 11-1　插入下拉菜单及基准图

1. 基准面

基准面可以作为平面图绘制的参考面,可以决定视图方向、作为尺寸标注的基准、作为装配零件的参考面以及作为产生剖视图的平面。

2. 基准轴

基准轴可以作为尺寸标注的基准、作为旋转特征的转轴、作为同轴特征的基准轴,还可以作为装配零件的参考线。

3. 坐标系

坐标系可以作为数据转换时的位置参考、作为装配零件的参考坐标,或作为数控加工的原点等。

4. 点

点可以作为创建 3D 曲线的基点、作为尺寸标注的基准,还可以作为有限元分析的施力点等。

在任一个模块中均可创建基准。基准的创建方式主要有两种:一种是创建实体或曲面特征前使用各种命令进行创建,这种特征将由始至终地存在于模型创建过程,这种基准过多会使平面过于凌乱而影响建模;另外一种是在实体或曲面特征创建过程中需要用到基准时临时创建(临时基准),这种基准在该实体或曲面特征创建完成后即消失,不会影响后续建模。建议用户尽可能地使用临时基准创建。

由于上述两种创建方式在基准创建流程上基本相同,所以为了较为系统地介绍基准的创建,本章主要介绍前一种方式下各种基准的创建,至于基准的用途,用户在后续各章建模过程中可体会应用。

11.2　基准面的创建

基准面应该理解成一个无限大的一个平面,而不是仅仅局限于显示上的大小。

基准面创建可以通过插入下拉菜单→参考几何体→基准面进行创建,还可以通过基准创建快捷按钮创建:点击基准创建快捷按钮 ▦ ,显示如图 11 - 2 所示多种基准面创建条件菜单管理器供选择,根据需要选择可行条件进行基准面的创建,如图 11 - 3 所示。

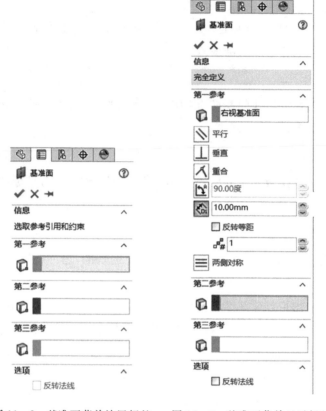

图 11-2　基准面菜单放置标签　　图 11-3　基准面菜单显示标签

　　只要进入 SolidWorks 中任何三维模块，都会显示如图 11-4 所示前视基准面、上视基准面、右视基准面三个默认的基准坐标面。通常创建一个基准面需要通过两个创建条件的约束才能完成，一般 SolidWorks 会根据所选平面自动选择创建类型。下面在如图 11-5 所示的基础模型上对这些创建条件简单予以介绍。

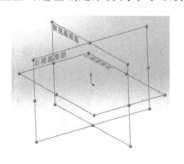

图 11-4　默认基准坐标面

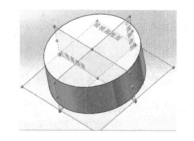

图 11-5　基础模型

1. 直线/点创建基准面

通过边线和轴、草图线及点，以及通过三点都可以创建基准面。

插入→参考几何体→基准面→选取孔轴线→重合→选取中心点→确定，新基准面 1 如图 11-6 所示。

2．两面夹角创建基准面

通过选择直线和平面为参照，可以创造基准面，创建后的基准面通过选择的边界与选择的平面呈一定的角度。

插入→参考几何体→基准面→选出选取前视基准面面→改变第一参考中的两面夹角为 45 度→选取大圆的轴线→穿过→完成；基准面 2 如图 11-7 所示。

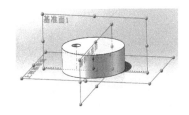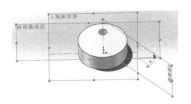

图 11-6　通过直线/点确定基准面　　　图 11-7　两面夹角创建基准面

3．等距距离创建基准面

所创建的基准平面由另一平面偏移而来或设定与坐标系相距某一距离而来。

插入→参考几何体→基准面→选取前视基准面→选择第一参考中偏移值→输入偏移值，显示如图 11-8 所示的偏移方向→确定→完成；基准面 3 如图 11-8 所示。

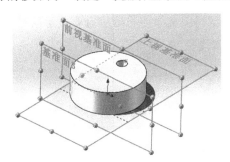

图 11-8　偏移创建基准面

4．点和平行面创建基准面

所创建的基准平面过一点或者直线平行于基准面。

插入→参考几何体→基准面→选取前视基准面→选择一点→第一参考中选择平行→点击确定即可，显示如图 11-9 所示的基准面 4。

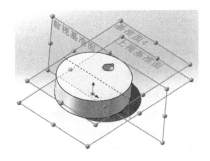

图 11-9　点和平行面创建基准面

5．线和面创建基准面

所创建的基准平面过一条直线且垂直于一个面。

插入→参考几何体→基准面→选取上视基准面→选择直线→第一参考中选择垂直→点击确定即可,显示如图 11-10 所示的基准面 5。

6. 相切

所创建基准平面与某一圆柱面相切。

插入→基准→基准面→选取圆柱面→相切→选取直线→垂直→确定→完成;基准面 6 如图 11-11 所示。

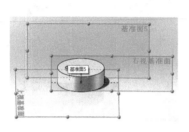
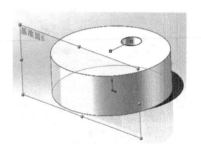

图 11-10　线和面创建基准面　　　　图 11-11　相切创建的基准平面

一般情况下,程序提供的 3 个基准面为隐藏状态。在做图过程中,有时候要隐藏基准(基准轴、基准点、基准面等),以便作图。因此需要隐藏或者显示基准。

如图 11-12 所示,在模型树中选择要隐藏或者要显示的基准,右击,弹出图 11-12 所示面板,点击 即可完成显示,点击 即可完成隐藏。

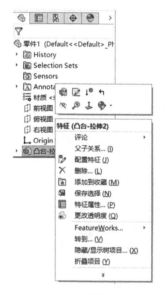

图 11-12　显示或隐藏基准面

11.3　基准轴的创建

通常在创建几何体或创建阵列特征时会使用基准轴。当用户创建旋转特征或孔特征后,程序会自动在其中心显示临时轴。通过菜单栏执行视图临时命令,或者在前导功能区的隐藏/显示项目下拉菜单中单击观阅临时轴按钮,可以即时显示或隐藏临时轴。

基准轴的创建可以通过下拉菜单插入→参考几何体→基准轴进行创建,具体创建过程如下:

插入→参考几何体→基准轴,显示如图 11-13 所示的多种基准轴创建条件菜单管理器,选择即可。下面在图 11-14 所示的基础模型上对这些创建条件简单予以介绍。

图 11-13　基准轴属性面板

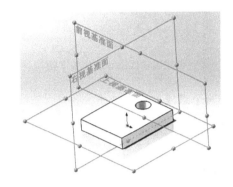

图 11-14　基础模型

1. 通过某一直线创建基准轴线,该直线可以是面的直线边界、实体的直线边界等

插入→参考几何体→基准轴→选取立方体的一条边→确定,创建如图 11-15 所示的基准轴 1。

2. 通过一点并与一平面垂直的轴线

先做一个点(图中为点 4)→插入→参考几何体→基准轴→选出→选取立方体的上面点 4→选出→选取上视基准面,创建如图 11-16 所示的基准轴 2。

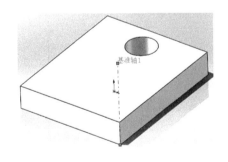

图 11-15　创建过边界的基准轴

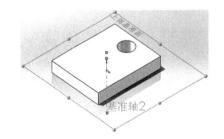

图 11-16　创建垂直平面的基准轴

3. 等同于圆柱体的中心线的轴线

插入→参考几何体→基准轴→选取立方体的孔的面→确定,创建如图 3-17 所示的基准轴 3。

4. 取两平面的交线作为轴线

插入→参考几何体→基准轴→选前面和右面→确定,创建如图 11-18 所示的基准轴 4。

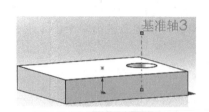

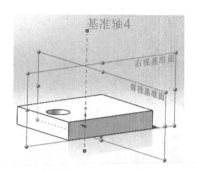

图 11 - 17　创建圆柱体中心线的基准轴　　　　图 11 - 18　创建两平面交线的基准轴

5. 连接两个点或顶点的轴线

插入→基准→基准轴（或单击快捷按钮 ⌗ ）→选取立方体的侧边的两个端点→确定，创建如图 11 - 19 所示的基准轴 5。

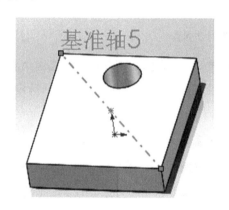

图 11 - 19　创建过二个点/顶点的基准轴

11.4　基准坐标系的创建

在 SolidWorks 中创建三维模型时必需使用坐标系的情况并不多，通常在进行不同系统的数据交换时需要使用坐标系定义模型的相对尺寸位置。

常用的坐标系主要有以下 3 种。

笛卡尔坐标系：即带有 XYZ 轴的坐标系，这种最为常用。

球坐标系：采用半径和角度来表示坐标的坐标系。

柱坐标系：用半径，角度和 Z 轴表示坐标轴的坐标系。

坐标系的创建可以通过下拉菜单插入→参考几何体→坐标系，在设计树的属性管理器选项卡中显示坐标系属性面板，如图 11 - 20 所示。

若用户要定义零件或装配体的坐标系，可以按以下方式选择进行参考。

（1）选择实体中的一个点（边线中点或顶点），作为坐标原点。

（2）选择一个点，再选择实体边或草图曲线以指定坐标轴方向。

（3）选择一个点，再选择基准面以指定坐标轴方向。

（4）选择一个点，再选择非线性边线或草图实体以指定坐标轴方向。

（5）当生成新的坐标系时，最好起一个有意义的名字说明它的用途。

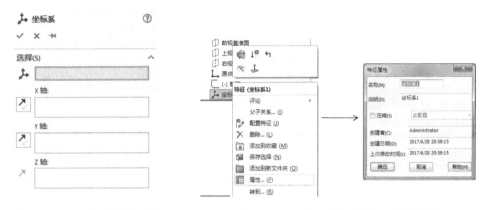

图 11-20　坐标系属性面板　　　　　　　图 11-21　更改坐标系名称以说明用途

由于创建坐标系过程较简单，用户完全可以通过阅读信息窗口的提示信息完成坐标系的创建，此处不再详述。

11.5　基准点的创建

基准点的创建可以通过下拉菜单插入→参考几何体→选择基准点进行创建，在设计树的属性管理器选项卡中将显示点属性面板，显示如图 11-22 所示的基准点对话框，其中包含圆弧中心、面中心、交叉点、投影、在点上和偏移。

在点的属性面板的参考实体激活框中，若用户选择的参考对象需要重新选择，可以选择右键菜单中的删除命令将其删除，如图 11-23 所示。

图 11-22　点属性　　　　　图 11-23　删除参考对象

1. 创建圆弧中心点基准点

插入→参考几何体→选择一条圆弧或者选择一个圆→点击确定，完成创建点 1，如图 11-24 所示。

2. 在面中心创建基准点

插入→参考几何体→选择一个面→点击面中心→点击确定完成创建点 2，如图 11-25 所示。

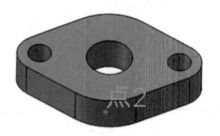

图 11-24　创建圆弧中心点基准点　　　　图 11-25　在面中心创建基准点

3. 通过交叉点创建基准点

插入→参考几何体→点击交叉点→选择两个曲线边线或者轴线→点击确定，完成创建点 3，如图 11-26 所示。

4. 通过投影创建基准点

插入→参考几何体→点击投影点→选择一个点和一个面（图示为点 2 和内孔面）→点击确定，完成创建点 4，如图 11-27 所示。

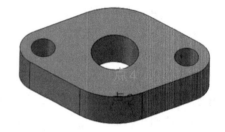

图 11-26　通过交叉点创建基准点　　　　图 11-27　通过投影创建基准点

5. 沿曲线或多个参考点创建基准点

插入→参考几何体→点击投影点→选择一个边（可以设置距离、百分比、均匀分布）→点击确定，完成创建点 5，如图 11-28 所示。其中，距离是指按用户设定的距离生成参考点数；百分比是指按用户设定的百分比生成参考点数；均匀分布是指在实体上均匀分布的参考点。

6. 在草图点上创建基准点

插入→参考几何体→点击在点上→选择草图中绘制的点→点击确定，完成创建点 6，如图 11-29 所示。

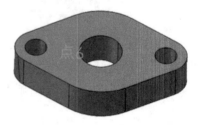

图 11-28　沿曲线或多个参考点创建基准点　　　　图 11-29　在草图点上创建基准点

11.6　应用基准实例——叉架零件

绘制的叉架零件,如图 11－30 所示,目的是掌握绘制连接板、肋板、键槽、斜面孔台等结构的制作。

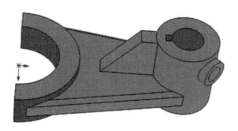

图 11－30　叉架零件

零件的几何形体分析:根据该叉架零件的特征,分为半圆环、圆柱体连接板和肋板及凸台五个主要部分,因圆孔与圆柱、键槽等高,故一次完成较方便。

1. 新建文件

在绘制类型的选项中,点击文件新建,点击零件,单击"确定"后直接进入绘制零件图的界面。

2. 进入半圆水平环的参考面

在下拉菜单插入→基体/凸台→拉伸(或直接单击 📦),选取上视参考面为草绘面,进入草绘界面。

3. 绘制平面图

在草绘界面中,点取水平及垂直基准线,绘制半圆弧、同心半圆弧及绘制直线,封闭图形,并修改尺寸 R20、R30,如图 11－31 所示,单击 ✔ 结束。

4. 特征的生成

选"拉伸" 📦 "正向""两侧对称"→在数字框中输入高度 15,单击 ✔ ,生成半圆环板,如图 11－32 所示。

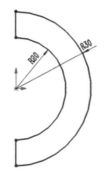 

图 11－31　半圆环平面图　　　　图 11－32　半圆环板

5. 进入平板的参考面

在特征栏中→拉伸（或直接单击 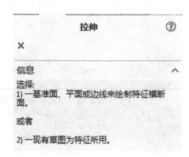），在消息栏中出现图 11 - 33 所示的对话框，然后选取上视基准面为草绘面，进入草绘页面。

图 11 - 33　拉伸对话框

6. 绘制平面图

在草绘界面中，点取水平线、铅垂线及外圆为基准线，绘制中心线、绘制圆及相切直线，利用约束保证相切，剪去不要部分圆弧，封闭图形，并修改尺寸圆心距离 80、小圆半径 R15，如图 11 - 34 所示，单击 ✔ 结束。

7. 平板的生成

选择"正向""双向拉伸"，在数字框中输入厚度 8，单击 ✔，生成平板，如图 11 - 35 所示。

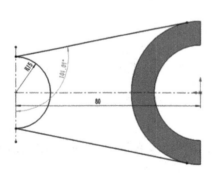

图 11 - 34　连接板平面图

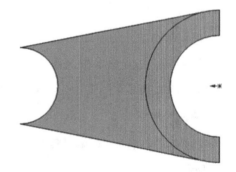

图 11 - 35　半圆环和连接板

8. 建立参考面

因圆柱面与其他面不平齐，所以要建立参考面，其步骤如下：

单击建立参考面图标，点击上视参考面作为基准面，在偏移值中输入偏置数值－10，然后单击确定，即可生成基准面 1，如图 11 - 36 所示。

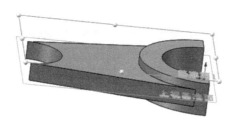

图 11 - 36　基准面

9. 进入圆柱的参考面

在下拉菜单插入→基体凸台→拉伸(或直接单击),在消息栏中出现图 11 - 33 所示的对话框,然后选取基准面 1 为草绘平面,单击草绘对话框中的"确定"按钮进入草绘界面。

10. 绘制平面图

在草绘界面中,点小圆弧为基准线、绘制圆、绘制同心小圆直径 Φ15,如图 11 - 37 所示,绘制键槽直线,剪去不要部分圆弧,封闭图形,如图 11 - 38 所示,单击 ✔ 退出平面界面。

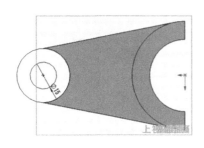

图 11 - 37　基准面及同心圆

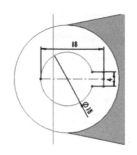

图 11 - 38　键槽线

11. 圆柱的生成

选"正向"→高度,在数字框中输入高度 35,单击 ✔ ,一次生成圆柱及内孔、键槽,如图 11 - 39 所示。

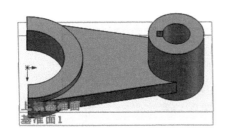

图 11 - 39　叉架主体

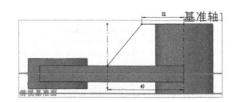

图 11 - 40　基准面及肋板线

12. 绘制肋板

插入下拉菜单→选择筋(或单击)提示框,出现类似于拉伸的对话框→依次单击"参考","定义"→选择前视基准面为草绘面。

13. 绘制平面图

用左键点取圆柱的侧转向轮廓竖线、中心线以及水平板的上面作为绘制肋板的基准线，绘制两条线作为肋板轮廓线，如图 11 – 40 所示。

14. 肋板的生成

注意拉伸方向，在数字框中输入高度 8，单击 ✔ 生成肋板，完成叉架肋板，如图 11 – 41 所示。

15. 建立旋转参考面

因凸台与其他面方向不一致且不平齐，所以要建立斜参考面，其步骤如下：

点击插入参考几何体命令中的基准面，点击前视基准面作为参考基准面，在菜单管理器中选取穿过轴线，选取圆柱轴线，在消息框中输入偏置数值使新建平面与前视基准面呈 45° 角，再单击 ✔，即可生成基准面 2，如图 11 – 42 所示。

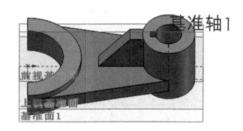

图 11 – 41　叉架主体和肋板

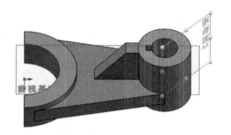

图 11 – 42　旋转基准面

16. 建立平行参考面

点击插入参考坐标系中的基准面，点击基准面 2 作为基准面，在菜单管理器中选取输入数值，输入偏置数值 18，注意方向（如方向相反则输入 −18），再单击确定，即可生成平行的参考面 Dim3，如图 11 – 43 所示。

17. 进入凸台圆柱的参考面

插入下拉菜单→拉伸→依次点击"放置"，"定义"选择基准面 3 为草绘平面→点击确定→进入草绘界面。

18. 绘制平面图

默认的草绘界面是背面同样可以在所选基准面 3 平面绘图的。点圆柱轴线、底板上边为基准线，绘制圆直径为 13 的圆，如图 11 – 44 所示，单击 ✔，退出草绘界面。

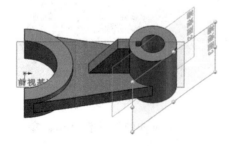

图 11 – 43　平行基准面

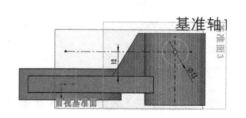

图 11 – 44　绘制平面图

19. 凸台的生成

选择方向时,注意箭头方向,如图 11 - 45 所示,从草图基准面 3,方向为成形到下一个面,大圆柱表面在信息框中点"√",生成凸台,如图 11 - 46 所示。

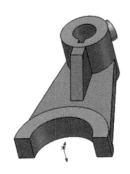

图 11 - 45　凸台生长方向　　　　　　　图 11 - 46　生成凸台

20. 进入圆孔的参考面

选择"插入"下拉菜单"切除"中的拉伸命令→拉伸切除(或直接单击 ▣)→单击放置→选择凸台外表面为参考。

21. 圆孔的生成

以凸台中心线为偏移参考,偏移值均取为 0,再以大圆柱上表面为尺寸参考,输入孔直径为 8,选择成形到一面,选择竖孔内表面为参考。最后单击生成圆孔,如图 11 - 47 所示。

22. 制作圆角

插入下拉菜单特征→选择圆角(或直接点击 ▢)→在提示栏中输入圆角的半径 2→选择需要倒圆角的边线,在消息对话框中单击"确定",完成圆角操作,得到叉架模型,如图 11 - 48 所示。

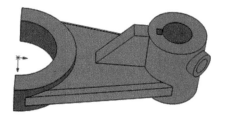

图 11 - 47　凸台内孔　　　　　　　　　图 11 - 48　制作圆角

因在后续各章实例中均有应用基准,本节不再赘述。

第 12 章　简单零件的造型

12.1　零件造型菜单简介

在制作 3D 立体零件时,首先在主菜单"文件"下拉菜单中选择"新建"命令,显示如图 12-1所示的新建对话框。在新建对话框绘制类型的选项中,选择默认的"零件"后确定,直接进入绘制零件图界面,在这种模式下只能进行零件图的绘制,并保存为 ptr 文件格式,以供实体装配或曲面模型、模具设计时调用。在零件 3D 模型创建过程中,也需要进入平面图绘制状态,绘制方法与草图绘制的方法相同。绘制零件的各种命令如图 12-2 所示,依次调用"插入"中的各种命令,即可构造各种实体。

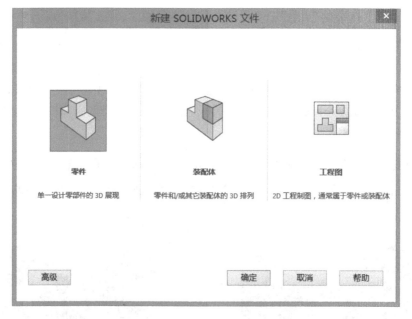

图 12-1　新建对话框

实体建模是 SolidWorks 中用的较多的命令块之一。在实际的设计项目中,大多数模型是通过实体建模完成的,所以实体建模是 SolidWorks 中最基本的建模方法,因此,掌握实体建模的各个命令非常重要。首先在如图 12-2 所示的菜单栏选取实体建模命令,主要包括凸台/基体、切除、特征、阵列/镜像、拟合特征等成形特征命令。

图 12-2　绘制零件的各种命令

12.2　基础特征常用的造型方法简介

本节简单地介绍实体建模过程中常用的命令。

12.2.1　拉伸

拉伸是将一个封闭的底面或剖面图形,沿垂直方向拉伸成柱体。因此,在使用拉伸命令前,必须准备一个封闭的草绘截面图形,一定是封闭图形,当截面有内环时,特征将拉伸成孔。在菜单管理器中拉伸特征的基本创建步骤如下:

(1)插入→凸台/基体→拉伸,弹出如图 12-3 所示的拉伸面板。

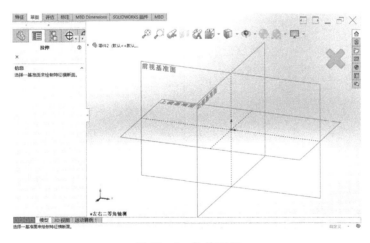

图 12-3　拉伸面板

(2)选择任一基准面作为草绘平面,进入草绘界面。

(3)在草绘平面中,绘制任意形状的平面图形,例如图 12-4 所示的截面,并且修改圆的半径为 50,单击 ✔ ;

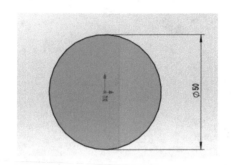

图 12-4　平面截面图形

单击 ✔ 退出草图 ，选择深度和拉伸方向。

定义特征生成深度有以下几种方法。

- 盲孔：直接定义拉伸特征的拉伸长度。如果拉伸属性定义的是"双侧"选项，则表示各沿两侧方向拉伸所定义的长度；
- 对称：该选项是定义拉伸长度沿草绘面对称分布；
- 到下一个：此选项用来指定拉伸特征沿拉伸方向延伸到下一个特征表面，常用于创建切减材料的拉伸特征；
- 穿透：此选项指定拉伸特征沿拉伸方向穿过所有的已有特征；
- 穿至：此选项指定拉伸特征沿拉伸方向延伸到指定的特征表面或基准平面；
- 到选定的：此选项指定拉伸特征延伸到指定的点、线或面。

（5）如选"盲孔"，在后面文本框中输入深度尺寸 10，单击 ✔ 确定，完成拉伸特征，如图 12-5 所示。

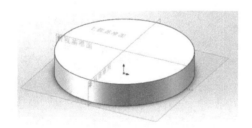

图 12-5　完成拉伸

12.2.2　旋转

旋转特征具有"轴对称"特性，旋转体是由一个封闭的断（截）面图形，绕与其平行的轴回转而成的。因此，在使用旋转体命令之前，必须准备一个断面图形及回转轴。简而言之，旋转特征创建原则是：截面外形绕中心轴旋转特定角度产生。

旋转特征的创建步骤前 6 步与拉伸特征的方法及菜单一样，不再重复，旋转特征的创建步骤如下：

（1）插入→旋转；

（2）指定绘图面。本例选择 Front 平面作为绘图平面；

（3）绘制截面和中心线，如图 12-6 所示，单击 ✔ ；

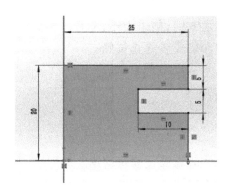

图 12-6　平面截面图形

创建旋转特征时，在截面草绘阶段应注意以下问题：

- 草绘剖面时，需建立一条中心线作为旋转轴，且剖面外形需"全部"落在中心线一方，不允许跨越中心线。
- 如果为了满足草绘的需要，而建立数条中心线（如镜像、标注尺寸等），此时系统会选用"第一条"中心线（最先建立）作为旋转轴，所以要养成先画中心线（旋转中心）的习惯。
- 若为实体类型，其截面必须为封闭型轮廓，且允许有多重回路外形。
- 若为薄体类型，其截面可为封闭型或开口型。

（4）在旋转面板中，单击"旋转轴"，选择"直线 1"，在如图 12-7 所示信息框中输入角度值 135 度，单击 ✔ 。

（5）完成旋转特征，如图 12-8 所示。

图 12-7　旋转面板

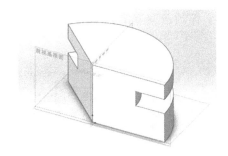

图 12-8　旋转特征

12.2.3　孔

孔特征的创建步骤如下：

插入→特征→孔向导，显示孔控制面板，如图 12-9 所示；

（1）将"标准"选项选为"GB"（国标）；

（2）位置：指定打孔的面；

（3）类型：选取定位方式线性、径向、直径；

（4）孔规格：根据孔类型的不同，确定大小，配合等参数；

（5）终止条件：设定孔的深度或者终止位置；

　　按住 Ctrl 键，同时选取多个参照对象。

（6）单击 ✔，即完成孔特征。

12.2.4　其他特征简介

· 倒圆角及倒角是对实体的边进行圆角或倒角处理。

· 筋是为实体特征增加各种筋。

· 壳是将实体特征抽空成为薄壳体。

图 12-9　孔控制面板

12.3　零件特征修改方法简介

（1）SolidWorks 的参数化功能使得实体零件模型的修改非常简便容易。

在模型树中选取任意特征，单击鼠标右键，显示如图 12-10 所示的快捷菜单，选取编辑定义，可修改所有参数重新定义、修改模型。

（2）在模型上双击选取任意特征的尺寸参数，选取要修改的尺寸更改数值，可修改模型的大小及位置。

12.4　零件绘制实例

12.4.1　V 形座

绘制如图 12-11 所示的 V 形座零件模型，目的是掌握常用的挤压、挖切造型方法。同时学习平面立体的造型方法。

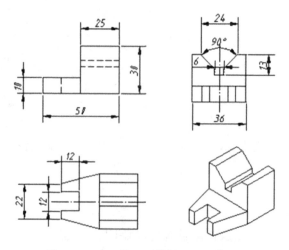

图 12-11　V 形座零件平面及立体图

1. 文件→新建

在主菜单的"文件"菜单中选择"新建"命令在绘制类型的选项中,选择默认的"零件",单击"确定"后进入绘制零件图的界面,点击"保存",输入零件名称"Vxz"。

2. 建立特征

选取绘制草绘特征的参照绘图面,插入→拉伸。

3. 绘制草图

在草图绘制环境中,按第 10 章方法,使用中心线、线及标注尺寸、修改尺寸、修剪图形等命令,绘制如图 12 - 12 所示的底面特征图。

4. 完成主体

单击"退出草图",在消息框中输入拉伸的板厚 30,再单击"√",然后单击信息框中的确定,即可生成 V 形座模型的主体。

5. 观看模型

滑动鼠标中键,即可转动观看立体零件模型,如图 12 - 13 所示。

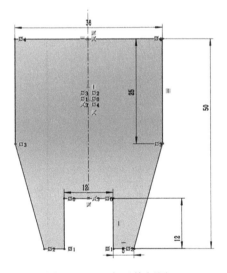

图 12 - 12　底面特征图

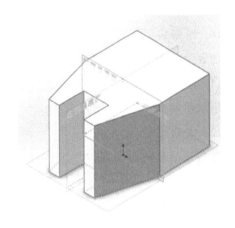

图 12 - 13　V 形座模型的主板

6. 挖切实体

要选取绘制欲挖切部分草绘的参照绘图面,其选取步骤如下:插入→切除→拉伸→于模型主体上表面建立挖切草绘图。

7. 绘制挖切草绘图

绘制挖切草绘图,如图 12 - 14 所示。

8. 完成主体

单击"退出草图"→沿实体所在方向→挖切深度设为 20→单击 ✓ ,即可生成去除前部的 V 形座模型的主体,如图 12 - 15 所示。

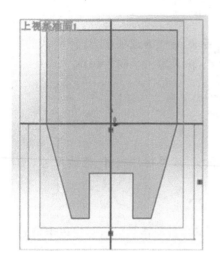

图 12 - 14　绘制模型切口线

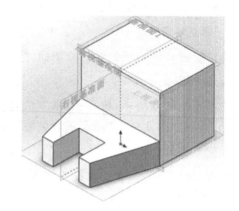

图 12 - 15　完成主体

9. 挖切 V 形槽

要选取绘制欲挖切 V 形槽的参考面，其选取步骤如下：

插入→切除→拉伸→选取 Front（前面作为基准面）→进入草绘界面。

10. 绘制线

选取绘制线命令，在绘图区点画出一条垂直的中心线。

11. 绘制线

选取绘制命令，在绘图区点画出 V 形槽的图形。

12. 修改尺寸

点击修改尺寸命令，按尺寸点击所有尺寸数字显示对话框。修改相关的数值，完成对图形的修改，效果如图 12 - 16 所示。

13. 镜像线

点击镜像命令，用鼠标选取要镜像的线，再在"镜像点"中单击对称的水平中心线，镜像出图形，如图 12 - 17 所示。

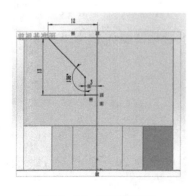

图 12 - 16　V 形槽图线

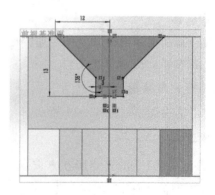

图 12 - 17　V 形槽对称图线

14. 完成立体

单击"退出草图"→深度选项选择"完全贯穿"→单击 ✔ ，即可生成 V 形座模型，如图 12 - 11 所示。

12.4.2　阀杆

绘制如图 12 - 18 所示阀杆零件，目的是掌握常用的旋转、挖切、钻孔等特征的基本建模造型方法。

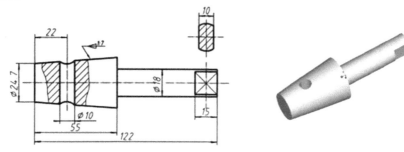

图 12 - 18　阀杆的平面及立体图

1. 文件→新建

在主菜单的"文件"菜单中选择"新建"命令，在绘制类型的选项中，选择默认的"零件"，单击"确定"后进入绘制零件图的界面，点击"保存"命令，输入零件名称"Fagan"。

2. 建立特征

选取绘制草绘特征的参照绘图面，其选取步骤如下：

插入→凸台/基体→旋转→选取前视基准面。

3. 绘制草图

在草图绘制环境中，使用中心线绘制轴线，使用画线及标注尺寸、修改尺寸、修剪图形等命令，绘制如图 12 - 19 所示封闭的断面特征图。

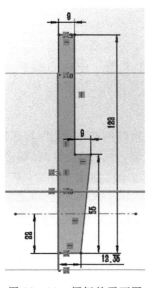

图 12 - 19　阀杆的平面图

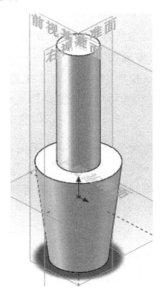

图 12 - 20　阀杆的主体

4. 完成立体

单击"退出草图"→旋转角度为 360 度（旋转一周）→单击控制面板中的 ✔，即可生成回转体模型，如图 12-20 所示。

5. 建立基准面

建立参考面，点击建立参考几何体图标 📰 →基准面，点击阀杆顶面，在如图 12-21 所示的对话框中选中"反转等距"复选框，在偏距中输入数值 15，单击确定，即可生成基准面 1。再次插入基准面，点击草图 1 中中心线的顶点，再点击右视基准面，点击确定，生成基准面 2，如图 12-22 所示。

图 12-21　基准面菜单

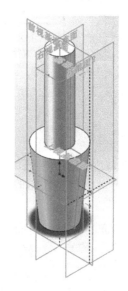

图 12-22　新建基准面

6. 钻孔

要选取草绘的参照绘图面，如图 12-22 所示。

钻孔，其选取步骤如下：

插入→切除→拉伸，在基准面 2 上绘制草图，以草图 1 中中心线顶点为圆心，半径为 5，点击"退出草图"，选择"完全贯穿"，点击"确定"，生成孔，如图 12-23 所示。

7. 切平面

以阀杆顶面作为基准面参照绘图面，切割阀杆顶端两侧的平面，其选取步骤如下：

插入→切除→拉伸，选择基准面 1 作为草绘平面，进入草绘界面，如图 12-24 所示。

用左键选取绘制线命令，在绘图区画出两条矩形线，如图 12-24 所示。注意如欲切除的两部分，每部分必须都封闭。

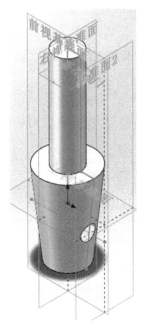

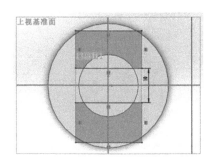

图 12-23　带孔的阀杆主体　　　　　　图 12-24　新基准面绘图

8. 完成主体

单击"退出草图",在控制面板中,选择方向向上,完全贯穿,点击 ✓ ,即可生成有平面的阀杆主体,如图 12-18 所示。

12.4.3　端盖

绘制如图 12-25 所示端盖零件,目的是掌握常用的旋转、筋、阵列、钻孔、倒角、圆角等特征的基本建模造型方法。

图 12-25　端盖

1. 文件→新建

在主菜单的"文件"菜单中选择"新建"命令,在绘制类型的选项中,选择默认的"零件",单击"确定"后进入绘制零件图的界面,点击"保存",输入零件名称"Duangai"。

2. 进入绘制参考面

选取绘制草绘特征的参考绘图面,其选取步骤如下:

插入→旋转→选取"前视基准面",进入草图绘制环境。

3. 绘制草图,

在草图绘制环境中,使用中心线绘制轴线,使用画线及标注尺寸、修改尺寸等命令,绘制如图 12-26 所示封闭的断面特征图。

4. 完成立体

单击"退出草图"→旋转角度设置 360(旋转一周)→确定,即可生成回转体模型,如图 12-27 所示。

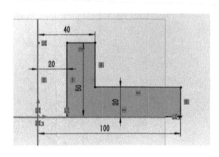

图 12-26　端盖部分平面图

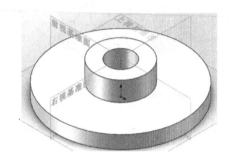

图 12-27　端盖主体

5. 绘制筋参考

选取绘制草绘特征的参照绘图面、参考面。

插入→特征→筋→选取"前视基准面",进入草图绘制环境。

6. 绘制线

用鼠标选取圆柱的侧面竖轮廓线及底板上面绘制筋轮廓线斜线,并修改尺寸,如图 12-28 所示。

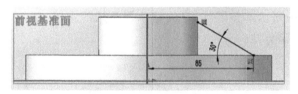

图 12-28　筋的轮廓线

7. 完成筋

单击"退出草图",注意筋生成方向,如图 12-29 所示。在提示框中输入筋的板厚 10,单击 ✔,生成筋,如图 12-30 所示。

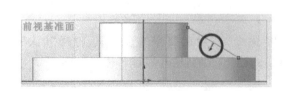

图 12-29　筋的生成方向

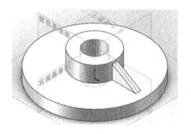

图 12-30　筋

8．插入基准轴

插入→参考几何体→基准轴→选择上视基准面和原点,如图 12-31 所示,单击 ✔ ,生成基准轴,如图 12-32 所示。

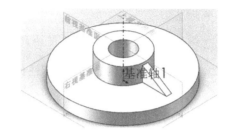

图 12-31　基准轴对话框　　　　　　　图 12-32　基准轴

9．阵列筋

选中"筋特征",插入→阵列/镜像→圆周阵列,在如图 12-33 所示的菜单中,选取基准轴 1→等间距→总角度 360→阵列数为 4→单击 ✔ ,阵列筋如图 12-34 所示。

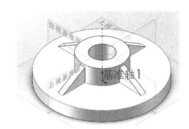

图 12-33　阵列菜单　　　　　　　图 12-34　阵列筋

10．绘制孔

插入→特征→简单直孔,进入绘制孔的控制面板。

点击圆盘顶面,选择完全贯穿,直径 20,单击 ✔ ,生成孔。进入孔的草图界面,绘制孔的位置尺寸,如图 12-35 所示,点击"退出草图",完成孔,如图 12-36 所示;

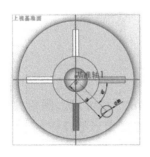

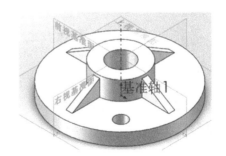

图 12-35　孔的位置尺寸　　　　　　　图 12-36　带孔的端盖

11．阵列孔

选中"孔特征"，插入→阵列/镜像→圆周阵列，在如图 12－33 所示的菜单中，选取基准轴 1→等间距→总角度 360→阵列数为 4→单击 ✔ ，阵列筋如图 12－37 所示。

12．绘制倒角

插入→特征→倒角，倒角类型选择"角度距离" ，在控制面板中输入倒角的距离 2，角度 45，用鼠标选取需要倒角的内孔边、大圆柱的上下边，单击 ✔ 完成倒角，如图 12－38 所示。

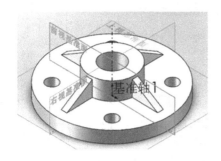

图 12－37　镜像后的端盖

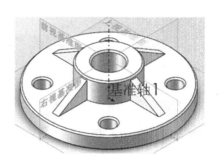

图 12－38　倒角的端盖

13．绘制圆角

插入→特征→圆角 ，在控制面板中输入倒圆角的半径 2，用鼠标选取所有要圆角的筋的各边或者面→单击 ✔ 完成倒圆角。完成端盖，效果如图 12－39 所示。

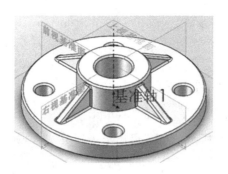

图 12－39　端盖完成图

12.4.4　轴承座

绘制如图 12－40 所示的轴承座零件，目的是掌握常用的挖切、筋、倒角、圆角等特征的综合建模造型方法。学习并掌握标注尺寸、修改尺寸、修剪图形等操作。

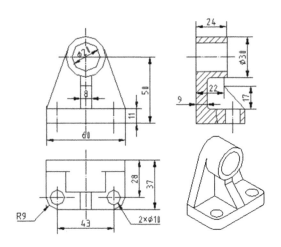

图 12-40　轴承座的平面图及立体效果图

1. 文件→新建

在主菜单的"文件"菜单中选择"新建"命令，在绘制类型的选项中，选择默认的"零件"，单击"确定"后进入绘制零件图的界面，点击"保存"，输入零件名称"Zhijia"。

2. 拉伸底座

选取绘制草绘型特征时的参照绘图面，其选取步骤如下：

插入→凸台/基体→拉伸→选取"上视基准面"（以顶面作为草绘面）。

3. 绘制平面图形

绘制如图 12-41 所示的平面图形。

4. 完成底板立体

单击"退出草图"，在拉伸控制面板中输入拉伸的距离 11，再单击 ✔ ，即可生成有孔的底板。

5. 查看模型

拖动鼠标中键，即可转动观看立体，如图 12-42 所示。接下来就要进入立体部分的绘制。

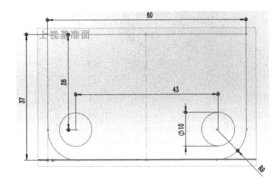

图 12-41　底板的图形

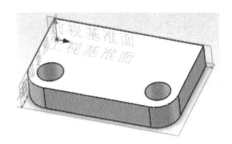

图 12-42　底板

6．拉伸立板

首先要选取绘制草绘型特征的参照绘图面、参考面，其选取步骤如下：

插入→拉伸→选取前视基准面作为草绘面。

7．绘制中心线

用左键选取绘制中心线命令，在绘图区画出两条水平线及一条垂直中心线，其中一条水平中心线与底板顶面边线重合，如图 12-43 所示。

8．绘制圆

不用考虑尺寸，用鼠标左键选取中心线交点即圆心，在绘图区点画出圆。

9．绘制线

用鼠标选取底板上的交点及圆上的切点绘制斜线，如图 12-44 所示。

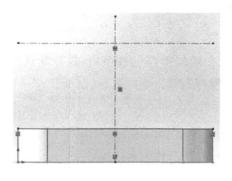

图 12-43　中心线

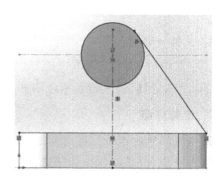

图 12-44　圆及切线

10．镜像线

单击"镜像实体"，选择斜线，镜像点选择垂直中心线，点击确定完成，效果如图 12-45 所示。

11．标注尺寸

点击"智能尺寸" ，标注圆的直径，中心线之间的距离等尺寸，如图 12-46 所示。

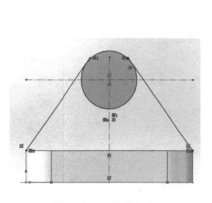

图 12-45　镜像切线

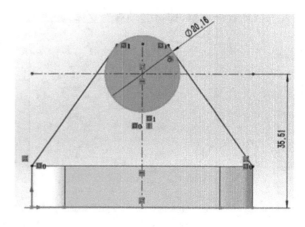

图 12-46　标注尺寸

12. 修改尺寸

双击标注的尺寸,弹出对话框,修改相应数值以完成对图形的修改。

13. 剪除线段

单击"裁剪实体",用鼠标点取多余的线段,逐段删除,完成如图 12 - 47 所示的立板轮廓草图。

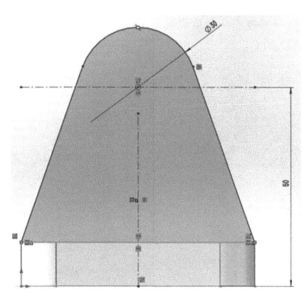

图 12 - 47　立板轮廓线

14. 完成立板

单击"退出草图",在拉伸控制面板中输入板厚 9 后单击"√",生成立板,如图 12 - 48 所示。

15. 绘制圆柱

插入→拉伸→选取立板前面为参照面,重复第 9 至第 11 步绘制直径相同的圆,点击"退出草图",在提示栏中输入拉伸的板厚 24,点击确定,生成圆拄,如图 12 - 49 所示。

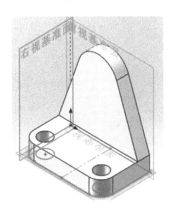

图 12 - 48　立板

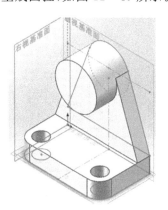

图 12 - 49　大圆柱

16．绘制圆孔

选取绘制草绘型特征的参照绘图面。

插入→切除→拉伸→选取前视基准面→进入草绘界面。

重复第 9 至第 11 步绘制圆，修改尺寸后，单击"退出草图"，在控制面板中选择"完全贯穿"，生成圆孔，如图 12－50 所示。

17．插入基准面面

插入→参考几何体→基准面→选取右视基准面和底面图形中心线上一点，点击确定，生成基准面 1，如图 12－51 所示。

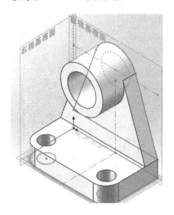
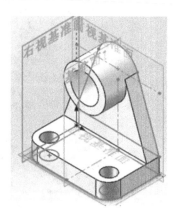

图 12－50　圆柱孔　　　　　图 12－51　基准面

18．进入绘制筋基准

选取绘制草绘型特征的参照绘图面。

插入→特征→筋→选取基准面 1。

19．绘制线

用鼠标选取底板上表面与侧面的交点绘制筋轮廓线斜线，并修改尺寸，如图 12－52 所示。

20．绘制筋

单击"退出草图"，在提示框中输入筋的板厚 8，单击 ✓，生成筋，如图 12－53 所示，注意箭头方向向内。

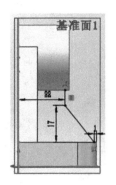
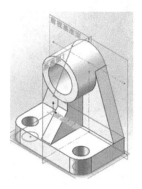

图 12－52　筋的轮廓线　　　　　图 12－53　筋

21. 绘制倒角

绘制倒角时,依次按照下面的菜单命令进行操作:

插入→特征→倒角,倒角类型选择"角度距离" 。输入倒角的距离 1.5,角度 45 度,用鼠标选取需要倒角的内外孔边,在控制面板中点击 ,如图 12-54 所示。

22. 绘制圆角

绘制圆角时,依次按照下面的菜单命令进行操作:

插入→特征→圆角→在控制面板中输入圆角的半径 1.5→鼠标选取所有要倒角的筋的各边,单击 ,完成圆角操作。此时得到轴承座模型,图 12-55 所示。

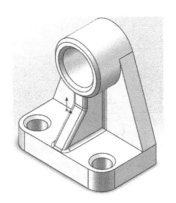

图 12-54　倒角　　　　　　　　　　图 12-55　完成图

12.4.5　底座零件

目的:绘制如图 12-56 所示的底座零件,掌握绘制中心线、圆、镜像及标注尺寸、修改尺寸、修剪图形等操作。

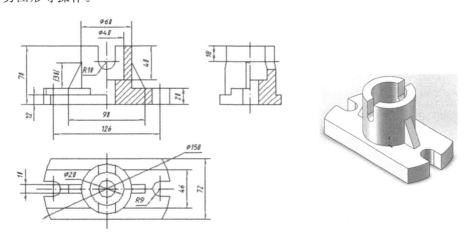

图 12-56　底座的平面图及立体效果图

1. 文件→新建

在主菜单的"文件"菜单中选择"新建"命令,在绘制类型的选项中,选择默认的"零件",单击"确定"后进入绘制零件图的界面,点击"保存",输入零件名称"Dizuo"。

2. 拉伸底座

选取绘制草绘型特征时的参照绘图面，其选取步骤如下：

插入→凸台/基体→拉伸→选取"上视基准面"。

3. 绘制草图同上例

4. 修改草图尺寸

选取草图中的尺寸，根据零件实际尺寸进行修改相应的数值。修改完成后，重新生成图 12-57 所示的新的草图。

5. 完成草图

单击"退出草图"，在消息提示框输入板厚的数值，单击 ✔，完成实体特征的生成，生成的实体如图 12-58 所示。

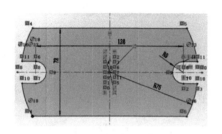

图 12-57 修改后底座零件草图

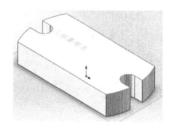

图 12-58 底座立体

6. 绘制圆柱

插入→凸台/基体→拉伸→选取上视基准面。

用鼠标左键选取中心线交点即圆心，在绘图区点画圆，直径为 60，点击确定。

点击"退出草图"，输入厚度 70，点击 ✔，生成圆柱体。

7. 建立基准面

建立参考面，插入→参考几何体→基准面 ▨，在菜单管理器中选取参照，点击圆柱顶面，选择重合，生成基准面 1，如图 12-59 所示。

8. 绘制圆孔

插入→切除→拉伸 ▣ →选择基准面 1。

绘制圆，修改尺寸直径为 20，单击"退出草图"，选择"完全贯穿"，点击 ✔，生成圆孔，如图 12-60 所示。

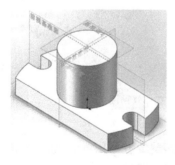

图 12-59 圆柱特征及基准面

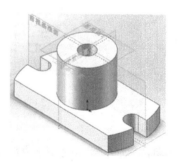

图 12-60 圆柱孔特征的生成

9. 绘制沉孔

插入→切除→拉伸 📷 →选择基准面 1。

绘制圆,修改尺寸直径为 40,单击"退出草图",输入深度 40,点击 ✓ ,生成沉孔,如图 12 - 61 所示。

10. 绘制筋板

插入→特征→筋→选取前视基准面。

11. 绘制线

用鼠标选取底板与圆柱的侧竖线,绘制筋轮廓线斜线,并修改尺寸,如图 12 - 62 所示。

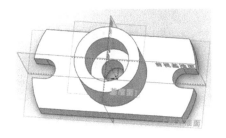

图 12 - 61　圆柱沉孔

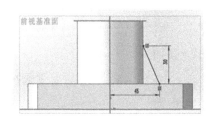

图 12 - 62　筋外形的绘制

12. 生成筋板

单击"退出草图",选择筋生成方向,在提示消息栏中输入拉伸的板厚 10,点击 ✓ ,生成筋板。

13. 镜像筋

选择筋特征→插入→阵列/镜像→镜像→选取右视基准面作为镜像平面,点击 ✓ ,生成对称筋,如图 12 - 63 所示。

14. 选取基准线

插入→参考几何体→基准轴 ✏ ,在菜单管理器中选取参照,点击基准面 1 和前视基准面,生成基准轴 1,如图 12 - 64 所示。

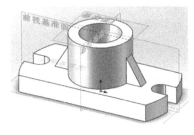

图 12 - 63　筋的生成

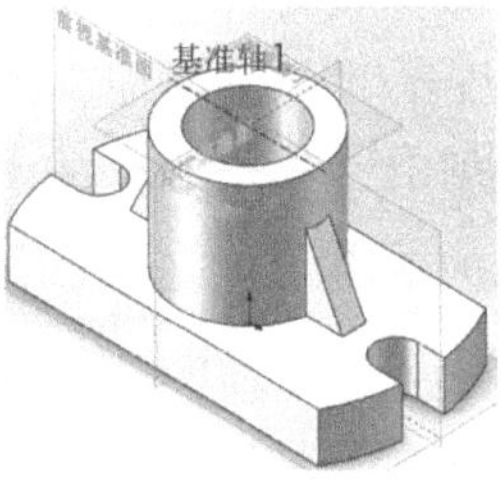

图 12 - 64　基准轴生成

15. 绘制线及绘制圆

插入→切除→拉伸 📷 →选择基准面 1。

绘制半圆槽线,并修改尺寸,如图 12 - 65 所示。

16. 槽特征的生成

点击"退出草图",勾选方向 1→完全贯穿,勾选方向 2→完全贯穿,在信息框中点 ✔ ,生成半圆槽孔,完成底座零件,如图 12 - 66 所示。

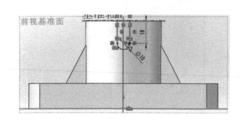 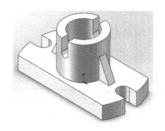

图 12 - 65　槽特征草图　　　　　　　图 12 - 66　底座完成图

12.4.6　支座零件

绘制如图 12 - 67 所示的支座零件,目的是掌握绘制筋、凸台、沉孔等复杂组合立体的制作。

图 12 - 67　支座

1. 文件→新建

在主菜单的"文件"菜单中选择"新建"命令,在绘制类型的选项中,选择默认的"零件",单击"确定"后进入绘制零件图的界面,点击"保存"按钮,输入零件名称 Zhizuo"。

2. 进入底板的草绘面

插入→凸台/基体→拉伸→选取上视基准面,进入草绘界面。

绘制底板图形,修改尺寸,如图 12 - 68 所示。

3. 底板的生成

点击"退出草图",在数字框中输入高度 10,单击 ✔ ,生成底板,如图 12 - 69 所示。

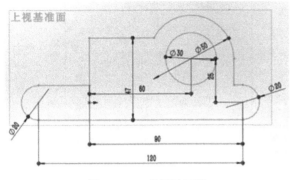

图 12 - 68　底板平面图　　　　　　　　图 12 - 69　底板

4. 圆柱的生成

插入→凸台/基体→拉伸→选取上视基准面,进入草绘界面。

绘制圆柱图形,修改尺寸,圆心为图 12 - 69 中大圆的圆心,外径 50,内径 30,如图 12 - 70 所示。

点击"退出草图",在数字框中输入高度 50,单击,一次生成圆柱及内孔,如图 12 - 71 所示。

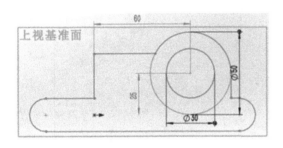

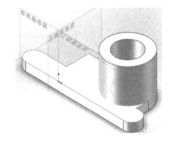

图 12 - 70　圆柱草图　　　　　　　　图 12 - 71　生成圆柱

5. 建立基准面

为绘制水平圆柱和凸台,筋等特征,需要建立参考面,其步骤如下:

插入→参考几何体→基准面→点击前视基准面,输入偏移距离 20,单击确定,即可生成基准面 1。

插入基准面,点击前视基准面,输入偏移距离 10,单击确定,即可生成基准面 2。

插入基准面,点击前视基准面,再点击圆柱草图中的圆心,单击确定,即可生成基准面 3,生成的三个基准面如图 12 - 72 所示。

如无法找到圆心,可在软件左侧状态栏中单击圆柱草图,再单击显示图标 ⊙ ,即可看到草图中相关信息,如图 12 - 73 所示。

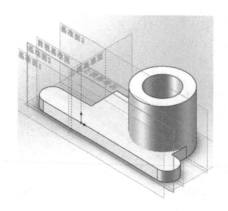

图 12-72　生成基准面

图 12-73　状态栏显示草图

6. 半圆柱的生成

插入→凸台/基体→拉伸→选取基准面 1，进入草绘界面。

在草绘平面中，绘制半圆，半径 25，圆心为基准面 1 中心，如图 12-74 所示。

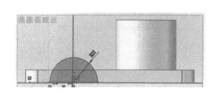

图 12-74　半圆柱平面图

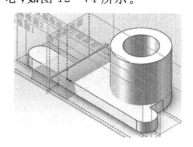

图 12-75　半圆柱生成方向

点击"退出草图"，在数字框中输入拉伸厚度 60，单击 ✓ ，方向按图 12-75 所示生成半圆柱，如图 12-76 所示。

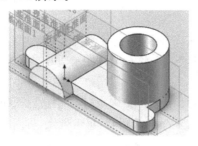

图 12-76　生成半圆柱

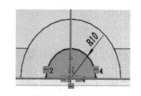

图 12-77　圆柱孔平面图

7. 半圆孔的生成

插入→切除→拉伸→选择基准面 1，进入草绘平面。

在草绘界面中，绘制同心半圆，并修改尺寸，圆半径为 10，如图 12-77 所示。

点击"退出草图"，选择"完全贯穿"，注意切除方向，在信息框中点 ✓ ，生成半圆孔，如图 12-78 所示。

8. 组合实体

由于绘制筋时,筋的生成方向上只能有一个实体,所以需要将之前绘制的实体组合。

插入→特征→组合→选择底板和大圆柱,单击 ✓ ,即可将两个实体组合。

9. 绘制筋

插入→特征→筋→选取基准面 3,进入草绘界面。

选择大圆柱边上一点,再选择水平圆柱上对应的切点(出现标志 ⌀),修改尺寸,如图 12 - 79 所示。

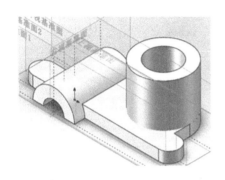

图 12 - 78　生成半圆孔

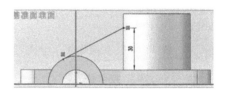

图 12 - 79　绘制筋平面图

点击"退出草图",在数字框中输入高度 8,选择"反转材料方向",单击 ✓ ,生成筋,如图 12 - 80 所示。

10. 凸台的生成

插入→凸台/基体→拉伸→选取基准面 2,进入草绘界面。

在草绘界面中,绘制中心线、绘制圆,利用约束保证铅垂线,裁剪掉不需要的部分圆弧,并修改尺寸,距离分别为 18、60,小圆半径为 10,如图 12 - 81 所示。

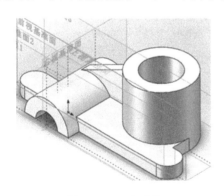

图 12 - 80　生成筋

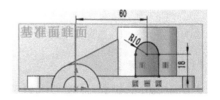

图 12 - 81　凸台平面图

点击"退出草图",选择"形成到下一个面",单击 ✓ ,生成凸台,如图 12 - 82 所示。

11. 插入基准轴

插入→参考几何体→基准轴→选择凸台草图的圆心和前视基准面,单击 ✓ ,生成基准

轴 1;

　　插入基准轴→选择底板草图的右侧小半圆圆心和上视基准面,单击 ✔ ,生成基准轴 2;

　　插入基准轴→选择底板草图的左侧小半圆圆心和上视基准面,单击 ✔ ,生成基准轴 3。

　　生成的三个基准轴如图 12-83 所示。

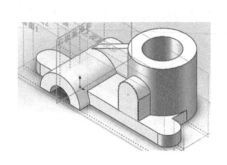

图 12-82　生成凸台

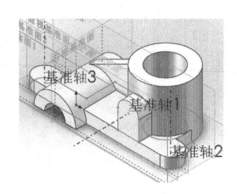

图 12-83　生成基准轴

12. 凸台圆孔的生成

　　插入→特征→简单直孔,选择凸台平面,将孔中心移动到基准轴 1 处,输入直径 10,选择"形成到下一面",单击 ✔ ,生成圆孔,如图 12-84 所示。

13. 底面圆孔的生成

　　双击草图 1,进入草绘界面,与左右两侧半圆同心,各画一个半径为 5 的圆,单击"退出草图",生成两个圆孔,如图 12-85 所示。

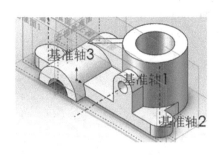

图 12-84　凸台孔生成

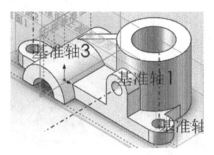

图 12-85　生成水平圆孔

14. 插入参考点

　　为固定沉孔的位置,需要插入参考点。

　　插入→参考几何体→点,选择基准轴 2 和底板上平面,点击 ✔ ,生成点 1;

　　插入点,选择基准轴 3 和底板上平面,点击 ✔ ,生成点 2;

　　插入点,选择底板草图大圆圆心和大圆柱上平面,点击 ✔ ,生成点 3。

　　生成三点,如图 12-86 所示。

15．沉孔的生成

插入→特征→简单直孔，选择底板上平面，将孔中心移动到点 1，修改孔深 3，直径 15，点击 ✔ ；

插入孔，选择底板上平面，将孔中心移动到点 2，修改孔深 3，直径 15，点击 ✔ ；

插入孔，选择底板上平面，将孔中心移动到点 1，修改孔深 10，直径 38，点击 ✔ 。

生成三个沉孔，如图 12 - 87 所示。

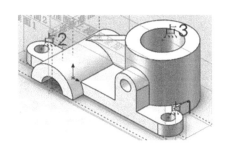
图 12 - 86 生成参考点

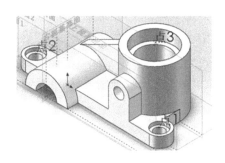
图 12 - 87 生成沉孔

16．绘制圆角

插入→特征→圆角→在控制面板中输入圆角的半径 1，用鼠标选取要圆角的边，单击，完成圆角操作，得到如图 12 - 88 所示模型。

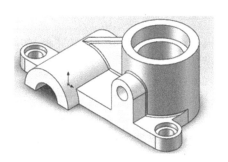
图 12 - 88 绘制筋平面图

12.4.7 齿轮减速器上箱盖

本实例作为综合实例，巧妙地运用前面章节中学习的建模方法实现齿轮减速器上箱盖的设计。

1．文件→新建

在主菜单的"文件"菜单中选择"新建"命令，在绘制类型的选项中，选择默认的"零件"，单击"确定"后进入绘制零件图的界面，点击"保存"，输入零件名称 Zhizuo"。

2．创建底座特征

插入→凸台/基体→拉伸→选取上视基准面，进入草绘界面。

绘制底板图形，修改尺寸，如图 12 - 89 所示。

点击"退出草图"，输入厚度 7，点击，生成底板，如图 12-90 所示。

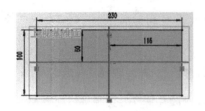

图 12-89　底板平面图

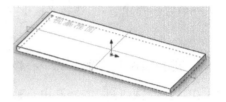

图 12-90　生成底板

点击圆角命令，设定半径 23，对底板各边倒圆角，生成新的底板，如图 12-91 所示。

3. 创建凸台特征

(1)插入→凸台/基体→拉伸→选取上视基准面，进入草绘界面。

(2)绘制凸台底面图形，修改尺寸，如图 12-92 所示。

图 12-91　带圆角的底板

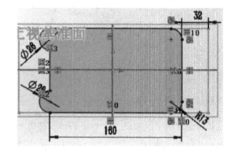

图 12-92　凸台平面图

(3)点击"退出草图"，输入厚度 21，点击 ✓ ，生成底板，如图 12-93 所示。

4. 创建轴承座特征 1

(1)创建基准平面。插入→参考几何体→基准面→选择凸台前面，输入偏移距离 2，单击确定，即可生成基准面 1。

(2)插入→凸台/基体→拉伸→选取基准面 1，进入草绘界面。

(3)绘制轴承座 1 截面图形，修改尺寸，如图 12-94 所示。

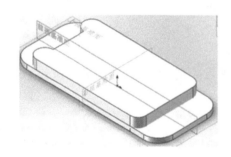

图 12-93　生成凸台

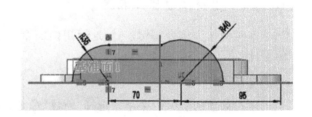

图 12-94　轴承座草图 1

(4)点击"退出草图"，输入厚度 104，点击 ✓ ，生成轴承座，如图 12-95 所示。

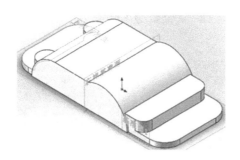

图 12-95　轴承座特征 1

5. 创建箱体特征 1

(1)插入→凸台/基体→拉伸→选取前视基准面,进入草绘界面。

(2)绘制箱体截面图形,修改尺寸,如图 12-96 所示。

(3)点击"退出草图",同时选择方向 1 和方向 2,厚度均为 26,点击 ✓ ,生成箱体特征,如图 12-97 所示。

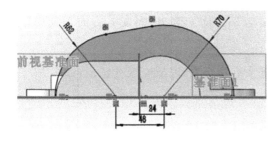

图 12-96　箱体草图

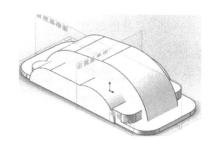

图 12-97　箱体特征

(4)插入→切除→拉伸→选取前视基准面,进入草绘界面。

(5)绘制内部截面图形,修改尺寸,如图 12-98 所示。

(6)点击"退出草图",同时选择方向 1 和方向 2,厚度均为 20,点击 ✓ ,生成去除材料特征,如图 12-99 所示。

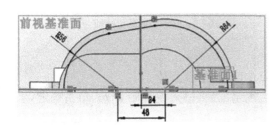

图 12-98　截面草图

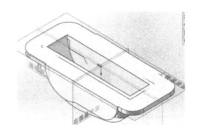

图 12-99　取出材料特征

6. 创建轴承座特征 2

(1)插入→切除→拉伸→选取基准面 1,进入草绘界面。

(2)绘制轴承座圆柱,修改尺寸,两个圆的圆心分别与轴承座草图 1 中两个大圆圆心重合,如图 12-100 所示。

（3）点击"退出草图"，选择"完全贯穿"，点击 ✓，生成轴承座特征 2，如图 12 - 101 所示。

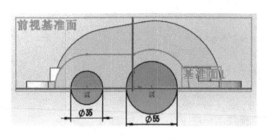

图 12 - 100　轴承座草图 2

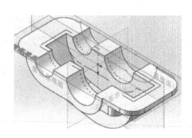

图 12 - 101　轴承座特征 2

7. 创建窥视孔特征

（1）插入→参考几何体→基准面→选择之前箱盖顶部平整的平面，输入偏移距离 0，单击确定，即可生成基准面 2；

（2）插入→凸台/基体→拉伸→选取基准面 2，进入草绘界面。

（3）绘制窥视孔草图，修改尺寸，如图 12 - 102 所示。

（4）点击"退出草图"，同时选择方向 1 和方向 2，方向 1（向外）厚度 2，方向 2（向内）厚度 6，点击 ✓ 。

（5）利用拉伸切除命令，在基准面 2 上打通大孔和小孔，完成窥视孔特征，如图 12 - 103 所示。

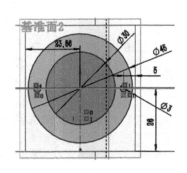

图 12 - 102　窥视孔草图

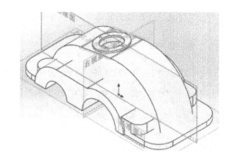

图 12 - 103　窥视孔特征

8. 创建肋板特征 1

（1）插入→特征→组合，选择所有实体，点击确定，组合实体。

（2）插入→参考几何体→基准面→选择右视基准面，输入偏移距离 20，单击确定，生成基准面 3，如图 12 - 104 所示。

（3）插入→特征→筋→选择基准面 3，进入草绘截面。

（4）绘制图 12 - 105 所示的草图。

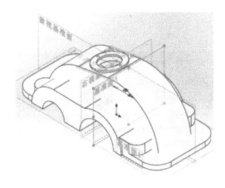

图 12 - 104　基准面 3

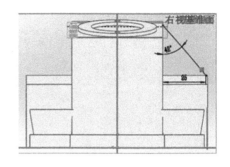

图 12 - 105　肋板草图 1

（5）点击"退出草图"，使材料方向向内，输入厚度 6，点击，生成肋特征 1，如图 12 - 106 所示。

9．创建肋板特征 2

（1）插入→参考几何体→基准面→选择右视基准面，勾选"反转等距"，输入偏移距离 70，单击确定，生成基准面 4。

（2）插入→特征→筋→选择基准面 4，进入草绘截面。

（3）绘制图 12 - 107 所示的草图。

（4）点击"退出草图"，使材料方向向内，输入厚度 6，点击 ✔ ，生成肋特征 1，如图 12 - 108 所示。

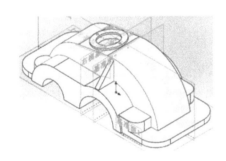

图 12 - 106　肋板特征 1

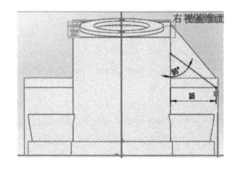

图 12 - 107　肋板草图 2

10．镜像肋板

选择之前两步得到的肋板，以前视基准面作为镜像平面，得到的镜像结果如图 12 - 109 所示。

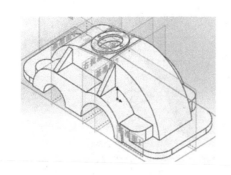

图 12-108 肋板特征 2

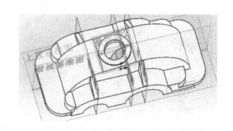

图 12-109 肋板镜像结果

11. 创建孔特征

(1)插入→切除→拉伸→选取基准面 1,进入草绘界面。

(2)绘制四个圆,圆心与凸台草图中四个圆角的圆心重合,直径为 10,如图 12-110 所示。

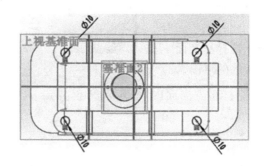

图 12-110 孔草图

(3)点击"退出草图",选择"完全贯穿",点击 ✔,生成孔,完成减速器箱盖,如图 12-111 所示。

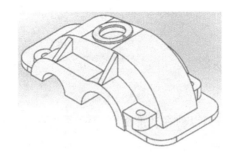

图 12-111 零件完成图

第 13 章　复杂实体建模

在 SolidWorks 中,建模除了拉伸、旋转等命令外,还有扫描、放样、抽壳等命令及高级的特征创建方式。一些复杂的零件造型只通过基本特征是无法完成的,因此 SolidWorks 引入了高级特征。本章内容主要介绍扫描、放样、抽壳等创建方式。

13.1　常用的高级复杂特征造型命令简介

本节简单地介绍了实体建模过程中常用的复杂及高级命令。

13.1.1　扫描

扫描 ✏️ **扫描** 特征的创建原则是:建立一条扫描轨迹路径,而草绘截面沿此轨迹路径扫描形成结果,在加材料、切减材料与内部减材料三种情况中都可进行。其选取步骤如下:

(1)在草图界面分别绘制封闭截面(如图 13-1 所示)扫描路径(如见图 13-2 所示)。

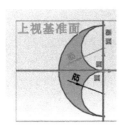
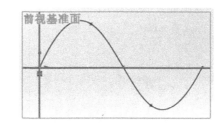

图 13-1　封闭截面　　　　　　　　　図 13-2　扫描路径

(2)插入→凸台/基体→扫描,出现图 13-3 所示的信息框,分别选定截面和路径,单击
✔,生成扫描模型,如图 13-4 所示。

注意:画图时两个草图的尺寸很重要,不然会报错。

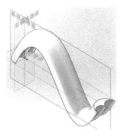

图 13-3　扫描信息　　　　　　　　　图 13-4　扫描模型

13.1.2　放样

放样 🥄 **放样** 特征是利用两个或者多个截面来创建特征,按照用户指定的路径,用混合

截面的顶点连接起来形成一个完整的特征。

1. 用户未指定引导线

首先要在草图界面分别绘制多个封闭截面，如图 13-5 所示，如要绘制截面，需先建立多个参考面，参考面可以平行或成一定角度，但同一参考面内不可以有两个图形。

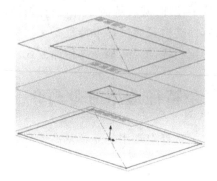

图 13-5　截面草图

插入→凸台/基体→放样，出现图 13-6 所示的信息框，依次选择各截面（否则实体会因相互交叉而无法生成），单击 ✔ ，生成放样特征，如图 13-7 所示。

图 13-6　放样信息框　　　　　　图 13-7　放样特征

需要注意的是，在放样特征效果图中，每个截面都会有一个绿色的点，通过拖动该点可以自动更改默认引导线，如图 13-8 所示。

同时，生成的放样特征，其边界都是光滑的，如需生成直的边界，可以多次插入放样特征，如图 13-9 所示。

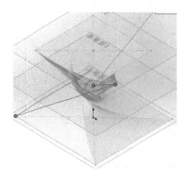
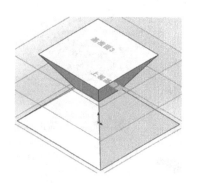

图 13-8　修改默认引导线　　　　　　图 13-9　直边界放样特征

2. 用户指定引导线

封闭截面绘制方法与 1 相同，同时，绘制一条引导线，如图 13 - 10 所示。

插入→凸台/基体→放样，出现图 13 - 11 所示的信息框，依次选择各截面和引导线，单击 ✔ ，生成放样特征如图 13 - 12 所示。

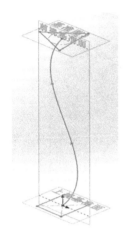

图 13 - 10　截面及引导线　　　图 13 - 11　放样信息框　　　图 13 - 12　放样特征

13.1.3　抽壳

抽壳 🔲 抽壳 就是将一个立体去掉某一个或几个面，抽成薄壳体，类似于注塑或铸造壳体。已有立体特征如图 13 - 13 所示。

插入→特征→抽壳，出现如图 13 - 14 所示操作板，设置壳体厚度，选择要移除的面，单击确定，出现如图 13 - 15 所示的实体。

图 13 - 13　立体特征　　　图 13 - 14　抽壳信息框

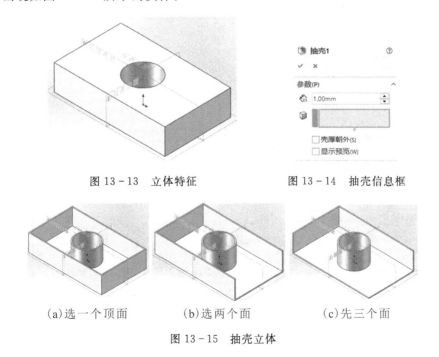

(a)选一个顶面　　　(b)选两个面　　　(c)先三个面

图 13 - 15　抽壳立体

13.2　零件造型实例

13.2.1　壳体

绘制如图 13 - 16 所示壳体零件模型,掌握常用的抽壳体的造型方法。

1. 文件→新建

在主菜单的"文件"菜单中选择"新建"命令,在绘制类型的选项中,选择默认的"零件",单击"确定"后进入绘制零件图的界面,单击"保存"按钮,输入零件名称"Keti"。

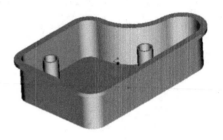

图 13 - 16　壳体零件模型

2. 创建主体特征

(1) 插入→凸台/基体→拉伸→ 选取上视基准面→进入草绘界面。

(2) 绘制截面图形并修改尺寸,如图 13 - 17 所示。

(3) 单击"退出草图",在消息框中输入拉伸厚度 100 mm,点击 ✔ ,生成主体如图 13 - 18 所示。

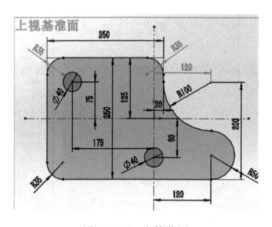

图 13 - 17　主体草图

图 13 - 18　模型的主体

3. 抽壳

插入→特征→抽壳 🗔 →选取欲去掉的上表面→在提示框中输入壳体壁厚 4 mm→单击

✔ ,即完成壳体主体,如图 13 - 19 所示。

4. 扫描

(1) 绘制封闭截面。选择右视基准面,点击"草图绘制",进入草图界面。在壳体边缘绘制如图 13 - 20 所示的截面,并修改尺寸,单击"退出草图"。

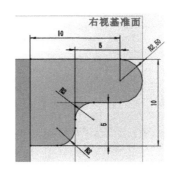

图 13-19　壳体主体　　　　　　　　图 13-20　截面草图

（2）插入→参考几何体→基准面→选择凸台前面（"前面"指哪个面，要看了样品零件才知道，只从文档中分析有点难），输入偏移距离 100 mm，单击"确定"按钮，即可生成基准面 1。

（3）绘制扫描路径。选择基准面 1，点击"草图绘制"，进入草图界面。绘制与图 13-17 相同的轮廓图（不需要绘制内部圆孔），尺寸参照图 13-17，点击"退出草图"。

（4）插入→凸台/基体→扫描。分别选择封闭截面和扫描路径，点击 ✔ ，即可完成壳体，如图 13-21 所示。

13.2.2　恒定节距锥弹簧

绘制图 13-22 所示锥弹簧，螺旋线起始半径 30 mm，间距 12 mm，总高 100 mm，倾角 10°，右旋，弹簧截面圆直径 5 mm。帮助用户进一步介绍扫描和绘制螺旋线命令的使用。

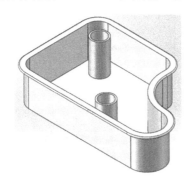

图 13-21　壳体完成图　　　　　　　图 13-22　弹簧

1. 文件→新建

在主菜单的"文件"菜单中选择"新建"命令，在绘制类型的选项中，选择默认的"零件"，单击"确定"后进入绘制零件图的界面，单击"保存"，输入零件名称"Tanhuang"。

2. 绘制螺旋线

（1）插入→曲线→螺旋线/涡状线→选择上视基准面→进入草绘界面。

（2）以基准面原点为圆心，绘制半径 30 mm 的圆，点击"退出草图"。

（3）在信息框中输入螺旋线的参数，如图 13-23 所示，点击 ✔ ，生成的螺旋线如图 13-24

所示。

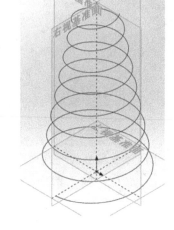

图 13 - 23　螺旋线参数　　　　　图 13 - 24　生成螺旋线

3. 绘制弹簧剖面

选择右视基准面，点击"草图绘制"，进入草图截面。以螺旋线起点为圆心（距离原点 30 mm），绘制直径为 5 mm 的圆，如图 13 - 25 所示。点击"退出草图"。

4. 生成弹簧

插入→凸台/基体→扫描。分别选择封闭截面和扫描路径，点击 ✓ ，即可完成弹簧，如图 13 - 26 所示。

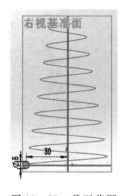

图 13 - 25　截面草图　　　　　图 13 - 26　弹簧完成

5. 修改弹簧

在模型树中双击弹簧截面草图，进入草绘界面，将圆截面删除，绘制矩形长为 6 mm，宽为 3 mm，如图 13 - 27 所示，点击"退出草图"，即可生成弹簧模型如图 13 - 28 所示。

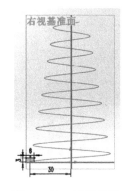

图 13 - 27　矩形截面　　　　　　　图 13 - 28　矩形截面弹簧
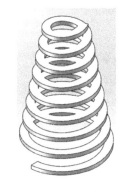

13.2.3　变节距的弹簧

绘制图 13 - 29 所示的变节距压弹簧,弹簧螺旋线半径 50 mm,总高 200 mm,0～30mm,节距 8 mm;30～45 mm,节距由 8 mm 变为 20 mm,45～155mm,节距 20mm,155～170mm,节距由 20 mm 变为 8mm,170～200 mm,节距 8 mm,右旋,弹簧截面圆直径 8 mm。帮助用户进一步地掌握弹簧创建。

图 13 - 29　变节距弹簧

1. 文件→新建

在主菜单的"文件"菜单中选择"新建"命令,在绘制类型的选项中,选择默认的"零件",单击"确定"后进入绘制零件图的界面,点击"保存",输入零件名称"TanhuangA"。

2. 绘制螺旋线

(1)插入→曲线→螺旋线/涡状线→选择上视基准面→进入草绘界面。

(2)以基准面原点为圆心,绘制半径 50 mm 的圆,点击"退出草图"。

(3)在信息框中输入螺旋线的参数,如图 13 - 30 所示,点击 ✓ ,生成螺旋线,如图 13 - 31 所示。

图 13 - 30　螺旋线参数　　　　　　图 13 - 31　生成螺旋线

3. 绘制弹簧剖面

选择右视基准面，点击"草图绘制"，进入草图截面。以螺旋线起点为圆心（距离原点 50 mm），绘制直径为 8 mm 的圆，如图 13 - 32 所示。点击"退出草图"。

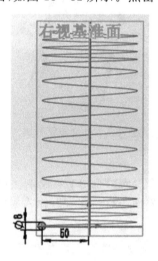

图 13 - 32　截面草图

4. 生成弹簧

插入→凸台/基体→扫描。分别选择封闭截面和扫描路径，点击 ✔ ，即可完成弹簧，如图 13 - 33 所示。

13.2.4　螺纹零件

绘制图 13 - 34 所示螺钉，帮助用户学习绘制螺旋线命令的使用。

图 13-33　弹簧完成图　　　　　图 13-34　螺钉

1. 文件→新建

在主菜单的"文件"菜单中选择"新建"命令,在绘制类型的选项中,选择默认的"零件",单击"确定"后进入绘制零件图的界面,点击"保存",输入零件名称"Luoding"。

2. 创建回转体

(1) 插入→凸台/基体→旋转→选取前视基准面→进入草绘界面。

(2) 绘制螺钉旋转体的截面,并修改尺寸,如图 13-35 所示。

(3) 点击"退出草图",选择草图左边线为旋转轴,旋转角度 360°,点击 ✔,生成螺钉基体,如图 13-36 所示。

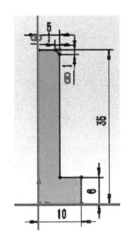
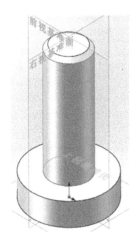

图 13-35　螺钉旋转体草图　　　　　图 13-36　螺钉基体

3. 切槽

(1) 插入→切除→拉伸→选取前视基准面→进入草绘界面。

(2) 以原点为中心,绘制 1.5 mm×2 mm 矩形,如图 13-37 所示。

(3) 点击"退出草图",在信息框中勾选方向 1,方向 2,均设置为完全贯穿,点击 ✔,生成螺钉起子槽,如图 13-38 所示。

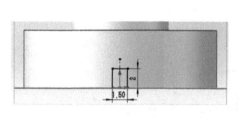

图 13 - 37　槽截面草图

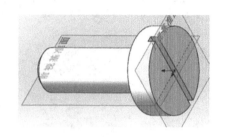

图 13 - 38　起子槽

4. 绘制螺旋线

(1)插入→参考几何体→基准面→选择螺钉基体圆柱顶面，输入偏移距离 1.7 mm，单击确定，即可生成基准面 1。

(2)插入→曲线→螺旋线/涡状线→基准面 1→进入草绘界面。

(3)以基准面原点为圆心，绘制半径 5 mm 的圆，点击"退出草图"。

(4)在信息框中输入螺旋线的参数，如图 13 - 39 所示，点击 ✓ ，生成螺旋线，如图 13 - 40 所示。

图 13 - 39　螺旋线参数

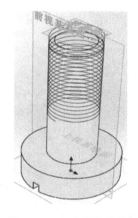

图 13 - 40　生成螺旋线

5. 生成螺纹特征

(1)选择右视基准面，点击"草图绘制"，进入草图截面。绘制边长为 0.7 mm 的等边三角形，其中心线高度与基准面 1 相同，具体位置如图 13 - 41 所示，点击"退出草图"。

(2)插入→切除→扫描，在信息框中选择截面和路径，点击，即可完成弹簧，如图 13 - 42 所示。

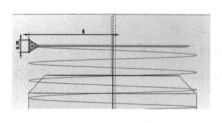

图 13 - 41　螺纹截面

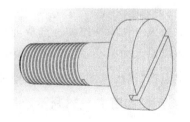

图 13 - 42　螺钉完成图

13.2.5　压盖螺母

绘制图 13-43 所示螺母,帮助用户更好地掌握扫描和绘制螺旋线命令的使用。

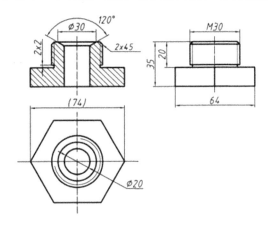

图 13-43　压盖螺母

1. 文件→新建

在主菜单的"文件"菜单中选择"新建"命令,在绘制类型的选项中,选择默认的"零件",单击"确定"后进入绘制零件图的界面,点击"保存",输入零件名称"Luomu"。

2. 绘制六棱柱

插入→凸台/基体→拉伸→选择上视基准面,进入草绘界面。绘制如图 13-44 所示的六边形,点击"退出草图",在消息框中输入拉伸厚度 15 mm,点击 ✓ ,即可生成六棱柱,如图 13-45 所示。

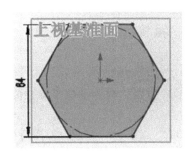

图 13-44　六边形

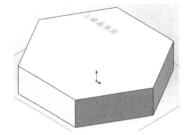

图 13-45　六棱柱

3. 绘制圆柱

插入→凸台/基体→拉伸→选择六棱柱上表面,进入草绘界面,在中心画直径为 30 mm 的圆,单击 ✓ ,在消息框中输入拉伸厚度 20 mm,点击 ✓ ,即可生成立体模型,如图 13-46 所示。

4. 钻孔

插入→特征→简单直孔→选择圆柱上表面,将孔中心移动至圆柱中心,输入孔直径 20 mm,选择完全贯穿,点击 ✓ ,生成的孔如图 13-47 所示。

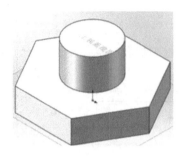

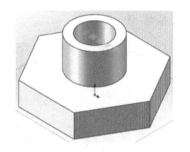

图 13-46　圆柱特征　　　　　　　　　　　图 13-47　通孔特征

5. 绘制等边倒角

插入→特征→倒角，在信息框中选择倒角类型"角度距离" ![图标]。倒角参数中，角度为 45°，距离为 2 mm，用鼠标选取需要倒角的圆柱外边，在信息对话框中单击 ✓，生成的倒角特征如图 13-48 所示。

6. 绘制不等边倒角

插入→特征→倒角，在信息框中选择倒角类型"角度距离" ![图标]。倒角角度 30°，距离2 mm，用鼠标选取需要倒角内孔边，在信息对话框中单击 ✓，生成的倒角特征如图 13-49 所示。

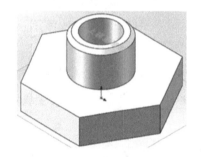

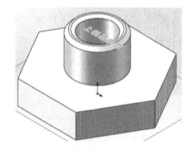

图 13-48　圆柱等边倒角　　　　　　　　图 13-49　圆孔不等边倒角

7. 切退刀槽

（1）插入→切除→旋转→选取前视基准面→进入草绘界面。

（2）绘制中心线和槽截面（边长 2 mm 的正方形），截面边线分别位于圆柱侧面和六棱柱顶面上，如图 13-50 所示。

（3）点击"退出草图"，选择旋转轴，设置角度为 360°，点击 ✓，完成退刀槽特征，如图 13-51 所示。

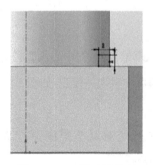

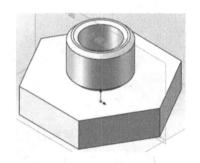

图 13-50　退刀槽截面　　　　　　　　　图 13-51　退刀

8. 插入螺旋线

（1）插入→参考几何体→基准面→选择圆柱顶面，选择"反转等距"，输入偏移距离 0.75，单击确定，即可生成基准面 1。

（2）插入→曲线→螺旋线/涡状线→选择基准面 1→进入草绘界面。

（3）以基准面原点为圆心，绘制半径 15 mm 的圆，点击"退出草图"。

（4）在信息框中输入螺旋线的参数，如图 13-52 所示，点击 ✓，生成螺旋线如图 13-53 所示。

图 13-52　螺旋线参数

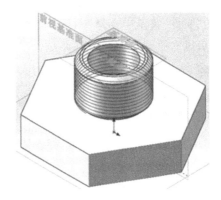

图 13-53　生成螺旋线

注意：生成扫描特征或扫描切除特征时，螺旋线螺距必须大于图形高度，否则无法生成特征。

9. 绘制螺纹剖面

（1）选择右视基准面，点击"草图绘制"，进入草图截面。绘制边长为 1.5 mm 的等边三角形，其中心线高度与基准面 1 相同，具体位置如图 13-54 所示。点击"退出草图"。

（2）插入→切除→扫描，在信息框中选择截面和路径，点击 ✓，即可完成螺母，如图 13-55 所示。

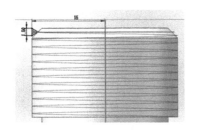

图 13-54　螺纹截面

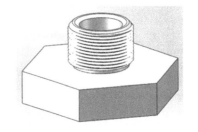

图 13-55　螺母完成图

13.2.6　托杯

绘制图 13-56 所示的托杯，使用户更好地掌握综合建模方法。

图 13-56　托杯

1. 文件→新建

在主菜单的"文件"菜单中选择"新建"命令，在绘制类型选项中，选择默认的"零件"选项，单击"确定"后进入绘制零件图的界面，点击"保存"，输入零件名称"Tuobei"。

2. 绘制锥台

（1）插入→凸台/基体→旋转→选取前视基准面→进入草绘界面。

（2）绘制草图，如图 13-57 所示。

（3）单击"退出草图"，在消息框中选择左边为旋转轴，输入旋转角度 360°，点击 ✓ ，即可生成回转体模型，如图 13-58 所示。

3. 抽壳

插入→特征→抽壳→选取回转体上面→在消息框中输入壁厚 2 mm，点击 ✓ ，即可生成壳体模型，如图 13-59 所示。

图 13-57　托杯截面图

图 13-58　托杯回转体

图 13-59　壳体模型

4. 切割

（1）插入→切除→拉伸→选取前视基准面→进入草绘界面。

（2）选取绘制曲线命令，在绘图区绘制一个封闭曲线，如图 13-60 所示。封闭曲线可任意绘制，本章不做要求。

（3）点击"退出草图"，在信息框中勾选方向 1、方向 2，均设置为完全贯穿，点击，生成螺钉起子槽，如图 13-61 所示。

图 13-60　切割曲线　　　　　　　　图 13-61　切割后的杯体

5．扫描制作杯缘

（1）选择前视基准面，在切割后杯体上表面曲线的顶点绘制直径为 3 mm 的圆，如图 13-62 所示，点击"退出草图"。

（2）插入→凸台/基体→扫描，选择圆形截面为扫描轮廓，杯体顶面外曲线为扫描路径，点击，生成扫描特征，如图 13-63 所示。

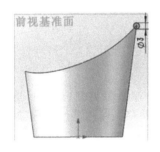

图 13-62　扫描截面　　　　　　　　图 13-63　扫描边缘

6．扫描制作杯把

（1）选取前视基准面，点击"草图绘制"，在杯体右侧边线上绘制曲线，如图 13-64 所示，点击"退出草图"。

（2）插入→参考几何体→基准面→选择回转体草图的斜边线和前视基准面作为参考，点击 ✓，生成倾斜参考面，如图 13-65 所示。

图 13-64　杯把路径线　　　　　　　图 13-65　生成参考面

（3）选取基准面 1，点击"草图绘制"，以先前绘制的杯把路径曲线起点为圆心，绘制长轴 3 mm，短轴 2 mm 的椭圆，点击"退出草图"。

（4）双击杯把路径曲线，回到草绘界面，将曲线向左平移 2 mm（使用"移动实体"命令 **移动实体**，$\Delta x = -2$ mm），否则接下来生成扫描特征的时候，该特征无法与杯体相交。

（5）插入→凸台/基体→扫描，在信息框中选择截面和路径，注意选择双向，点击 ✓ ，即可完成托杯，如图 13-66 所示。

图 13-66　托杯完成

13.2.7　铣刀

利用平行混合特征，创建铣刀特征，如图 13-67 所示。

1. 文件→新建

在主菜单的"文件"菜单中选择"新建"命令，在绘制类型选项中，选择默认的"零件"选项，单击"确定"后进入绘制零件图的界面，点击"保存"，输入零件名称"Mill"。

2. 绘制截面草图

（1）选取上视基准面，点击"草图绘制"，进入草图界面。

（2）绘制如图 13-68 所示截面图形，具体绘制方法详见第 10 章。点击"退出草图"。

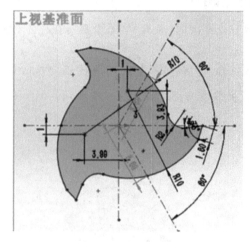

图 13-67　铣刀　　　　　　　图 13-68　截面草图

3. 插入基准面

插入→参考几何体→基准面→选择上视基准面，分别输入偏移距离 10、20、30，生成三个基准面,如图 13 - 69 所示。

4. 复制草图

选择截面草图 1,编辑→复制,分别选中三个基准面,点击粘贴,即可将截面草图复制到三个基准面上,如图 13 - 70 所示。

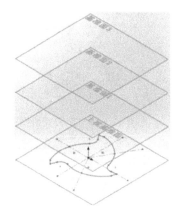

图 13 - 69　生成基准面

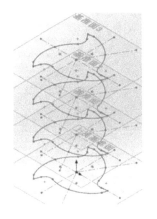

图 13 - 70　复制草图

5. 旋转草图

(1) 选择基准面 1 上的草图 2,点击"编辑草图",进入草图界面。

(2) 删除轮廓线以外的参考线。点击工具→草图工具→旋转 ,选择封闭图形,不选择"保留几何关系",设置原点为旋转中心,输入旋转角度 45°,如图 13 - 71 所示。

(3) 重复前两步,分别旋转另外两个草图 90°、135°,完成后的各截面如图 13 - 72 所示。

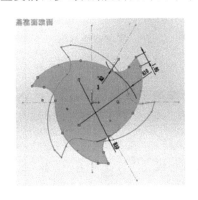

图 13 - 71　旋转草图

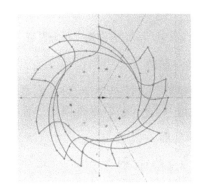

图 13 - 72　各截面草图

6. 放样实体

插入→凸台/基体→放样。依次选择四个截面草图,将默认引导线在每个截面上的点设置为对应的同一点,如图 13 - 73 中绿色点所示,点击 ,即可完成铣刀,如图 13 - 74 所示。

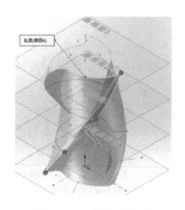

图 13-73　设置引导线　　　　　图 13-74　铣刀完成图

13.2.8　天圆地方接头

绘制如图 13-75 所示天圆地方接头模型，目的是掌握常用的放样、阵列、圆角、扫描、修改外观的造型方法。

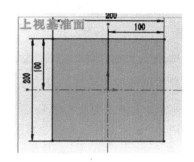

图 13-75　天圆地方接头模型　　　　图 13-76　底座截面草图

1. 文件→新建

在主菜单的"文件"菜单中选择"新建"命令，在绘制类型选项中，选择默认的"零件"选项，单击"确定"后进入绘制零件图的界面，点击"保存"，输入零件名称"Jietou"。

2. 生成底座

（1）插入→凸台/基体→拉伸→选择上视基准面，进入草绘界面。

（2）以原点为中心，绘制边长为 200 mm 的正方形，如图 13-76 所示。

（3）点击"退出草图"，设置拉伸厚度 80 mm，点击 ✔，生成的底座如图 13-77 所示。

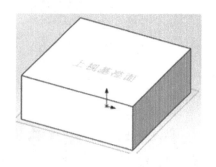

图 13-77　底座

3. 放样凸台

（1）插入→参考几何体→基准面，选择上视基准面，输入偏移距离 230 mm，点击 ✔，生成基准面1。

（2）选择基准面 1，点击"草图绘制"，以原点为中心，绘制边长为 120 mm 的正方形。

（3）退出草图，插入→凸台/基体→放样，选择底座上表面和基准面 1 上的正方形截面，注意路径方向，点击 ✔ ，生成凸台，如图 13 - 78 所示。

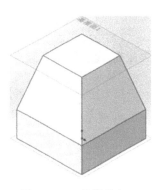

图 13 - 78 放样凸台

4. 绘制可变圆角

插入→特征→圆角，在变量类型中选择"变量大小圆角"，选择一斜边，输入底部变半径 0 mm，顶部变半径 60 mm，选择直线过渡，点击 ✔ ，生成圆角，如图 13 - 79 所示。重复该步骤，完成剩余圆角，如图 13 - 80 所示。

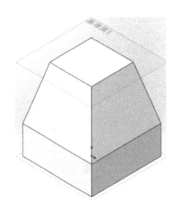

图 13 - 79 可变圆角

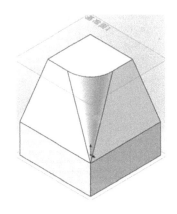

图 13 - 80 圆角

5. 生成圆柱

（1）插入→凸台/基体→拉伸→基准面 1，进入草绘界面。

（2）以原点为圆心，绘制直径为 120 mm 的圆。

（3）点击"退出草图"，设置拉伸厚度 80 mm，点击 ✔ ，生成圆柱如图 13 - 81 所示。

6. 抽壳

插入→特征→抽壳，选取欲去掉的上面和下面，在信息框中输入壳体壁厚 3 mm，点击，即完成壳体主体，如图 13 - 82 所示。

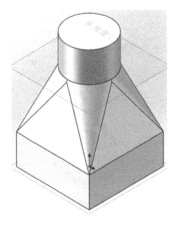

图 13 - 81 圆柱特征

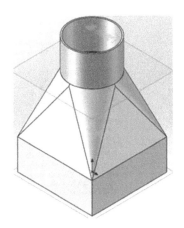

图 13 - 82 抽壳特征

7. 扫描

（1）点击"草图绘制"，选择前视基准面，绘制半径 240 mm 的四分之一圆弧，圆心与壳体顶面高度相同，圆弧起点为圆柱上表面圆心，如图 13 - 83 所示，点击"退出草图"。

（2）点击"草图绘制"，选择壳体顶面，绘制与顶面重合的两个同心圆，点击"退出草图"。

（3）插入→凸台/基体→扫描，选择同心圆为扫描轮廓，四分之一圆弧为扫描路径，点击 ✔，即可完成天圆地方接头，如图 13 - 84 所示。

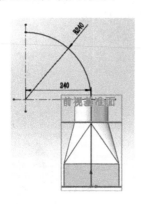

图 13 - 83　扫描路径草图　　　　　图 13 - 84　天圆地方接头完成图

8. 修改颜色

为了图示清楚，可改变模型颜色。在"编辑"下拉菜单中，点击"外观"或直接在绘图截面中点击外观图标 ，即可出现如图 13 - 85 所示的信息框。点击 后，选择时会选中整个零件， 为选择某一个面、 为选择曲面、 为选择实体、 为选择特征。同时需要注意的是，一次只能设定一种颜色，如有多种颜色，要多次设定。

在这里，我们先选择面特征，选择四个圆角面，颜色选取标准中的 ，点击 ✔，再次进入颜色界面，选择零件特征，选取整个零件，颜色选取标准中的 ，点击 ✔，生成修改颜色后的接头如图 13 - 86 所示。

图 13 - 85　颜色信息框　　　　　　图 13 - 86　修改颜色后的接头

第14章　曲面建模

曲面建模是用曲面构成物体形状的建模方法,曲面建模增加了有关边和表面的信息,可以进行面与面之间的相交、合并等操作。与实体建模相比,曲面建模具有控制更加灵活的优点,有些功能是实体建模不能做到的,另外,曲面建模在逆向工程中发挥着巨大的作用。

曲面特征的建立方式与实体特征的建立方式基本相同,不过它具有更弹性化的设计方式,如由点、线来建立曲面。本章主要介绍简单曲面特征的建立方式,对于通过点、曲线来建立的高级曲面特征,我们可通过实例,介绍其建模步骤。

14.1　曲面造型简介

曲面特征主要用来创建复杂零件,曲面被称之为面就是表示它没有厚度。在 Solid-Works 中首先建立曲面,然后对曲面进行修剪、切削等工作,之后将多个单独的曲面进行合并,得到一个整体的曲面。最后对合并来的曲面进行实体化,也就是将曲面加厚使之变为实体。

14.2　曲面基础特征常用的造型方法简介

本节简单地介绍曲面建模过程中常用的命令。

14.2.1　拉伸曲面

拉伸曲面是指一条直线或者曲线沿着垂直于绘图平面的一个或者两个方向拉伸所生成的曲面。其具体建立步骤如下:

(1)插入→曲面→拉伸曲面→选择前视基准面,进入草绘界面。

(2)使用曲线命令连接图 14-1 所示的四点,生成曲线。

(3)点击"退出草图",在信息框中输入拉伸厚度 20 mm,点击 ✓ ,生成曲面,如图 14-2 所示。

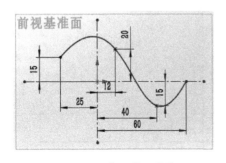

图 14-1　曲面截面曲线

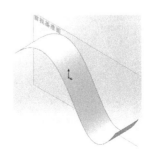

图 14-2　拉伸曲面

14.2.2　旋转曲面

旋转曲面是一条直线或者曲线绕一条中心轴线，旋转一定角度（0～360 度）而生成的曲面特征。其具体建立步骤如下：

（1）插入→曲面→拉伸曲面→选择前视基准面，进入草绘界面。

（2）绘制曲线及旋转轴，如图 14－3 所示。

（3）点击"退出草图"，在信息框中选择旋转轴，输入旋转角度 270 度，点击 ✔，生成曲面，如图 14－4 所示。

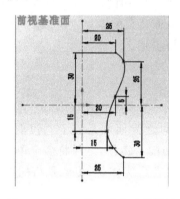

图 14－3　曲面截面曲线及旋转轴　　　　图 14－4　旋转曲面

14.2.3　扫描曲面

扫描曲面是指一条直线或者曲线沿着一条直线或曲线扫描路径所生成的曲面，和实体特征扫描一样，扫描曲面的方式比较多，扫描过程复杂。其具体建立步骤如下：

（1）点击"草图绘制"，选择上视基准面，进入草绘界面，绘制如图 14－5 所示的截面曲线。

（2）点击"草图绘制"，选择前视基准面，绘制如图 14－6 所示的扫描路径。

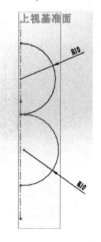
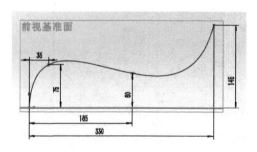

图 14－5　曲面截面曲线　　　　图 14－6　扫描路径曲线

（3）插入→曲面→扫描曲面，分别选择截面曲线和扫描路径，点击，生成曲面，如图 14-7 所示。

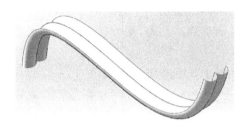

图 14-7　扫描曲面

14.2.4　放样曲面

放样曲面的绘制方法与放样实体相似，是指由一系列直线或曲线（可是封闭的）串连所生成的曲面。其具体建立步骤如下：

（1）插入→参考几何体→基准面，选择右视基准面为参考，分别输入距离 60 mm，120 mm，生成两个基准面。

（2）点击"草图绘制"，选择右视基准面，绘制如图 14-8 所示的截面曲线 1。

（3）点击"草图绘制"，选择基准面 1，绘制如图 14-9 所示的截面曲线 2。

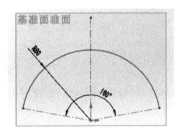

图 14-8　截面曲线 1

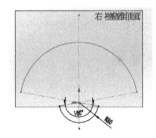

图 14-9　截面曲线 2

（4）点击"草图绘制"，选择基准面 2，绘制如图 14-10 所示的截面曲线 3。

（5）插入→曲面→放样曲面，依次选择三个截面曲线，点击 ✓ ，生成曲面，如图 14-11 所示。

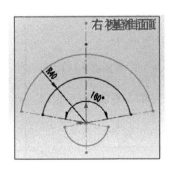

图 14-10　截面曲线 3

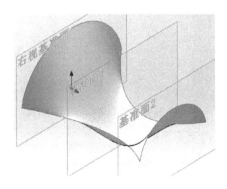

图 14-11　放样曲面

14.2.5 平面区域

平面区域是指在指定的平面上绘制一个封闭的草图，或者利用已经存在的模型的边线来形成封闭草图的方式来生成曲面。注意，平面区域的截面必须是封闭的。其具体建立步骤如下：

（1）点击"草图绘制"，选择上视基准面，绘制如图 14-12 所示的封闭边界图形。

（2）插入→曲面→平面区域，选择边界图形，点击 ✓，生成的曲面如图 14-13 所示。

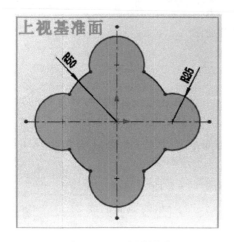

图 14-12　边界图形

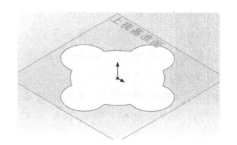

图 14-13　平面区域

14.2.6 等距曲面

等距曲面是指将一个曲面偏移一定的距离，而产生与原曲面相似造型的曲面。其具体建立步骤如下：

（1）利用拉伸的方式来生成一个有圆弧曲面，如图 14-14 所示。

（2）插入→曲面→等距曲面，出现图 14-15 所示的信息框。

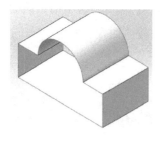

图 14-14　拉伸曲面

图 14-15　等距曲面信息框

（3）选中各面，设定方向，输入等距距离，点击 ✓，生成等距曲面如图 14-16，图 14-17 所示（绿色曲面为原曲面）。

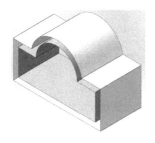
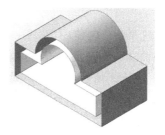

图 14 - 16　外向等距　　　　　　　　图 14 - 17　内向等距

14.2.7　圆角

通过创建圆角曲面来生成一个独立的面组。其具体建立步骤如下：

(1)首先利用拉伸的方式来生成如图 14 - 18 所示的曲面。

(2)插入→曲面→圆角,选择需要倒圆角的棱线或两边,点击 ✓ ,生成圆角特征,如图 14 - 19 所示。

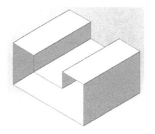
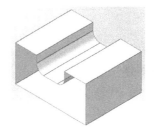

图 14 - 18　拉伸曲面　　　　　　　　图 14 - 19　曲面圆角

14.3　曲面建模实例

14.3.1　灯罩

制作如图 14 - 20 所示的灯罩,练习曲面建模的方法。

图 14 - 20　简易灯罩

1. 新建文件

文件→新建→零件,命名为 Light shell。

2. 创建曲面

使用"旋转"曲面命令创建曲面。

(1)插入→曲面→旋转曲面→选取前视基准面→进入草绘界面。

(2)绘制如图 14-21 所示的截面曲线和旋转轴。

(3)点击"退出草图"，在信息框中选择旋转轴，输入旋转角度 60 度。点击 ✓ ，生成曲面特征，如图 14-22 所示。

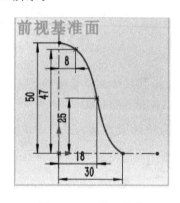

图 14-21　截面曲线　　　　　　图 14-22　旋转曲面

3. 曲面变成实体

将曲面变成实体，注意实体生长方向。

选择 2 中生成的曲面→插入→凸台/基体→加厚，选择加厚方向向内，如图 14-23 所示，输入厚度 1 mm→点击 ✓ ，即可生成部分立体模型，如图 14-24 所示。

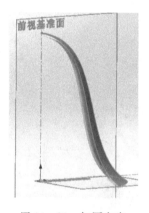

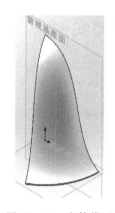

图 14-23　加厚方向　　　　　　图 14-24　实体模型

4. 切半圆边

(1) 选取上视基准面→进入草绘界面。

(2) 绘制三个等径相切圆弧，同时三个圆弧与大半圆以及两边相切，结合大圆弧使截面封闭，如图 14-25 所示。

(3) 插入→切除→拉伸，选择四个封闭区域，切除方向向上，选择"完全贯穿"，点击 ✓ ，即可生成花边,如图 14 - 26 所示。

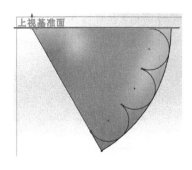 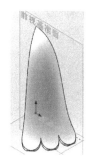

图 14 - 25　绘制相切圆弧　　　　图 14 - 26　生成花边

5. 插入基准轴

插入→参考几何体→基准轴,选择原点和上视基准面为参考,生成基准轴 1。

6. 阵列实体

插入→阵列/镜像→圆周阵列,以基准轴 1 为旋转轴,在信息框中勾选"实体"选项,选择之前完成的实体,选择等间距,总角度 360 度,阵列个数 6,点击 ✓,即可生成完整花边,如图 14 - 27 所示。

7. 绘制圆孔

(1)插入→切除→拉伸→选取上视基准面,进入草图界面。

(2)以原点为圆心,绘制直径为 5 mm 的圆。

(3)点击"退出草图",切除方向向上,选择完全贯穿,点击 ✓,即可完成灯罩,如图 14 - 28 所示。

图 14 - 27　完整花边　　　　　　图 14 - 28　灯罩完成图

14.3.2　涡轮零件

1. 新建文件

文件→新建→零件,命名为 Turbine。

2. 创建涡轮基座

(1)插入→凸台/基体→旋转→选择前视基准面,进入草绘界面。

（2）绘制如图 14-29 所示的截面图和旋转轴。

（3）点击"退出草图"，在消息框中选择旋转轴，输入旋转角度 360 度，点击 ✔ ，即可生成基座，如图 14-30 所示。

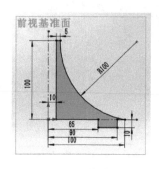

图 14-29　旋转截面　　　　　　　图 14-30　涡轮基座

3. 创建基准面

插入→参考几何体→基准面，选择前视基准面为参考，输入偏移距离 100 mm，生成基准面 1。

4. 创建一个叶片

（1）插入→曲面→拉伸曲面→选择基准面 1，进入草绘界面。

（2）绘制曲线截面，如图 14-31 所示。

（3）点击"退出草图"，选择"给定深度"，输入深度 90 mm，点击 ✔ ，即可生曲面，如图 14-32 所示。

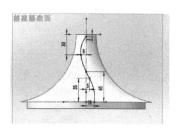
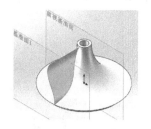

图 14-31　叶片截面曲线　　　　　　图 14-32　叶片曲面

（4）插入→凸台/基体→加厚，选择曲面，输入厚度 3 mm。选择加厚一侧（任意一侧皆可），点击 ✔ ，即可生成一个叶片，如图 14-33 所示。

5. 阵列叶片

插入→阵列/镜像→圆周阵列，选择上表面圆作为旋转基准，在信息框中勾选"实体"选项，选择之前完成的实体，选择等间距，总角度 360 度，阵列个数 16，点击 ✔ ，即可生成全部叶片，如图 14-34 所示。

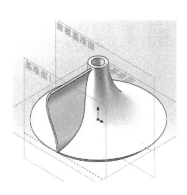

图 14-33　生成叶片

图 14-34　涡轮叶片

6. 裁剪叶片

(1)插入→切除→旋转→选择前视基准面,进入草绘界面。

(2)绘制如图 14-35 所示的截面图和旋转轴。

(3)点击"退出草图",在消息框中选择旋转轴,输入旋转角度 360 度,点击 ✓ ,即可完成涡轮,如图 14-36 所示。

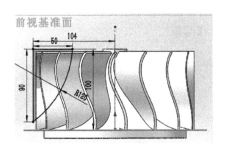

图 14-35　旋转切除截面

图 14-36　涡轮完成图

第 15 章　投影平面工程图

目前,虽然 3D 造型的工程软件有了很多应用,但平面工程图纸在生产第一线仍旧是最重要的加工、装配和检验的依据。我国企业网络化和工程软件应用的程度参差不齐,在许多企业中平面工程图仍然是主要的工程语言,所以掌握从三维零件图(3D)到平面工程图(2D)的转换是极其必要的。

SolidWorks 的工程图模块用于绘制零件或装配件的详细工程图,在工程图模块中可以方便地建立各种正交视图,包括剖面图和辅助视图等。为了保证工程图能符合我国的国家标准,生产规格,行业习惯,本章将首先介绍如何设置模板图、设置参数,以及每个工程图都必不可少的基础知识,以便提高绘图效率。同时,通过实例,主要介绍创建各种视图及尺寸标注、注释和明细表的方法。

15.1　建立平面工程图

点击"文件"→"新建",打开如图 15-1 所示对话框。

图 15-1　新建对话框

点选"高级"选项,出现图 15-2 所示的模板对话框,选择需要的模板,点击"确定",即会进入工程图绘制界面。由于 SolidWorks 中本身包含了国标的工程图,所以可以直接选择"gb_a4",即可使用完整的 A4 工程图模板进行绘图。同时,也可以自己创建工程图模板。

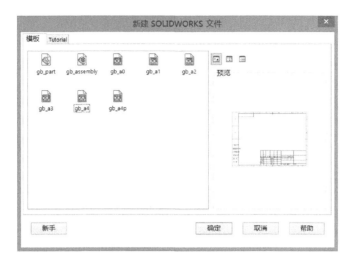

图 15 - 2　模板对话框

15.1.1　创建工程图模板

有时候,用户需要使用系统中没有的工程图模板,此时需要创建自定义的工程图模板,以便之后重复使用。本书仅介绍创建简化的国标 A4 工程图模板。

1. 创建 A4 图纸

文件→新建→工程图,在信息框中点击 ✖ 跳过模型载入步骤。在左侧设计树中右击原有图纸,在如图 15 - 3 所示的对话框中选择"添加图纸"命令,或者直接点击软件左下角的 按钮,弹出如图 15 - 4 所示的提示框,点击"确定",进入如图 15 - 5 所示的图纸格式界面。选择自定义图纸大小,设置宽度 297 mm,高度 210 mm,点击"确定",生成新 A4 图纸,然后删除原有图纸。

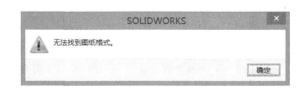

图 15 - 3　图纸对话框　　　　　　　　　　　图 15 - 4　提示框

图 15-5　图纸格式

2. 创建图框

在图纸上单击右键，在对话框中点击 编辑图纸格式 (B)，点击"草图"，绘制内框。点击边角矩形，矩形四个顶点的坐标分别为：(25,5)、(25,205)、(292,205)、(292,5)，点击 ✓，完成矩形框绘制，如图 15-6 所示。

3. 创建表格

在图纸上单击右键，点击"编辑图纸"，在设计树中右击"总表定位点"，点击"设定定位点"，选择内框的右下顶点作为定位点，在图纸上单击右键，选择表格→总表，在图 15-7 所示的对话框中，勾选"附加到定位点"，表格大小输入 5 列 4 行，点击 ✓，生成表格。右击表格中的一个单元格，出现如图 15-8 所示的对话框，选择"格式化"命令，设置列宽和行高，列宽从右至左依次为 50、50、26、12、12，行高均为 7，生成表格，如图 15-9 所示。

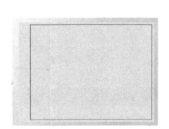

图 15-6　图框绘制　　　　图 15-7　表格对话框　　　　图 15-8　单元格对话框

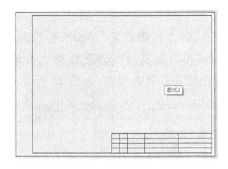

图 15 - 9　生成表格

4. 设置尺寸标准并输入文字

工具→选项→文档属性,绘图标准选择 GB。点击"尺寸",将各参数修改为图 15 - 10 所示,点击"确定",完成标准设置。双击需要输入文字的单元格,输入内容即可,如图 15 - 11 所示。

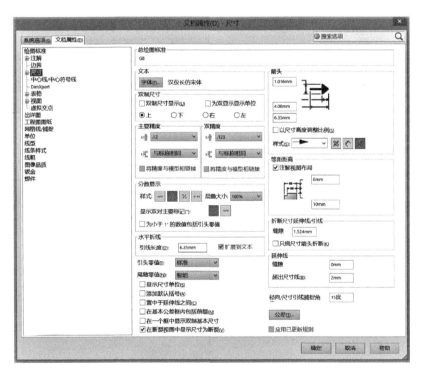

图 15 - 10　国标绘图参数设定

图 15 - 11　输入文字

5. 保存文件

文件→另存为,保存类型选择"工程图模板(.drwdot)",命名为 GB－A4－Simple,点击"保存",即可将绘制好的工程图模板及其绘图参数保存到系统中。此时,再次新建工程图时,先前绘制好的模板便直接出现在新建选项中,如图 15－12 所示。

图 15－12　使用自定义的模板

15.2　工程图实例

因为工程图制作的过程比较繁琐,为了学者方便,将在实例制作的过程中,详细介绍。

15.2.1　轴承座的工程图

打开 12.4.4 节的轴承座模型,制作如图 15－13 所示的辆承座工程图

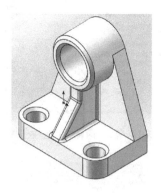

1. 新建文件　　　　　　　　　图 15－13　轴承座

新建→高级→选择"GB－A4－Simple"→确定→进入绘制工程图的界面。

2. 创建三视图

在如图 15－14 所示的信息框中点击"浏览",打开轴承座文件(Zhijia),此时在绘图区域

出现如图 15 - 15 所示的框,代表零件主视图放置的位置,再次点击即可完成主视图的放置,如图 15 - 16 所示。

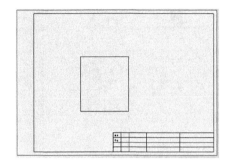

　　图 15 - 14　模型信息框　　　　　　图 15 - 15　工程图区域

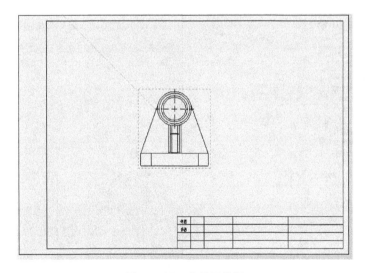

图 15 - 16　主视图放置

　　此时移动鼠标至主视图的各个方向,会出现不同的视图:移动至上方为仰视图,下方为俯视图,左方为右视图,右方为左视图,四个斜向为四个角度的等轴测图,如图 15 - 17 所示。将鼠标依次移至需要的视图位置并单击鼠标左键,即可放置各视图,放置完成后,点击 ✓,即可结束放置。

　　此处只需要主视图,左视图和俯视图,放置完成后,将鼠标移动至视图边缘,出现 ✛ 标志,即可将视图移至需要的位置。结果如图 15 - 18 所示。

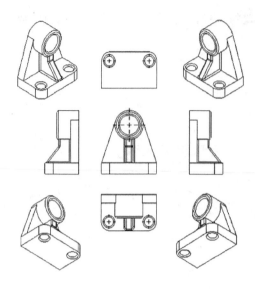

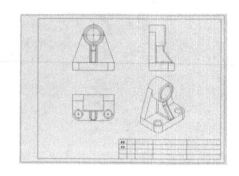

图 15-17　各视图及其对应位置　　　　　　　　图 15-18　投影的三视图

3. 修改工程图的切线显示状况

右击要修改的视图，出现如图 15-19 所示菜单栏，点击切边，选择"切边不可见"，显示三视图，如图 15-20 所示。

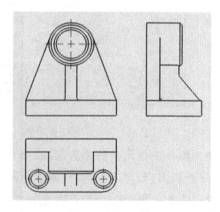

图 15-19　视图菜单　　　　　　　　　　图 15-20　不显示切边的三视图

右击要修改的视图→显示/隐藏→显示隐藏的边线，显示三视图，如图 15-21 所示。

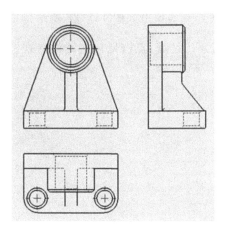

图 15 - 21　显示隐藏边线的三视图

4. 删除左视图和俯视图

选中所要删除的视图→按 Delete 键直接删除,或者选择要删除的视图→单击鼠标右键→删除,删除左视图和俯视图。

5. 创建全剖左视图

右键单击主视图→工程视图→剖面视图→将剖面设定在主视图的中线上,点击 ✓ ,弹出如图 15 - 22 所示"剖面视图"管理器,可以将剖切范围内的筋特征从剖面线区域中移除。由于我国国标规定,筋特征不绘制剖面线,所以从主视图中选择筋特征,点击"确定",注意剖面视图方向为左视,命名为 A,将剖视图移动至需要的区域,点击鼠标左键放置视图,再次点击 ✓ ,完成左视图,如图 15 - 23 所示。

图 15 - 22　剖面试图管理器

6. 创建半剖视图

右键单击主视图→工程视图→剖面视图→选择"半剖面"→选择"右侧向下"→将剖

面设定在主视图的中线上,点击 ✔ ,弹出如图 15 - 22 所示剖面视图管理器→点击"确定",命名为 C,将剖视图移动至需要的区域,点击鼠标左键放置视图,再次点击 ✔ ,完成半剖俯视图,如图 15 - 24 所示。

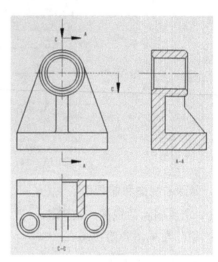

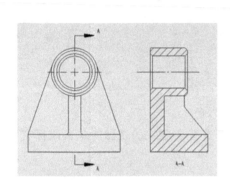

图 15 - 23　全剖左视图　　　　　　　　　图 15 - 24　半剖俯视图

7. 增加详细视图

为了观看和标注局部圆角等细小结构,增加局部放大视图(详图视图)。

右键单击主视图→工程视图→局部视图→在需要放大的区域画一个圆,命名为 B,比例设定为 2:1,将详细视图移动至需要的区域,点击鼠标左键放置视图,点击 ✔ ,完成详细视图,如图 15 - 25 所示。

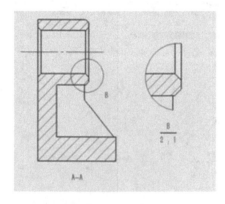

图 15 - 25　详细视图

8. 移动视图

将鼠标移动至视图边缘,出现 ✛ 标志,即可将视图移至需要的位置。

注意:由于左视图和俯视图的位置与主视图是绑定的,所以需要先移动主视图至合适位置,再移动其他视图。最终生成如图 15 - 26 所示的工程图。

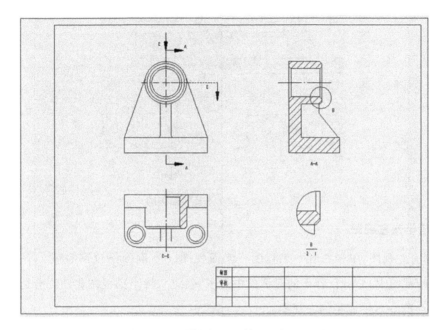

图 15－26　详细视图及轴承座的工程图

9. 保存文件

文件→保存→输入工程图名称"zhoucz"→点击"确定",完成工程图。

15.2.2　底座的工程图

打开 12.45 节的底座模型,制作如图 15－27 所示的底座的工程图。

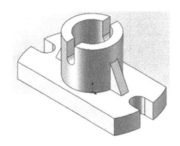

图 15－27　底座

1. 新建文件

新建→高级→选择"GB－A4－Simple"→确定→进入绘制工程图的界面。

2. 创建三视图及等轴测图

点击"浏览",打开底座文件(Dizuo),将主视图移至需要的位置,单击左键,完成主视图放置,并依次放置俯视图,左视图和正等轴测图,点击 ✔ 完成,默认比例为 1:2,如图 15－28 所示。

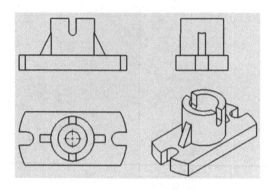

图 15 - 28　三视图及等轴侧图

3. 创建半剖左视图

删除原有左视图，单击右键→工程图→剖面视图→半剖面→顶部右侧 ⟲ →选择俯视图，拐点为俯视图中心点，在弹出的对话框中点击"确定"，将半剖视图移动到合适的位置，并命名为 A，点击 ✔ ，生成半剖左视图。

注意：此时的视图为水平放置，如图 15 - 29 所示。

要将左视图调整至正常位置，右键单击左视图→缩放/平移/旋转→旋转视图 ⟳ →输入角度 90 度→点击"应用"→关闭对话框。由于中心线不会随视图旋转，需要删除原有的中心线并绘制新的中心线。完成左视图，如图 15 - 30 所示。

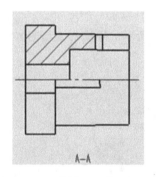
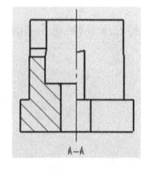

图 15 - 29　半剖左视图初始状态　　　图 15 - 30　半剖左视图

4. 创建半剖主视图

删除原有主视图，单击右键→工程图→剖面视图→半剖面→左侧向上 ⟲ →选择俯视图，拐点为俯视图中心点，在弹出的对话框中点击选择筋特征，点击"确定"，将半剖视图移动到合适的位置，并命名为 B，点击 ✔ ，生成半剖主视图，如图 15 - 31 所示。

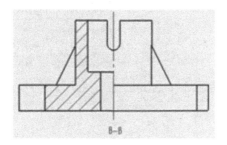

图 15-31　半剖主视图

5. 调整视图位置

由于此时的主视图和左视图皆从俯视图投影而出,因此其位置也与俯视图绑定,若要解除绑定关系,右击视图→视图对齐→解除对齐关系,即可随意移动视图。在此处,需要将左视图与主视图对齐,右击左视图→视图对齐→原点水平对齐→选择主视图,即可完成视图对齐。调整后的工程图如图 15-32 所示。

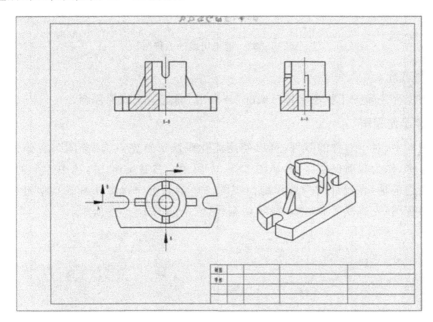

图 15-32　底座工程图

注意:此时工程图的切边均为显示状态,如需隐藏切边,右键单击各视图→切边→切边不可见,即可隐藏切线,如图 15-33 所示。

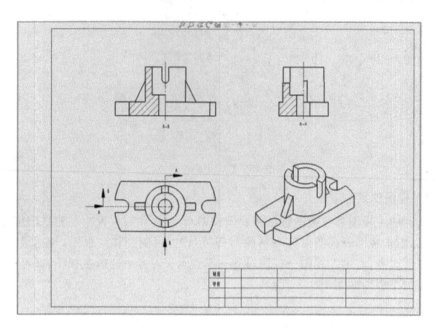

图 15 - 33　消隐切线的工程图

6. 保存文件

文件→保存→输入工程图名称"Dizuo"→点击"确定"，完成工程图。

7. 创建半俯视图

我国国标中，对于对称的零件，可以使用简化画法。首先点击"草图"，在俯视图的左半边画一个矩形，作为裁剪保留区域，如图 15 - 34 所示。按住 Ctrl 键，选中矩形的四边（如果被切割线挡住的话，在设计树中选择剖面视图→单击右键→隐藏切割线），单击右键→工程视图→裁剪视图，完成裁剪后，重新显示切割线，效果如图 15 - 35 所示。

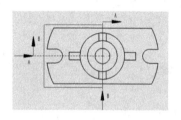

图 15 - 34　裁剪保留区域

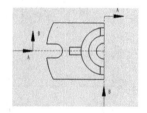

图 15 - 35　半俯视图

用画线绘制出对称的中心线，并在两端各绘制两条平行短线，完成半俯视图，如图 15 - 36 所示。

注意：按我国国标简化画法规定，绘制半视图时，必须在对称的中线两端各绘制两条平行短线，否则按一半加工。

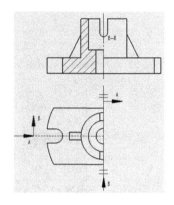

图 15 - 36　最终半俯视图

8. 保存文件

文件→保存→输入工程图名称"Dizuo－Simple"→点击"确定",完成简化工程图,如图 15 - 37 所示。

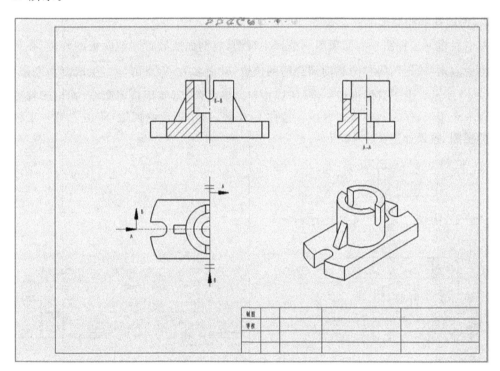

图 15 - 37　简化工程图

15.2.3　减速箱盖的工程图

打开 12.4.7 节的减速箱盖模型,制作如图 15 - 38 所示的减速箱盖的工程图。

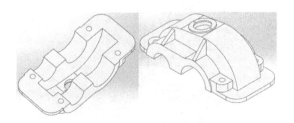

图 15-38　减速器箱盖

1. 新建文件

新建→高级→选择"GB－A4－Simple"→确定→进入绘制工程图的界面。

2. 创主视图及俯视图

点击"浏览"，打开箱盖文件(shangxianggai)，在左侧消息框中"比例"一栏，选择"使用自定义比例"→用户定义→设定比例为1:2.5。将主视图移至需要的位置，单击左键，完成主视图放置，并放置俯视图，点击 ✔ 完成，如图 15-39 所示。

3. 创建前部和后部半剖左视图

单击右键→工程图→剖面视图→选择主视图，将剖面线放置到前肋板的外侧，在弹出的对话框中点击"确定"，将视图移动到合适的位置，并命名为 A，点击 ✔，生成剖面左视图，如图 15-40 所示。由于只需保留一半，所以按照之前的例子，使用裁剪命令，在剖面视图的左半边画一个矩形，作为裁剪保留区域。按住 Ctrl 键，选中矩形的四边，单击右键→工程视图→裁剪视图，效果如图 15-41 所示。

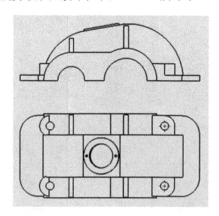

图 15-39　主视图和俯视图

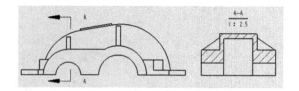

图 15-40　剖视图前一半左视图

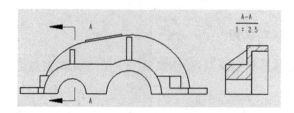

图 15-41　半剖视图的前一半左视

使用相同的方法创建后部半剖视图,将剖面线放置到后部肋板中间,在弹出的对话框中从俯视图中选择不需要剖面线的筋特征,将视图移动到合适的位置,并命名为 A,点击"确定",放置完成后裁剪视图,保留右半边。最终效果如图 15 - 42 所示。

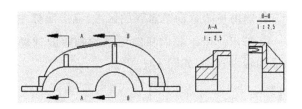

图 15 - 42　两个位置的半剖左视图

4. 修改主视图

由于主视图无法显示箱盖内部的特征,所以需要在两个位置绘制局部剖视图。单击右键→工程图→断开的剖视图,在主视图中绘制如图 15 - 43 所示的封闭曲线,绘制完成后,弹出如图 15 - 44 所示对话框,设置剖面深度 52 mm 或选择顶部圆孔作为参考,点击 ✔,完成第一个局部剖视图。

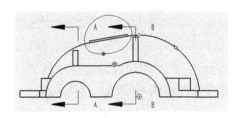

图 15 - 43　局部剖开的位置 1　　　　　　图 15 - 44　设定剖面位置

对于第 2 个局部视图,先在如图 15 - 45 所示位置绘制剖视区域,右键单击封闭曲线→工程图→断开的剖视图,设定剖面深度 52 mm,点击 ✔,完成第二个局部剖视图,最终效果如图 15 - 46 所示。

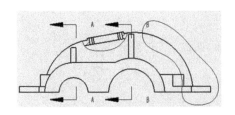

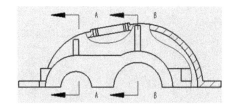

图 15 - 45　局部剖开的位置 2　　　　　　图 15 - 46　局部剖视图效果

5. 增加详细视图

为了标注局部圆角等细小结构,增加局部放大视图。单击右键→工程视图→局部视图→在需要放大的区域画一个圆,命名为 C,比例设定为 2:1,将详细视图移动至需要的区域,点击鼠标左键放置视图,点击 ✔,完成详细视图,如图 15 - 47 所示。

6. 辅助斜视图

辅助视图可表示零件上倾斜平面的真实尺寸和形状。系统垂直于所选边制作模型投影,可以从任何视图类型创建辅助视图。单击右键→工程视图→辅助视图→选择主视图中的凸台顶面线,命名为 D,将辅助视图移动至需要的区域,点击鼠标左键放置视图,点击 ✔,完成辅助视图,如图 15 - 48 所示。由于我们只需要顶部端盖的辅助视图,因此使用裁剪命令,保留端盖部分,裁剪后的辅助视图,如图 15 - 49 所示。

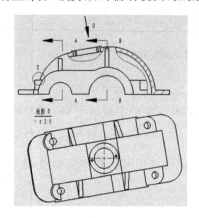 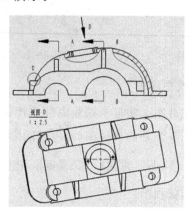

图 15 - 48　辅助视图　　　　　　图 15 - 49　裁剪后的辅助视图

7. 调整视图位置并保存

将各视图调整至合适的位置。注意,此时工程图的切边均为显示状态,如需隐藏切边,右键单击各视图→切边→切边不可见。即可隐藏切线,如图 15 - 50 所示。

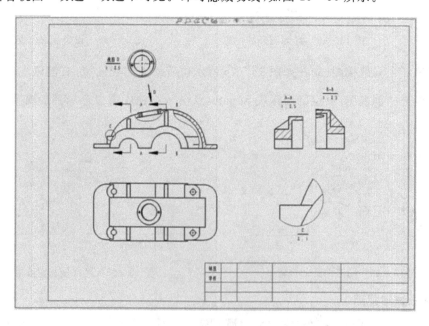

图 15 - 50　消隐切线的工程图

文件→保存→输入工程图名称"xianggai"→点击"确定",完成保存。

15.3　尺寸标注

15.3.1　尺寸标注功能简介

SolidWorks 可以自动进行尺寸标注。插入→  模型项目(E)，弹出如图 15 - 51 所示显示模型项目对话框，其可以提取在绘制模型时用于设计模型的相关尺寸和注解，并将其输入到指定视图或所有视图中。可添加的尺寸和注解，如表 15 - 1 所示。

图 15 - 51　模型项目对话框

表 15 - 1　可添加的尺寸和注解

尺寸		标注	
图示	功能说明	图示	功能说明
	工程图尺寸		注释
	非工程图尺寸		表面粗糙度
	实例/圈数计数		形位公差
	公差		基准点
	异形孔向导轮廓		基准目标
	异形孔向导位置		焊接符号
	孔标注		毛虫
			端点处理

15.3.2　尺寸标注实例

打开图 15 - 26 所示轴承座工程图→插入→模型项目→来源设定为"整个模型"→选择

"将项目输入到右视图和俯视图"→尺寸栏选择 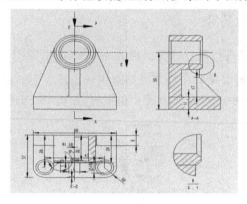→勾选"消除重复"→点击 ✔ ，显示自动标注的尺寸，如图 15-52 所示，尺寸标注较乱，且标出多余的小圆角等不必要的尺寸。

图 15-52　自动标注的尺寸

（1）直接在视图中选中多余的尺寸，按 Del 键删除尺寸。同时，对于标注位置不合适，或者缺失的尺寸，可点击"智能尺寸"，手动进行标注，修改后尺寸效果如图 15-53 所示。

（2）打开图 15-33 所示支座工程图→插入→模型项目→来源设定为"整个模型"→选择"将项目输入到所右视图"→尺寸栏选择 →勾选"消除重复"→点击 ✔ ，显示如图 15-54 所示，尺寸标注较乱。

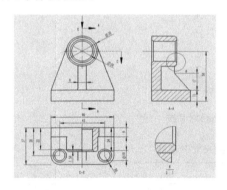

图 15-53　修改的轴承座尺寸

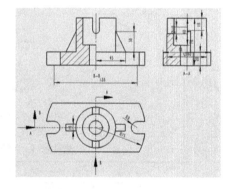

图 15-54　尺寸标注初始状态

（3）直接在视图中选中多余的尺寸，按 Del 键删除尺寸。同时，对于标注位置不合适，或者缺失的尺寸，可点击"智能尺寸"，手动进行标注，效果如图 15-55 所示。

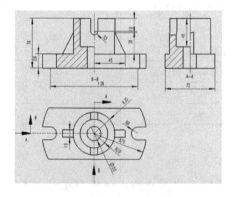

图 15-55　带尺寸的支座工程图

第 16 章　零件装配

SolidWorks 提供了零件的装配工具,支持大型和复杂组件的装配。设计完成的零件可以装配成部件,部件可以进一步组装成整部机器。不仅可以自动将装配完成的组件的零件分离开,产生爆炸图,查看装配组件的零件的分布,而且可以分析零件之间的配合状况以及干涉情况。

16.1　装配模块简介

16.1.1　装配菜单简介

文件→新建,在如图 16-1 所示的对话框中选择"装配体",点击"确定",进入装配界面。进入专配界面后,弹出插入零件的对话框,即可选择要装配的零件,同时,也可以使用"插入零部件"命令 ![icon] 添加需要装配的零件。

零件装配的过程实际是给零件在组件中定位的过程,所以对零件定位中的各种配合命令的理解和使用就成为该部分的核心。

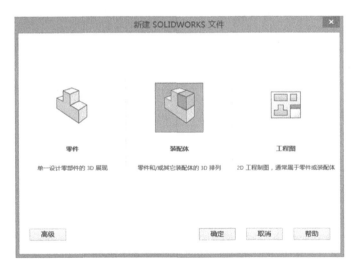

图 16-1　新建对话框

16.1.2　配合特征

配合就是指定元件参照,限制元件在装配体中的自由度,从而使元件完全定位到装配体中。配合方式如图 16-2,图 16-3,图 16-4 所示。

图 16-2　标准配合

图 16-3　高级配合

图 16-4　机械配合

16.1.3　主要配合类型简介

配合的类型有：自动、重合、平行、垂直、相切、同轴心、距离、角度等。进行配合的特征可以是零件上的点、线、面等。

1. 自动

自动约束是系统可以根据所选特征，自动选择以下各种约束类型的。

2. 重合

该方式使两个特征位置重合，如图 16-5 所示，图中相同数字对应的为配对面，重复使用三次重合，注意各零件的对齐方向，如果需要反转零件的话，点击"反向对齐"。

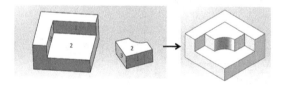
图 16-5　重合

3. 距离

该方式使两个特征之间固定为一定的距离，如图 16-6 所示，图中 1、2 依然为重合配合，3 为距离配合，输入需要的距离即可。

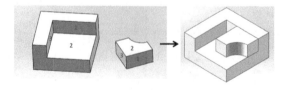
图 16-6　距离

4. 同轴心

该方式使两个圆或旋转体的面保持同一轴心，如图 16-7 所示，图中 1、2 为同轴心配合,3 对应的面为重合配合。

　　注意:同轴心配合时,配合的特征可以是旋转体上绕轴旋转的任意特征。

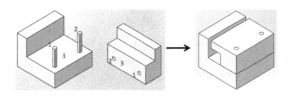

图 16-7　同轴心

5. 相切

用相切约束控制两个曲面在切点的接触。

　　注意:相切配合时要确认是内切还是外切,如果不是需要的相切方式,使用"反向对齐"命令进行调整。

　　如图 16-8 所示,图中 1 为相切、2 为同轴心、3 为距离。

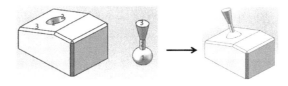

图 16-8　相切

6. 锁定

将零件固定到当前位置,约束状态为完全约束。

16.2　利用零件装配关系组装装配体

16.2.1　装配千斤顶

　　将如图 16-9 所示的几个已做好的零件装配成如图 16-10 所示的千斤顶。

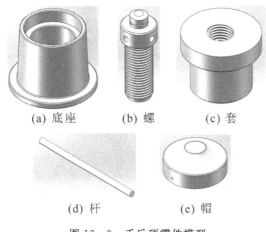

　　　(a) 底座　　　　　(b) 螺　　　　　(c) 套

　　　　(d) 杆　　　　　　(e) 帽

图 16-9　千斤顶零件模型

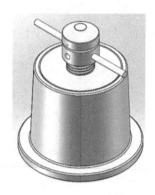

图 16 - 10　千斤顶

1. 新建文件

文件→新建→装配体,点击确定进入装配界面。

2. 放置第一个零件

在弹出的"打开"对话框中选择要装配的第一个零件"千斤顶－底座",点击打开插入零件。

设置第一个零件的放置位置:将插入的零件移动到原点处,光标变为 ，单击左键,即可将零件固定到原点处,如图 16 - 11 所示。如果未显示基准面和原点,点击绘图区域顶部"隐藏/显示项目 "的下拉菜单,勾选"观阅原点 ",即可显示原点。

注意:插入的第一个零件为固定状态,无法移动,如果一开始为将其放置到原点位置,可在设计树中右键单击底座零件,点击"浮动",即可解除固定,然后对原点和底座底面圆使用同轴心配合,对上视基准面和底座底面使用重合配合,也可达到相同效果。

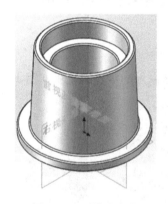

3. 放置第二个零件　　　　　　图 16 - 11　放置底座

插入零部件→打开"千斤顶－套"→在绘图区域单击左键,放置第二个零件,如图 16 - 12 所示。左侧 1 特征是沉孔圆环面,2 特征是沉孔下半部分圆柱面,右侧 1 特征为凸台下圆环面,2 特征是凸台顶面圆。对 1 使用重合配合,对 2 使用同轴心配合,完成安装套,如图16 - 13 所示。

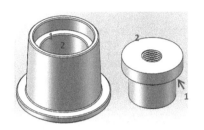

图 16-12 套的配合特征   图 16-13 安装套

4. 放置第三个零件

插入零部件→打开"千斤顶-螺杆"→在绘图区域单击左键,放置第三个零件,如图 16-14 所示。左侧 1 特征是底座顶面圆,2 特征是底座顶面,右侧 1 特征是螺杆凸台上面圆,2 特征是螺杆凸台上面。对 1 使用同轴心配合,对 2 使用距离配合(距离多少未给出,应为 50 mm),完成安装螺杆,如图 16-15 所示。

图 16-14 螺杆的配合特征   图 16-15 安装螺杆

5. 放置第四个零件

插入零部件→打开"千斤顶-杆"→在绘图区域单击左键,放置第四个零件,如图 16-16 所示。左侧 1 特征是螺杆上圆孔面,右侧 1 特征是杆的圆柱面,2 特征是杆的顶面。对 1 使用同轴心配合,2 与右视基准面使用距离配合(配合距离为 100 mm),注意与基准面的配合需要先点击基准面,再使用配合命令。完成安装螺杆,如图 16-17 所示。

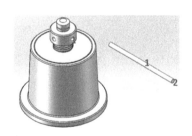

图 16-16 杆的配合特征   图 16-17 安装

6. 放置第五个零件

插入零部件→打开"千斤顶-帽"→在绘图区域单击左键,放置第四个零件,如图 16-18 所示。左侧 1 特征是顶部圆锥面下边圆,2 特征是顶部圆锥面上边圆,右侧 1,2 特征均是底部球形顶面。对 1,2 均使用相切配合,完成安装帽,如图 16-19 所示。

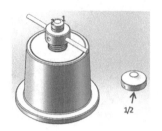

图 16-18　帽的配合特征　　　　　图 16-19　安装帽

7. 保存文件

文件→保存，命名为"千斤顶"→点击"保存"，完成文件保存。

8. 生成爆炸（分解）图

点击"爆炸视图" ，爆炸步骤选择"常规步骤" ，点击每一个零件，在出现的坐标系中，将其平移或旋转至需要的位置，点击完成爆炸视图，如图 16-20 所示。

图 16-20　爆炸视图

9. 保存文件

文件→保存，命名为"千斤顶-爆炸"→点击"保存"，完成文件保存。

16.2.2　装配阀门

将如图 16-21 所示的三个已做好的零件装配成如图 16-22 所示的阀门。

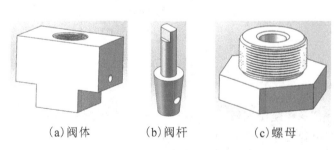

（a)阀体　　　　（b)阀杆　　　　（c)螺母

图 16-21　阀门零件模

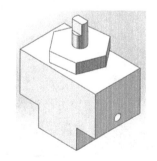

图 16-22　阀门

1. 新建文件

文件→新建→装配体,点击确定进入装配界面。

2. 放置第一个零件

在弹出的"打开"对话框中选择要装配的第一个零件"阀门－阀体",点击打开插入零件。

设置第一个零件的放置位置:将插入的零件移动到原点处,光标变为 🖰,单击左键,即可将零件固定到原点处,如图 16 - 23 所示。

3. 放置第二个零件

插入零部件→打开"阀门－阀杆"→在绘图区域单击左键,放置第二个零件,如图 16 - 24 所示。左侧 1 特征是水平孔内圆柱面,2 特征是竖直孔圆锥面,右侧 1 特征是水平孔内圆柱面,2 特征是凸台圆锥面。对 1,2 均使用同轴心配合,完成安装套如图 16 - 25 所示。

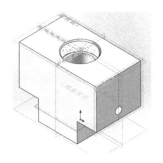
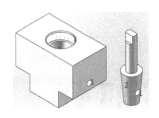
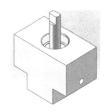

图 16 - 23　放置阀体　　　　图 16 - 24　阀杆的配合　　　　图 16 - 25　安装空杆

4. 放置第三个零件

插入零部件→打开"阀门－螺母"→在绘图区域单击左键,放置第三个零件,如图 16 - 26 所示。左侧 1 特征是阀杆的圆柱面,2 特征是阀杆凸台上圆环面,右侧 1 特征螺母孔内圆柱面,2 特征是螺母顶部圆环。对 1 使用同轴心配合,对 2 特征使用重合配合,完成安装套,如图 16 - 27 所示。

注意: 由于螺母配合时需要反转,因此需要使用"反向对齐" 🔧 命令。

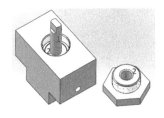
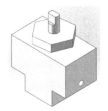

图 16 - 26　螺母的配　　　　　图 16 - 27　安装螺母

5. 保存文件

文件→保存,命名为"阀门"→点击"保存",完成文件保存。

第三部分　习　题

习题一　制图基础题

1.字体练习

一 二 三 四 五 六 七 八 九 十 士 土 千 干 工

孔 比 材 料 机 械 栓 核 柱 轴 线 施 础 部 旋

钢 铁 铜 铝 银 锌 镁 钛 钉 钻 铸 铣 锪 镗 锯

A B C D E F G H I J K L M N O P Q R S T U V W X Y Z

1 2 3 4 5 6 7 8 9 0 ϕ δ α β γ θ ω

班级		姓名		成绩		审核	

2.在指定位置处，照样画出各种图线、箭头和图形

线型：粗实线粗为 0.4~0.5 mm,虚线长度约为 3~4 mm，间隙小于 1 mm，点画线长约
为 12~15 mm，间隙及点共约 3 mm。
箭头：宽约为 0.5~0.7 mm，长为 3~4 mm。

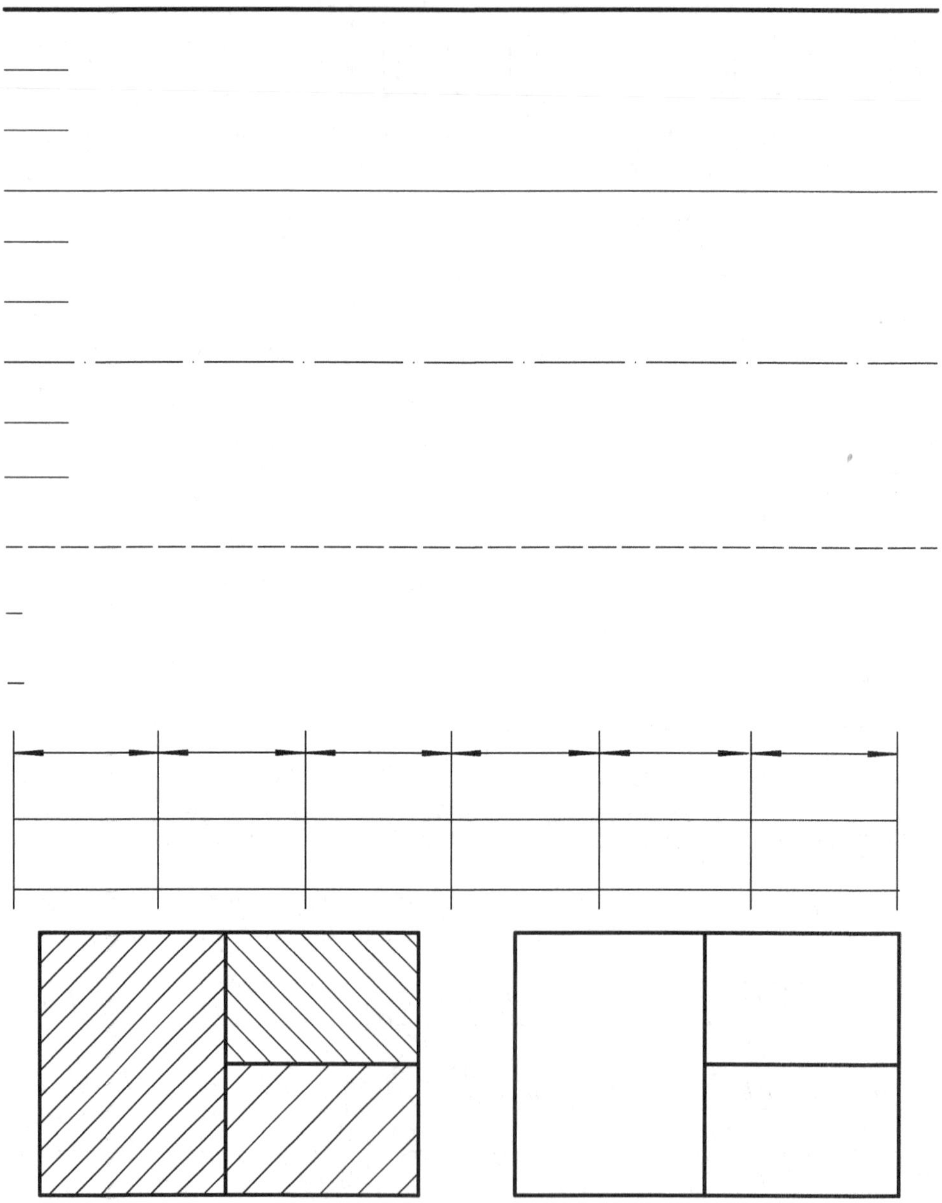

班级		姓名		成绩		审核	

3. 抄绘平面图形

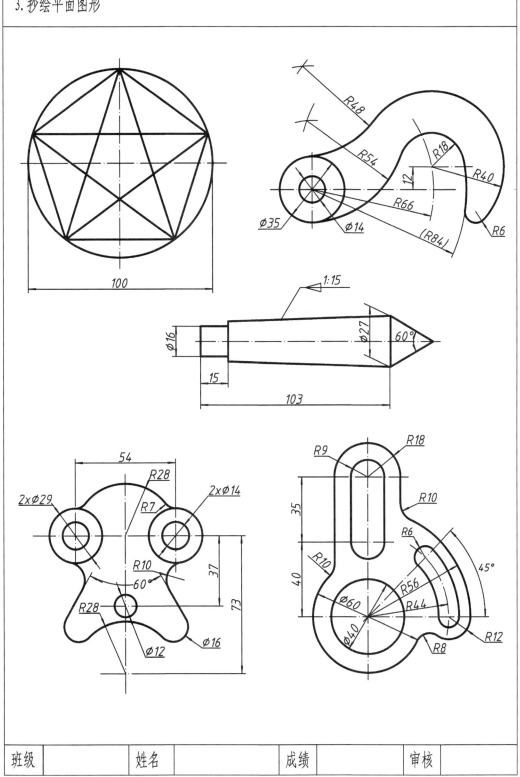

| 班级 | | 姓名 | | 成绩 | | 审核 | |

4. 根据立体轴测图及所注尺寸，用适当比例绘制立体的三视图

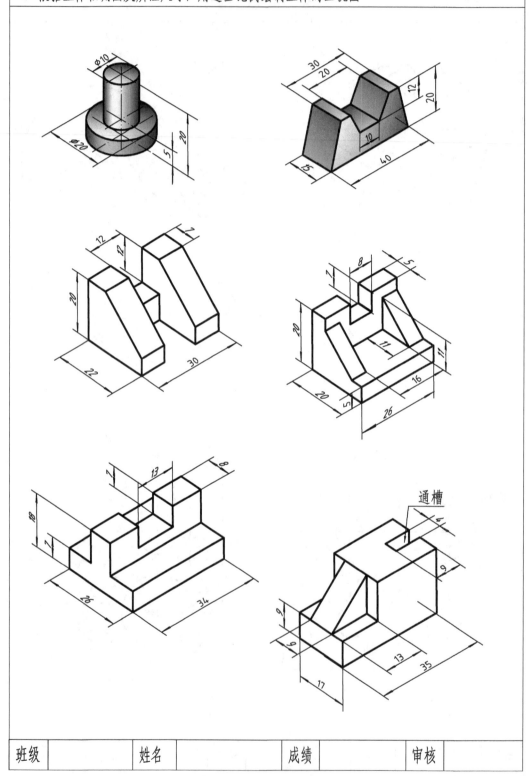

| 班级 | | 姓名 | | 成绩 | | 审核 | |

5. 抄绘平面图形及尺寸标注

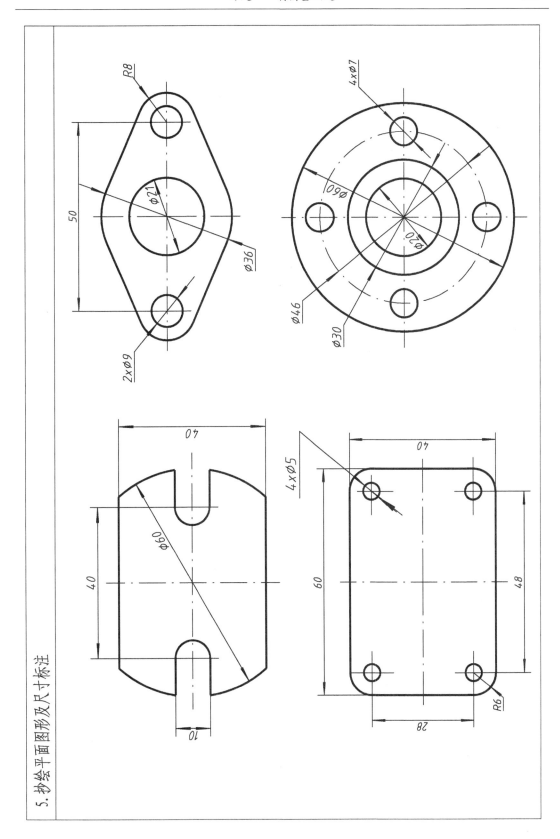

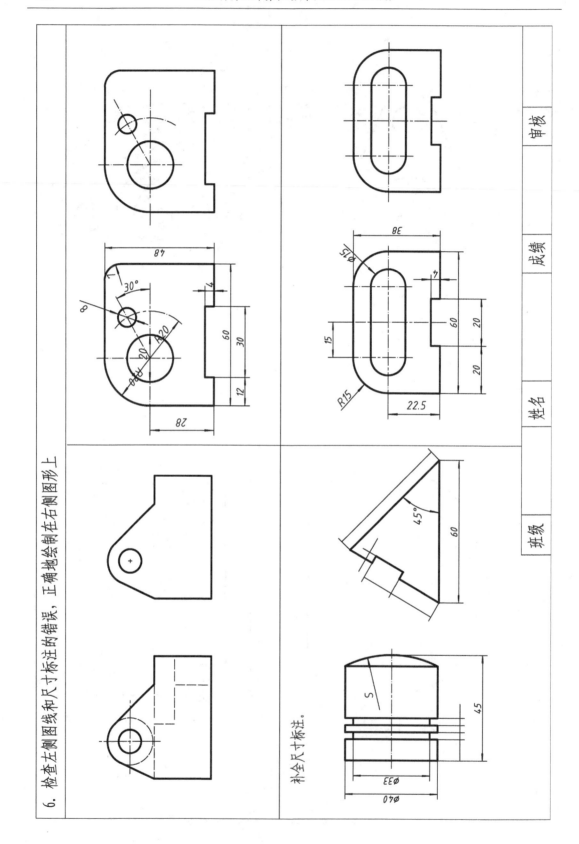

6. 检查左侧图线和尺寸标注的错误，正确地绘制在右侧图形上

补全尺寸标注。

7. 点、线、面的投影及其对投影面的相对位置

（1）已知点A、B的两投影，求它们的第三个投影。　　（2）作点A（30，20，10）、B（15，10，25）的投影。

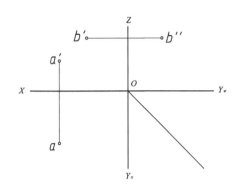 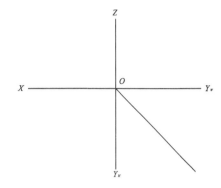

(3)已知平面的两个投影，求作第三个投影,并指出它是什么位置的平面。

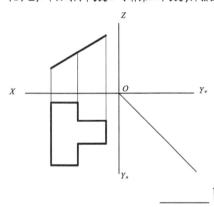 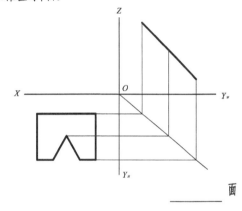

_____面　　　　　　　　　　　　　　　　　　　　_____面

(4)判断下列各直线和平面相对于投影面的位置。

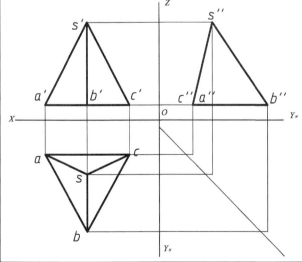

SA是_____线；SB是_____线；

AB是_____线；AC是_____线。

平面ABC是（　　）面

平面SAB是（　　）面

平面SBC是（　　）面

平面SAC是（　　）面

| 班级 | | 姓名 | | 成绩 | | 审核 | |

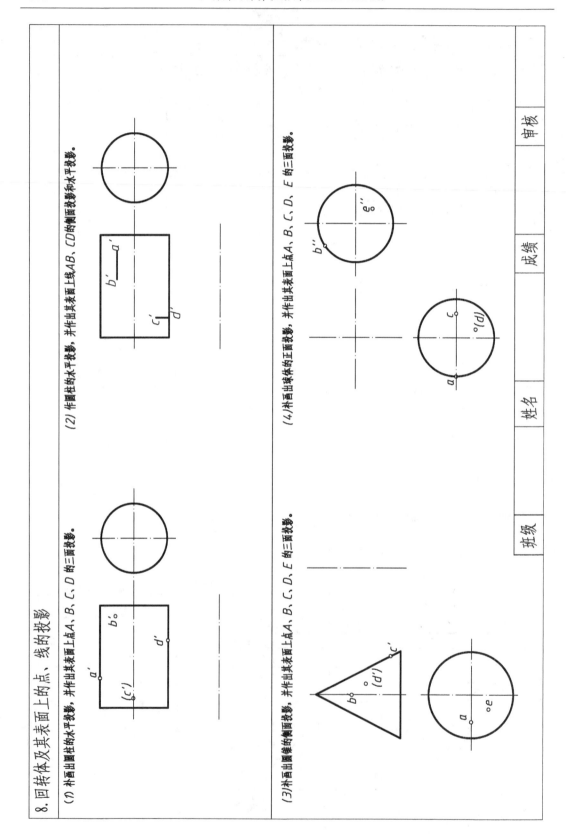

8. 回转体及其表面上的点、线的投影

(1) 补画出圆柱的水平投影，并作出其表面上点 A、B、C、D 的三面投影。

(2) 作圆柱的水平投影，并作出其表面上线 AB、CD 的侧面投影和水平投影。

(3) 补画出圆锥的侧面投影，并作出其表面上点 A、B、C、D、E 的三面投影。

(4) 补画出球体的正面投影，并作出其表面上点 A、B、C、D、E 的三面投影。

9.求立体表面的交线，完成三视图

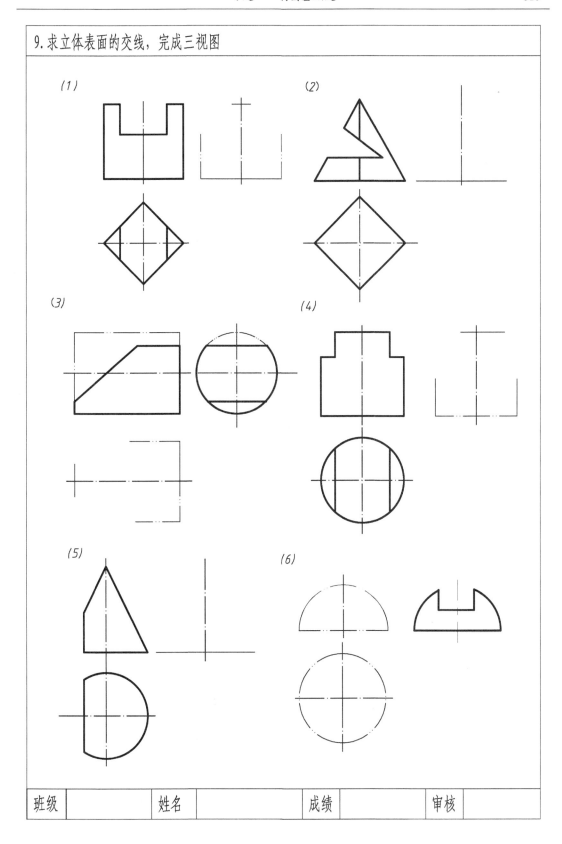

10. 已知立体的两投影，它们的第三个投影

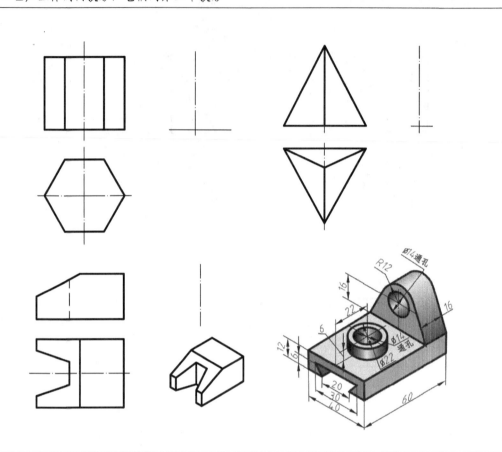

11. 根据立体轴测图及所注尺寸，用适当比例绘制立体的三视图。

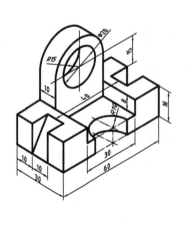

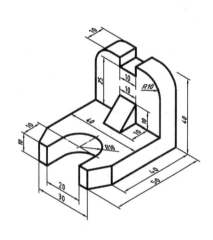

班级		姓名		成绩		审核	

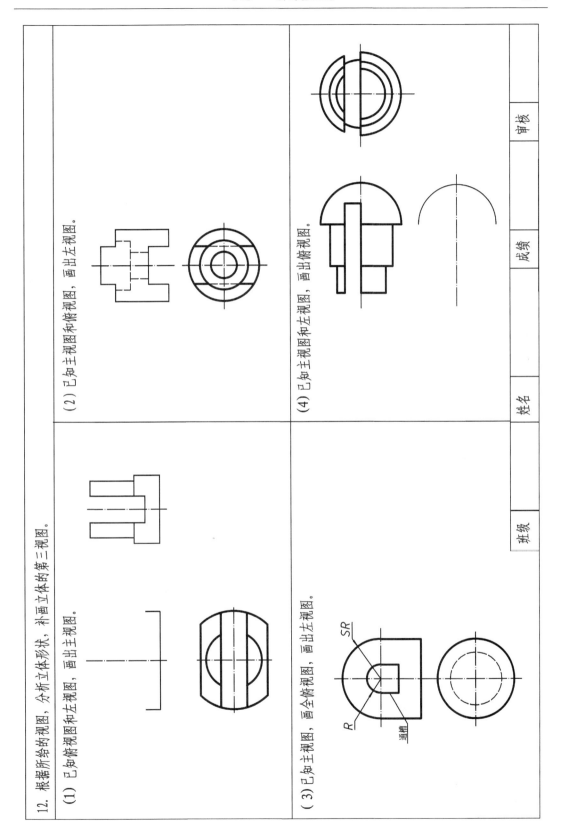

12. 根据所绘的视图，分析立体形状，补画立体的第三视图。

（1）已知俯视图和左视图，画出主视图。

（2）已知主视图和俯视图，画出左视图。

（3）已知主视图，画全俯视图，画出左视图。

（4）已知主视图和左视图，画出俯视图。

班级　　姓名　　成绩　　审核

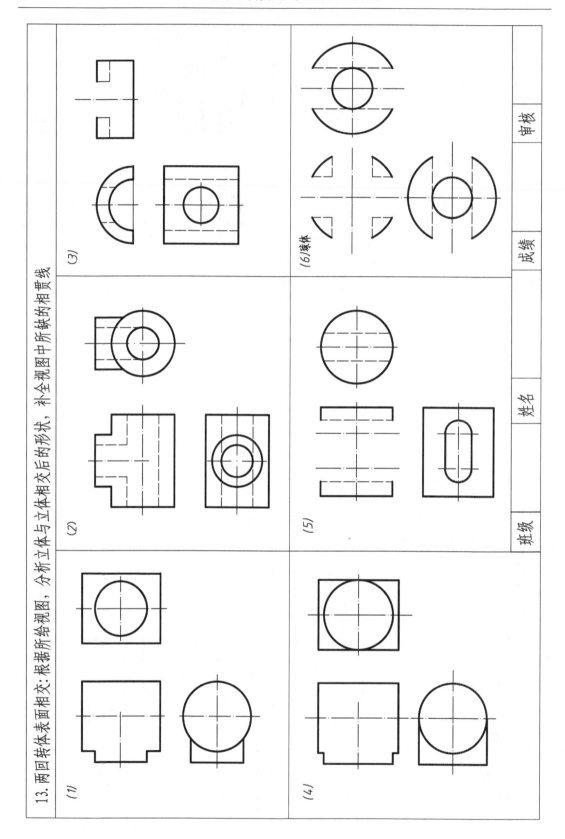

13. 两回转体表面相交：根据所给视图，分析立体与立体相交后的形状，补全视图中所缺的相贯线

(1)

(2)

(3)

(4)

(5)

(6)球体

班级　　姓名　　成绩　　审核

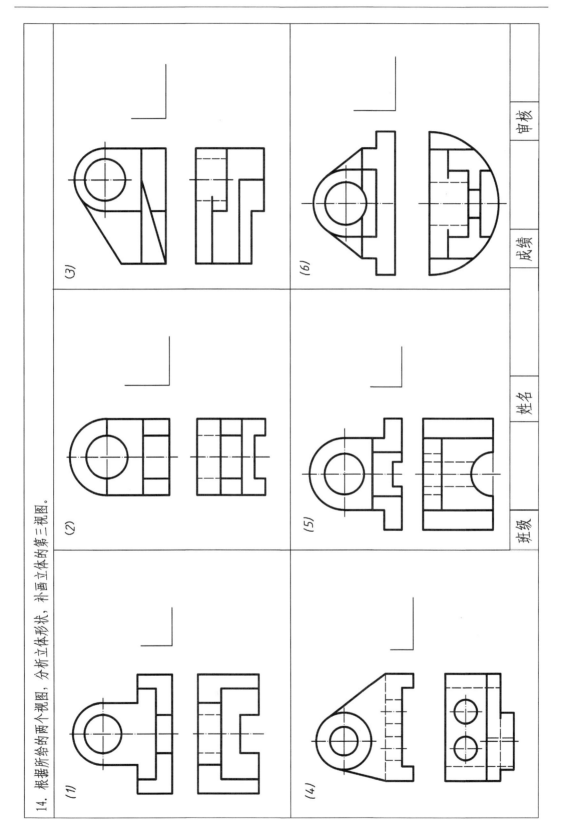

14. 根据所给的两个视图，分析立体形状，补画立体的第三视图。

(1)　(2)　(3)

(4)　(5)　(6)

审核　成绩　姓名　班级

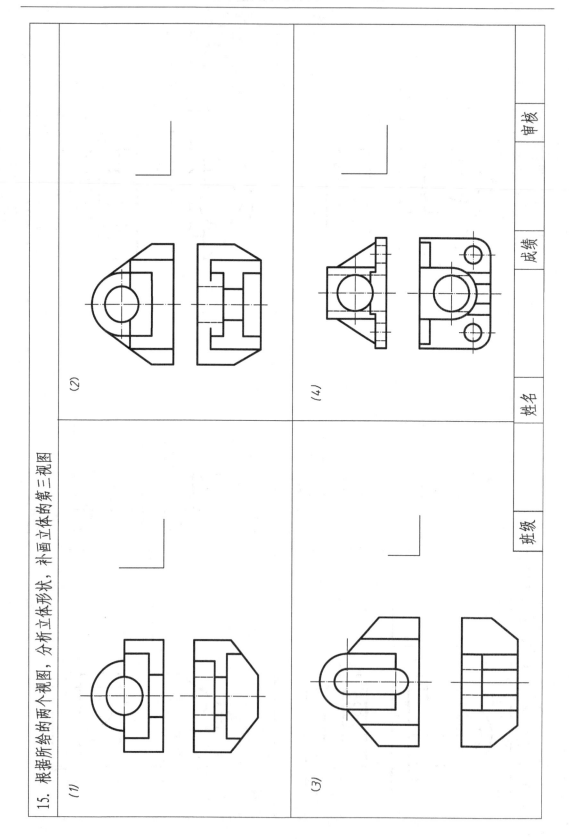

15. 根据所给的两个视图，分析立体形状，补画立体的第三视图

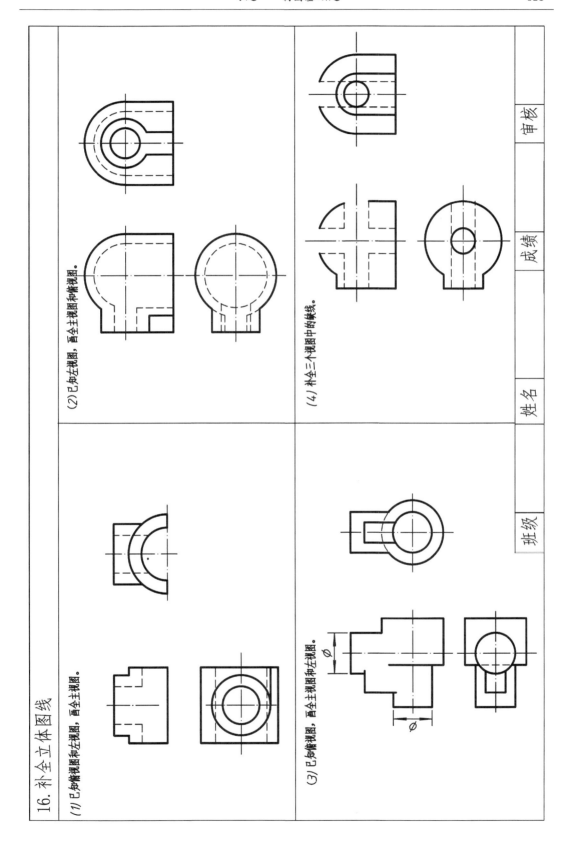

16. 补全立体图线

(1) 已知俯视图和左视图，画全主视图。

(2) 已知左视图，画全主视图和俯视图。

(3) 已知俯视图，画全主视图和左视图。

(4) 补全三个视图中的缺线。

审核　成绩　姓名　班级

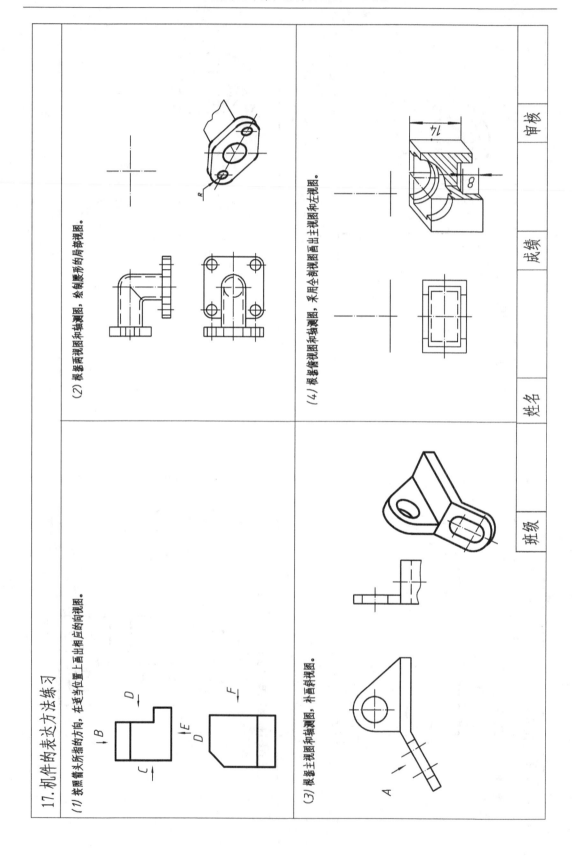

17. 机件的表达方法练习

(1) 按照箭头所指的方向，在适当位置上画出相应的向视图。

(2) 根据两视图和轴测图，绘制断裂形的局部视图。

(3) 根据主视图和轴测图，补画斜视图。

(4) 根据俯视图和轴测图，采用全剖视图画出主视图和左视图。

班级	姓名	成绩	审核

18.对下列视图进行合理地剖视

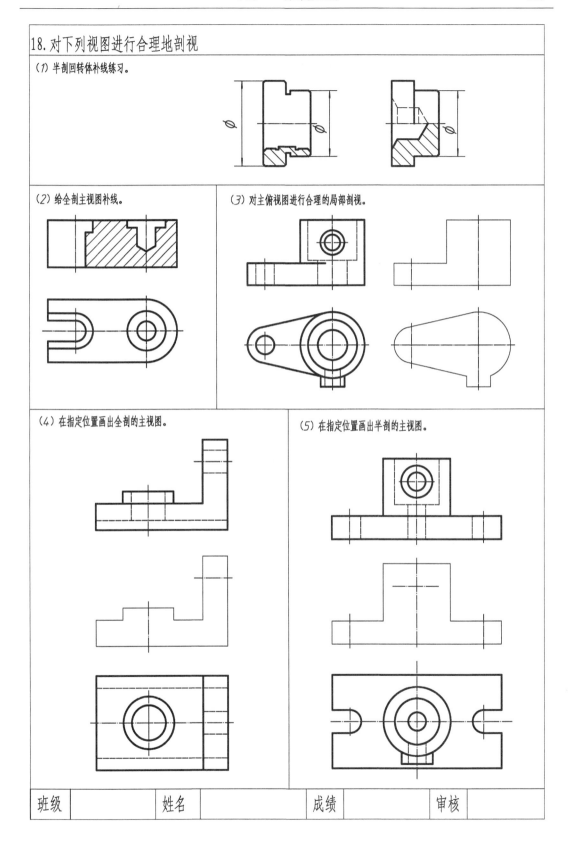

（1）半剖回转体补线练习。

（2）给全剖主视图补线。

（3）对主俯视图进行合理的局部剖视。

（4）在指定位置画出全剖的主视图。

（5）在指定位置画出半剖的主视图。

| 班级 | | 姓名 | | 成绩 | | 审核 | |

19. 对下列视图进行合理地剖视

（1）根据俯视图和 A 向视图，将主视图画成 B-B 半剖视图，将左视图画成 C-C 全剖视图，并标注全部尺寸。

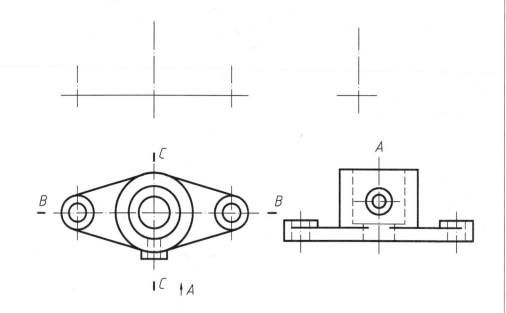

（2）在下面指定位置画出轴上键槽（查表）及通孔 $\phi 5$ 等的断面图及图形标注。

| 班级 | | 姓名 | | 成绩 | | 审核 | |

20. 对下列视图进行合理地剖视

根据俯视图和A向视图，将主视图画成B-B全剖视图，将左视图画成C-C半剖视图。

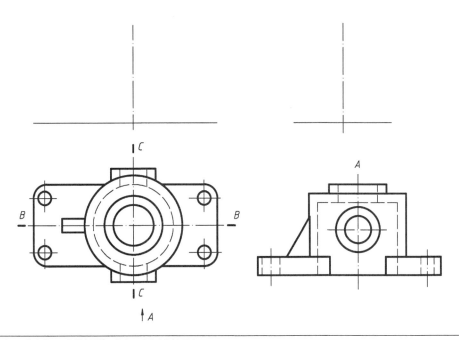

(1) 在下面指定位置画出轴上键槽（查表）及通孔的断面图；
(2) 标注全轴尺寸，尺寸数值按1：1从图中量取（取整数）。

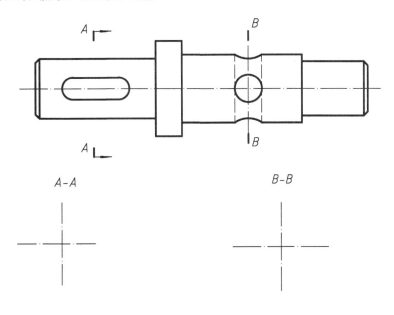

A-A   B-B

| 班级 | | 姓名 | | 成绩 | | 审核 | |

21. 标准件和常用件的基本练习

（1）指出图中画错的地方，并将正确的图形绘制在下面。

外螺纹　　　　　　　　　　　　　　　　　　内外螺纹连接

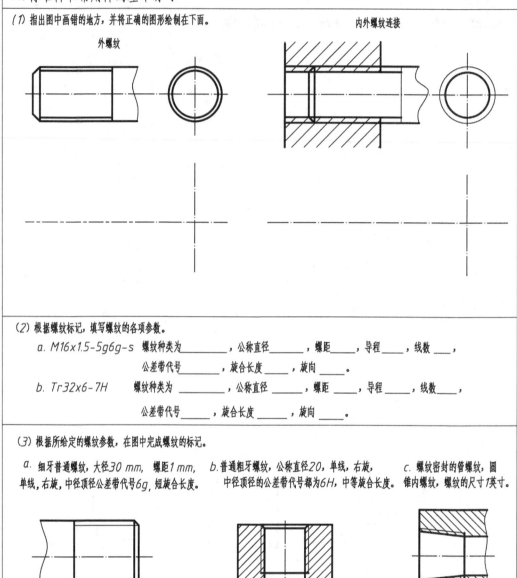

（2）根据螺纹标记，填写螺纹的各项参数。

a. M16x1.5-5g6g-s　螺纹种类为_____，公称直径_____，螺距____，导程____，线数___，

公差带代号_____，旋合长度_____，旋向_____。

b. Tr32x6-7H　　　螺纹种类为 _____，公称直径 _____，螺距 ____，导程 ____，线数___，

公差带代号_____，旋合长度_____，旋向_____。

（3）根据所给定的螺纹参数，在图中完成螺纹的标记。

a. 细牙普通螺纹，大径30 mm，螺距1 mm，单线，右旋，中径顶径公差带代号6g，短旋合长度。　　b. 普通粗牙螺纹，公称直径20，单线，右旋，中径顶径的公差带代号都为6H，中等旋合长度。　　c. 螺纹密封的管螺纹，圆锥内螺纹，螺纹的尺寸1英寸。

（4）绘制螺纹连接装配图。

a. 已知连接上板厚20 mm，下板厚15 mm，螺栓GB/T5782 M12x50，螺母GB/T6170 M12，垫圈GB/T97.1 12，用比例画法，画出螺栓连接图，并写出螺栓、螺母、垫片的标记。

b. 已知上板厚20 mm，下连接件为不通孔的铸铁，使用双头螺柱GB/T898 M16xL（L计算后查表取标准长度），垫圈GB/T91.7 16，螺母GB/T6170 M16，试用简化画法画出双头螺柱连接。

c. 已知螺钉连接中的二个零件，上板厚25 mm，下板为钢，不通孔，螺钉GB/T68 M16xL（L计算后查表确定），绘制螺钉连接图。

班级		姓名		成绩		审核	

22.零件表面结构: 粗糙度的标注

(1) 检查左图表面粗糙度标注中的错误, 在右图中重新标注一次。

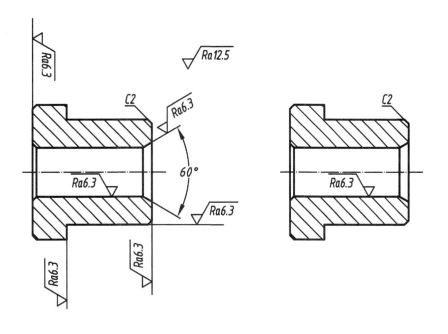

(2) 根据轴承盖轴测图上所指定的表面粗糙度要求 (见下表), 在视图中标注出相应的表面粗糙度 (对称面的表面粗糙度代号也应标出)。

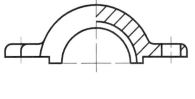

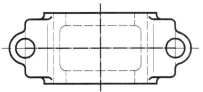

表面位置	A	B,C,E	D,F	其余
Ra	0.8	1.6.	6.3.	√

班级		姓名		成绩		审核	

23.零件间的公差与配合

（1）解释配合尺寸⌀16H7/f6的含义：

（a）⌀16表示是＿＿＿＿＿＿＿＿＿＿＿＿＿；

（b）f表示＿＿＿＿＿＿＿＿＿＿＿＿；

（c）此配合是＿＿＿＿＿＿制＿＿＿＿＿＿配合；

（d）7、6表示＿＿＿＿＿＿＿＿＿＿＿＿＿。

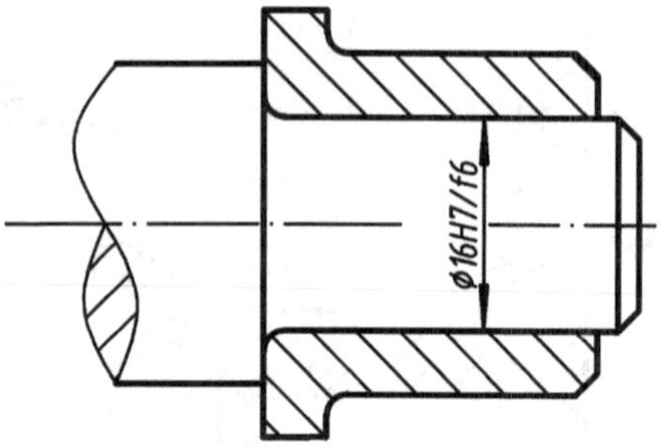

（2）根据装配图中所注的配合尺寸，分别在零件图的相应部位注出公称尺寸和极限差值。

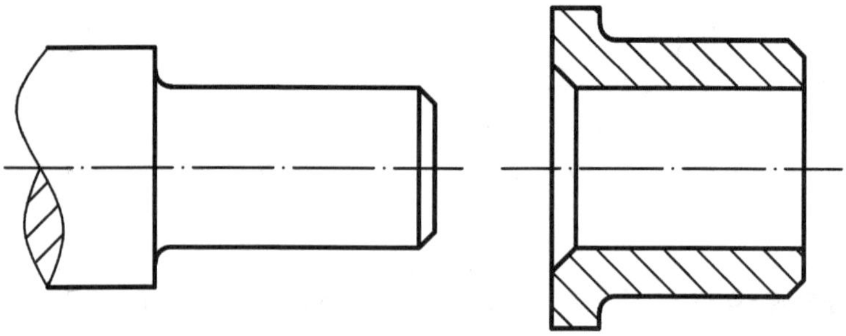

（3）算出配合尺寸⌀16H7/f6的极限尺寸。

　　孔：上极限尺寸为＿＿＿＿＿，　　　　　轴：上极限尺寸为＿＿＿＿＿＿，

　　　　下极限尺寸为＿＿＿＿＿。　　　　　　　下极限尺寸为＿＿＿＿＿＿。

（4）画出配合尺寸⌀16H7/f6中孔与轴的公差带图。

| 班级 | | 姓名 | | 成绩 | | 审核 | |

24. 绘制零件图

（1）根据轴测图，画出轴的零件图，并标注尺寸（螺纹退刀槽查表），试标注粗糙度。

建议参考该轴，根据轴的传动作用，具有输入输出位置、两个支撑位置，及退刀槽、倒角等常见结构，自行设计一根轴。

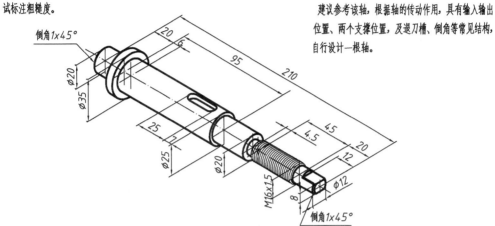

倒角1x45°
Φ20
Φ35
20
6
95
210
25
7
Φ25
Φ20
4.5
4.5
20
12
M16x15
8
Φ12
倒角1x45°

（2）根据连杆的轴测图，画出零件图并标注粗糙度。

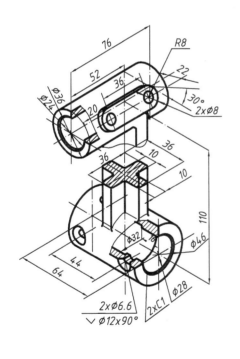

76
52
36
R8
22
30°
2×Φ8
Φ36
Φ24
20
36
36
10
10
110
Φ32
Φ46
44
64
2×Φ6.6
⌵Φ12x90°
2×C1
Φ28

25. 绘制展开图

（1）完成四节圆柱弯管的展开图。

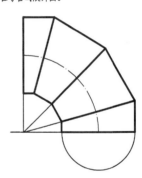

（2）画出天圆地方的展开图。

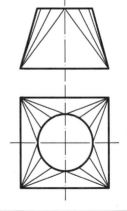

| 班级 | | 姓名 | | 成绩 | | 审核 | |

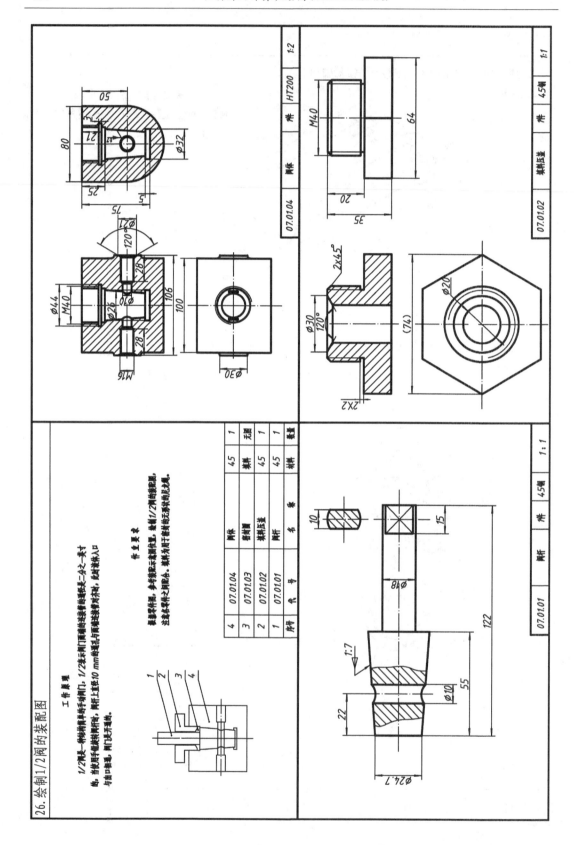

26. 绘制1/2阀的装配图

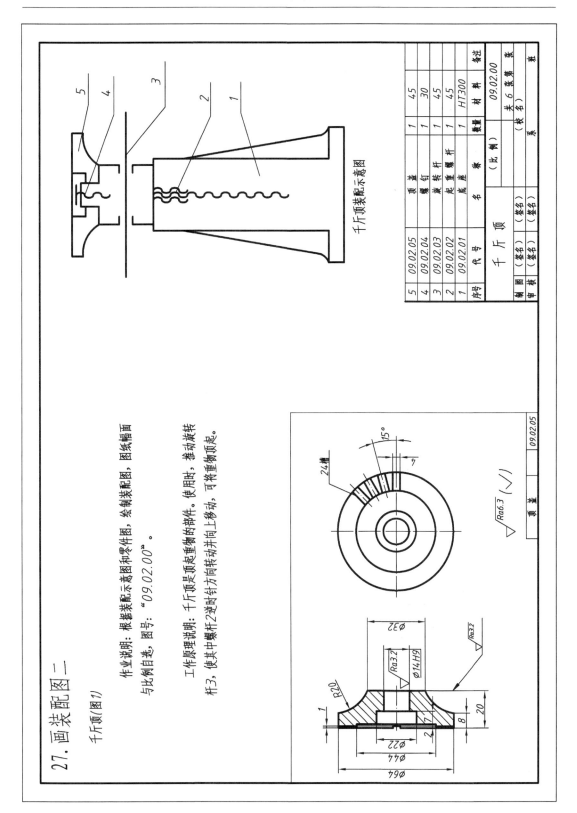

27. 画装配图二

千斤顶(图1)

作业说明：根据装配示意图和零件图，绘制装配图，图纸幅面与比例自选，图号："09.02.00"。

工作原理说明：千斤顶是顶起重物的部件。使用时，推动减转杆3，使其中螺杆2逆时针方向转动并向上移动，可将重物顶起。

5	09.02.05	顶垫	1	45	
4	09.02.04	螺钉	1	30	
3	09.02.03	绞转杆	1	45	
2	09.02.02	起重螺杆	1	45	
1	09.02.01	底座	1	HT300	
序号	代号	名称	数量	材料	备注

千斤顶装配示意图

千斤顶（比例）09.02.00

制图（姓名）（姓名）　　共6张第张班

审核（姓名）（姓名）　　（校名）系

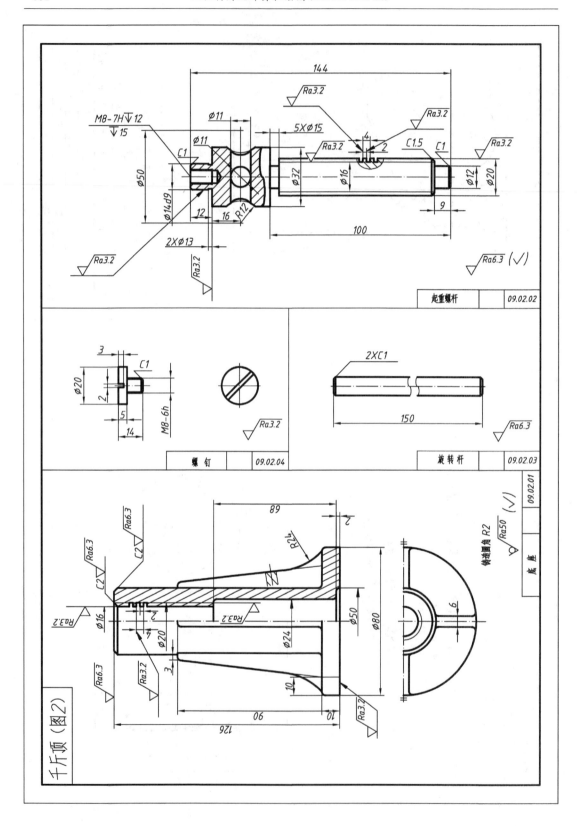

28. 读懂柱塞泵装配图，拆画泵体 5 的零件图

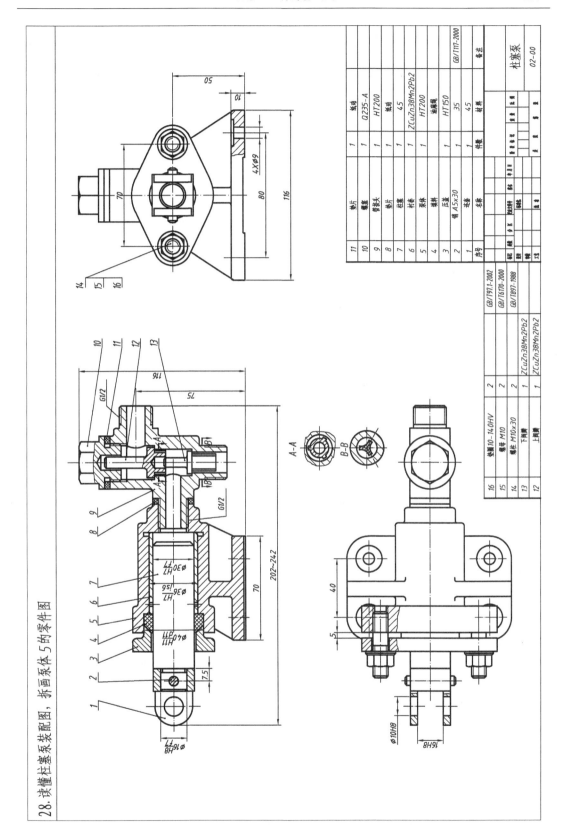

11	垫片		1	纸板			
10	螺套		1	Q235-A			
9	管接头		1	HT200			
8	垫片		1	纸板			
7	柱塞		1	45			
6	柱套		1	ZCuZn38Mn2Pb2			
5	泵体		1	HT200			
4	填料		1	油浸麻			
3	压盖		1	HT150			
2	销 A5x30		1	35	GB/T119.1-2000		
1	连杆		1	45			
序号	名称		件数	材料			备注
							柱塞泵
							02-00

16	垫圈10-14.0HV		2		GB/T91.1-2002
15	螺母 M10		2		GB/T6170-2000
14	螺柱 M10x30		2		GB/T897-1988
13	下耐套		1	ZCuZn38Mn2Pb2	
12	上耐套		1	ZCuZn38Mn2Pb2	

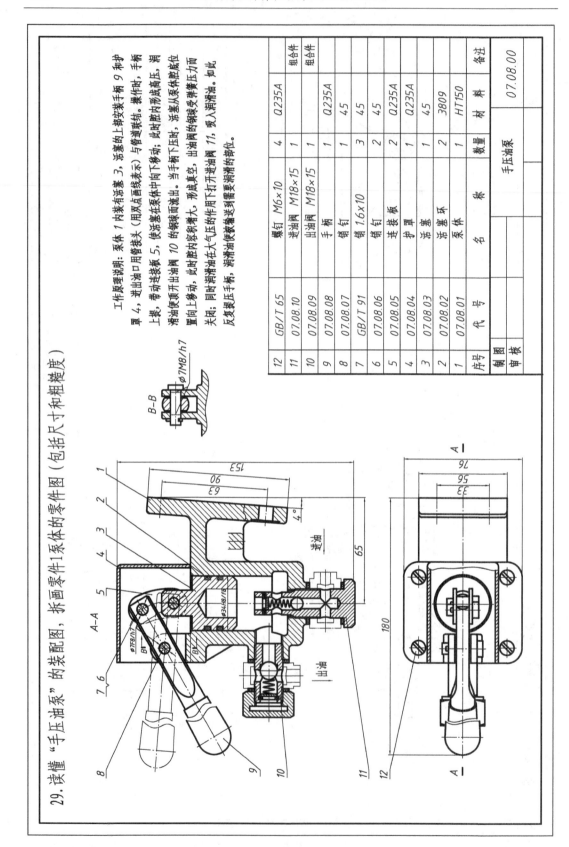

29. 读懂"手压油泵"的装配图，拆画零件 1 泵体的零件图（包括尺寸和粗糙度）

工作原理说明：系体 1 内装有活塞 3，活塞的上部安装手柄 9 和护罩 4，进出油口用管接头（用双点画线表示）与管道联结。操作时，手柄上提，带动连接板 5，使活塞在泵体中向下移动；此时腔内形成高压，润滑油便顶开出油阀 10 的钢球而流出。当手柄下压时，活塞从泵体腔底位置向上移动，此时腔内的容积增大，出油阀内的钢球受弹簧压力而关闭；同时润滑油在大气压的作用下打开进油阀 11，吸入润滑油。如此反复提压手柄，润滑油便被输送到需要润滑的部位。

序号	代号	名称	数量	材料	备注
12	GB/T 65	螺钉 M6×10	4	Q235A	
11	07.08.10	进油阀 M18×15	1		组合件
10	07.08.09	出油阀 M18×15	1		组合件
9	07.08.08	手柄	1	Q235A	
8	07.08.07	销钉	1	45	
7	GB/T 91	销 1.6×10	3	45	
6	07.08.06	销钉	2	45	
5	07.08.05	连接板	2	Q235A	
4	07.08.04	护罩	1	Q235A	
3	07.08.03	活塞	1	45	
2	07.08.02	活塞环	2	3809	
1	07.08.01	泵体	1	HT150	

手压油泵 07.08.00

30. 读懂尾架装配图，拆画尾架体2的零件图（这是一张老图纸，将标准件直接标注在图纸上，现在很多企业也习惯这样标注）

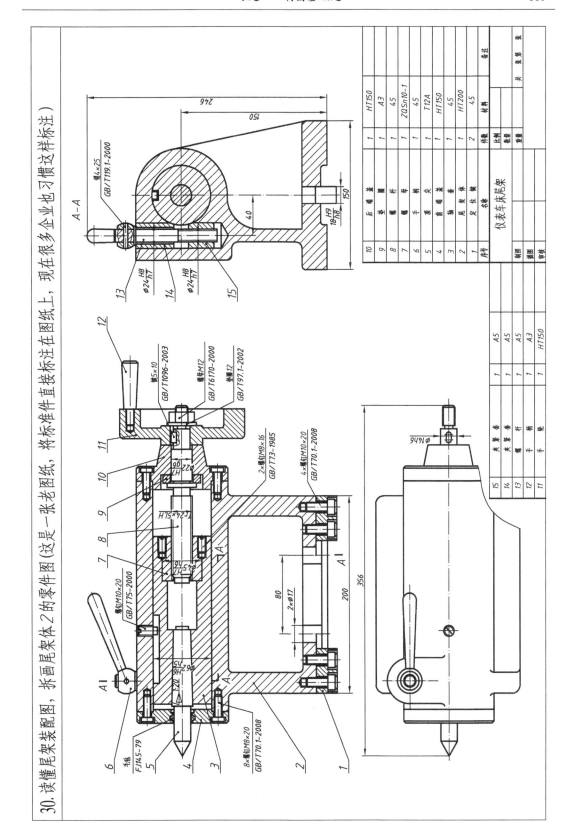

习题二 建模题

1.建模练习题

(1)

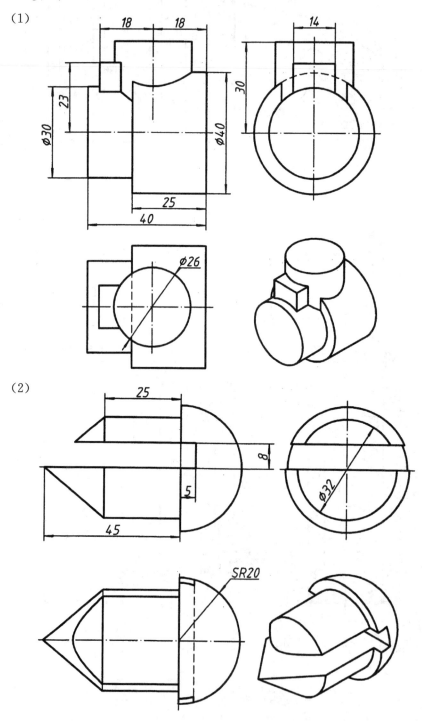

(2)

（3）

（4）

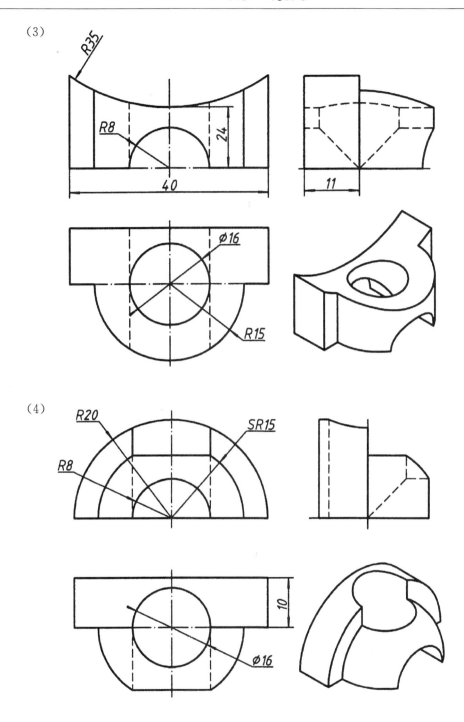

（5）

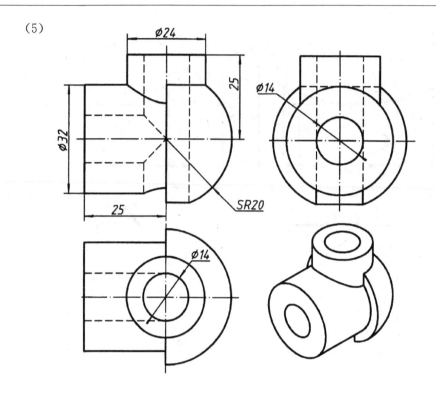

（6）

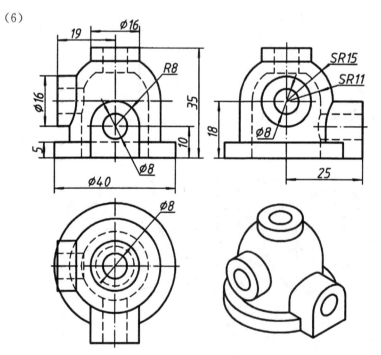

（7）

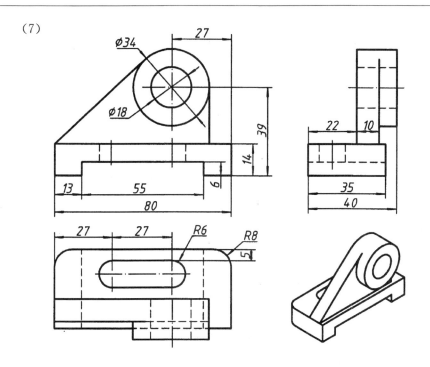

（8）

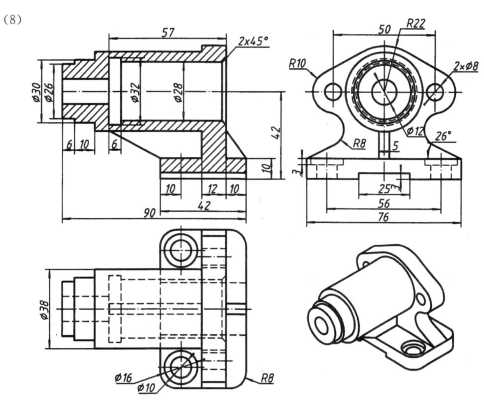

（9）

（10）

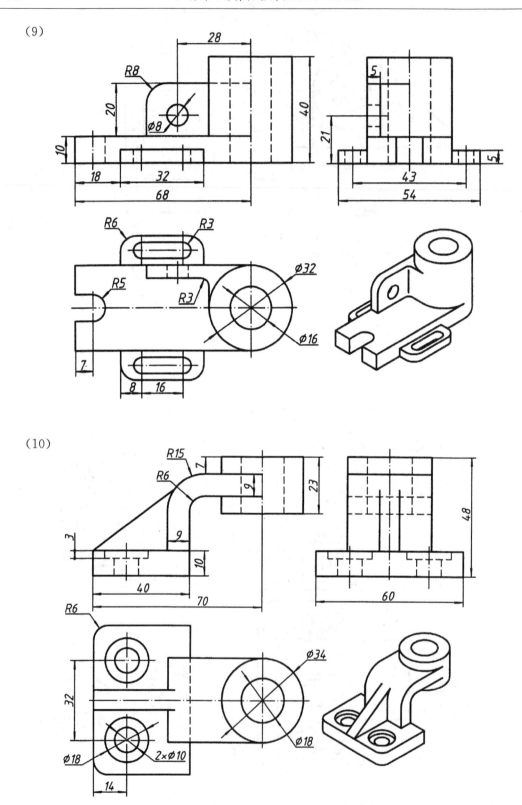

(11)

(12)

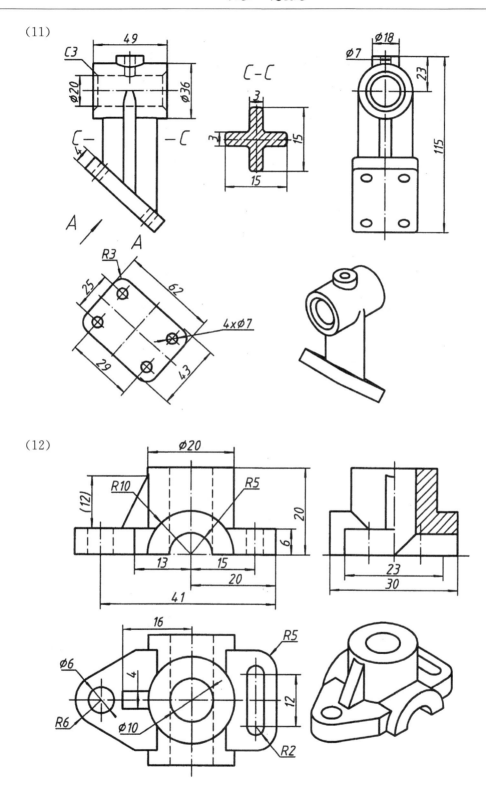

（13）

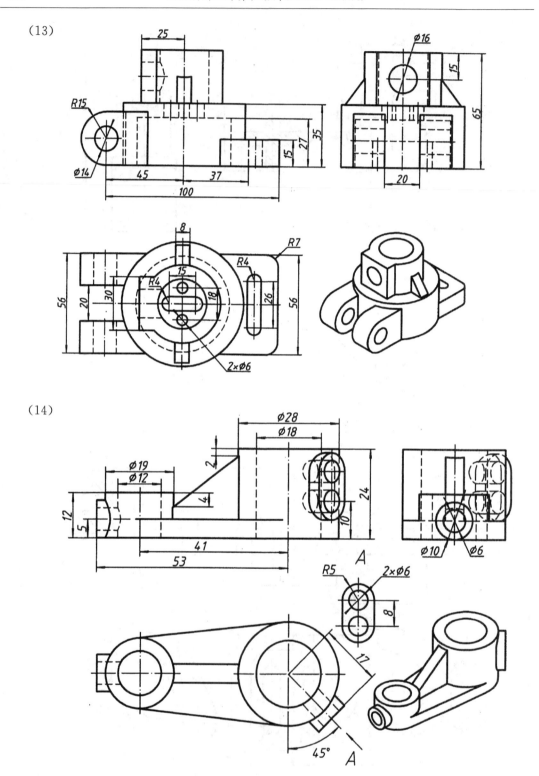

（14）

（15）

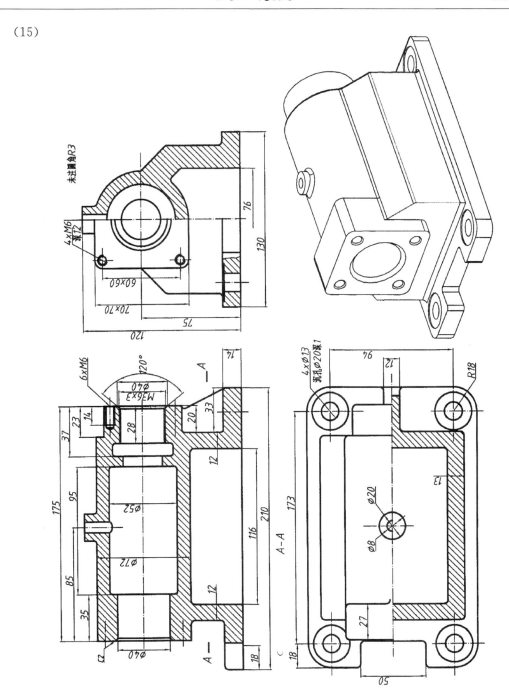

4. 画装配图或建模

作业说明：根据装配示意图和315~316页的零件图，绘制如图D-6所示的装配图，图纸幅面和比例自选。

回油阀工作原理：回油阀是液压回路中过压保护的一种部件，由13种零件构成。阀门2在弹簧3作用下通过90°锥面与阀体1密合，液体由下端流入，右端流出，构成回路。当回路压力过高，液体对阀门2的作用力大于弹簧3对阀门2的作用力时，将阀门顶起，左侧回路接油箱，液体经阀门2从右侧回路流到油箱。此时回路压力降低，阀门2下落，液体又从右侧流入左侧回路到油箱。调节阀杆5可调弹簧3压力大小，从而可以改变回油阀的额定工作压力值。

技术要求：

(1) 阀门装入阀体时，在自重作用下缓慢下降。

(2) 回油阀装配完成后需经油压试验，在196 000 Pa压力下，各装配表面无渗透现象。

(3) 阀体与阀门的密合面需经研磨配合。

(4) 调整回油阀弹簧使油路压力在147 000 Pa时回油阀即开始工作。

(5) 弹簧的主要参数：外径Φ2.5，节距7，有效圈数9，旋向右。

附零件图

6是螺钉，10、11、12是双头螺柱及螺母垫片，13是纸垫，均无图。

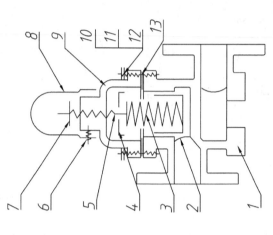

回油阀装配示意图

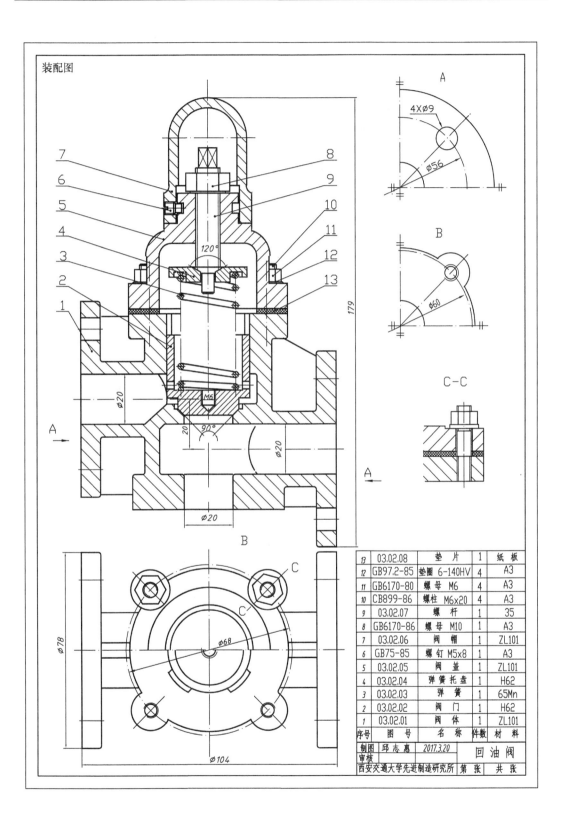

装配图

13	03.02.08	垫 片	1	纸 板
12	GB97.2-85	垫圈 6-140HV	4	A3
11	GB6170-80	螺 母 M6	4	A3
10	CB899-86	螺柱 M6×20	4	A3
9	03.02.07	螺 杆	1	35
8	GB6170-86	螺 母 M10	1	A3
7	03.02.06	阀 帽	1	ZL101
6	GB75-85	螺 钉 M5×8	1	A3
5	03.02.05	阀 盖	1	ZL101
4	03.02.04	弹簧托盘	1	H62
3	03.02.03	弹 簧	1	65Mn
2	03.02.02	阀 门	1	H62
1	03.02.01	阀 体	1	ZL101
序号	图 号	名 称	件数	材 料

制图	邱志惠	2017.3.20	回 油 阀	
审核				

西安交通大学先进制造研究所 | 第 张 | 共 张

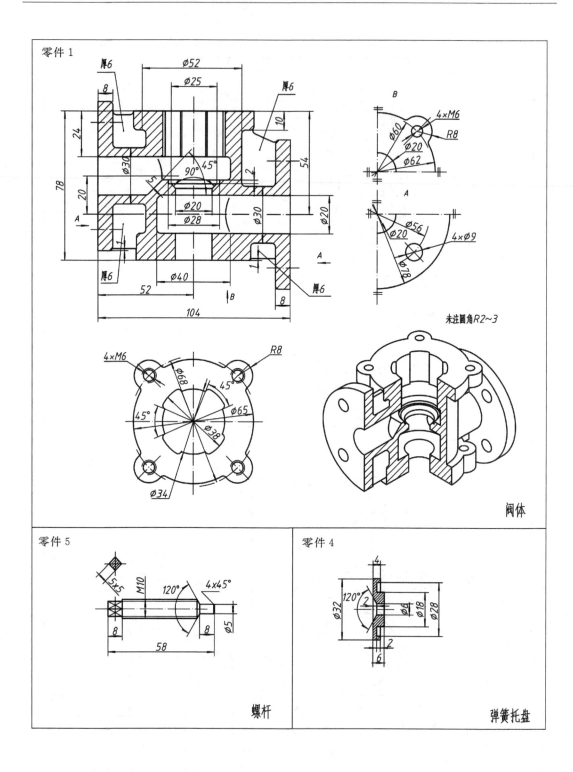

零件 1

阀体

未注圆角R2~3

零件 5

螺杆

零件 4

弹簧托盘

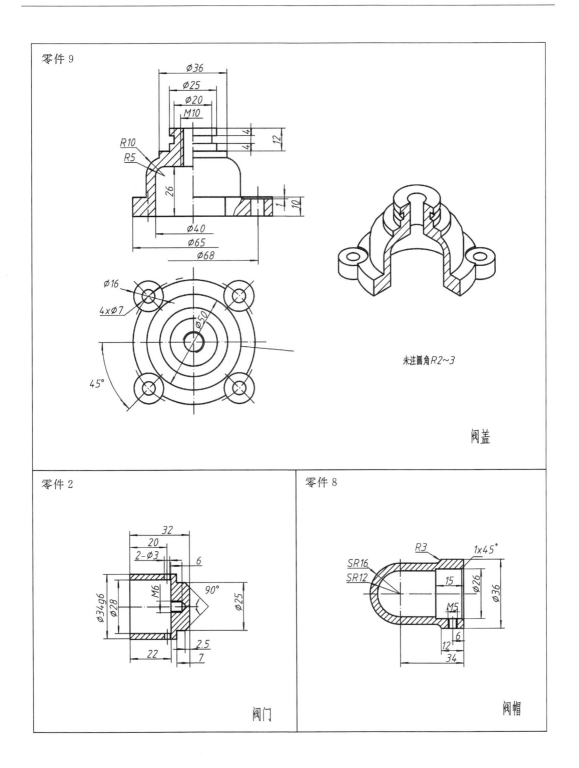

零件 9

Ø36
Ø25
Ø20
M10

R10
R5

26

Ø40
Ø65
Ø68

4

12

1
10

Ø16
4xØ7
Ø50
45°

未注圆角R2~3

阀盖

零件 2

32
20
2-Ø3
6

Ø34g6
Ø28
M6
90°
Ø25

2.5
22
7

阀门

零件 8

R3
1x45°
SR16
SR12
15
Ø26
Ø36
M5
12
6
34

阀帽

3.滑动轴承装配图练习

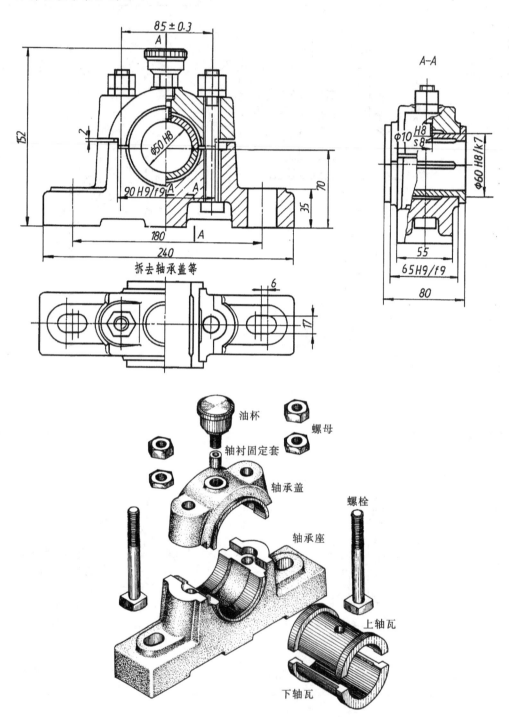

习题三　手工绘图或建模题

1. 用适当比例绘制平面立体的三视图或者计算机建立3D模型。

2. 用适当比例绘制层次类立体的三视图或者计算机建立3D模型。

3. 绘制具有截交线、相贯线模型的三视图或者计算机建立3D模型。

4. 绘制复杂组合立体的三视图或者计算机建立3D模型。

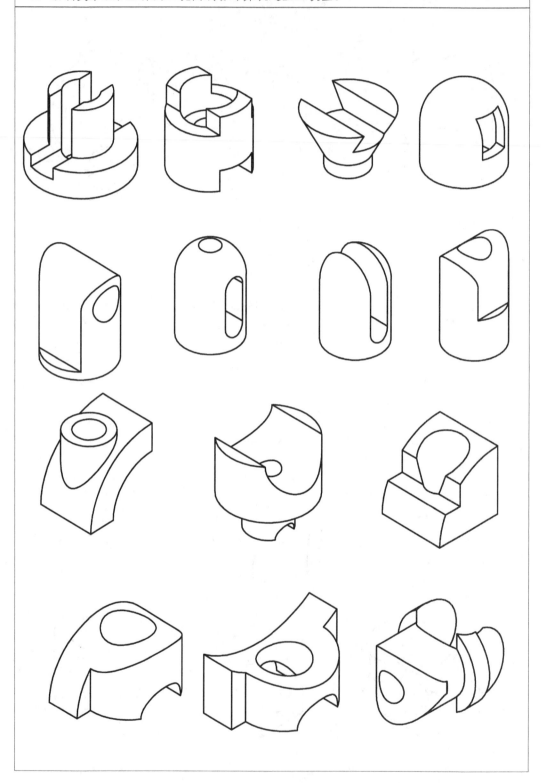

5. 绘制复杂组合立体的三视图或者计算机建立3D模型。

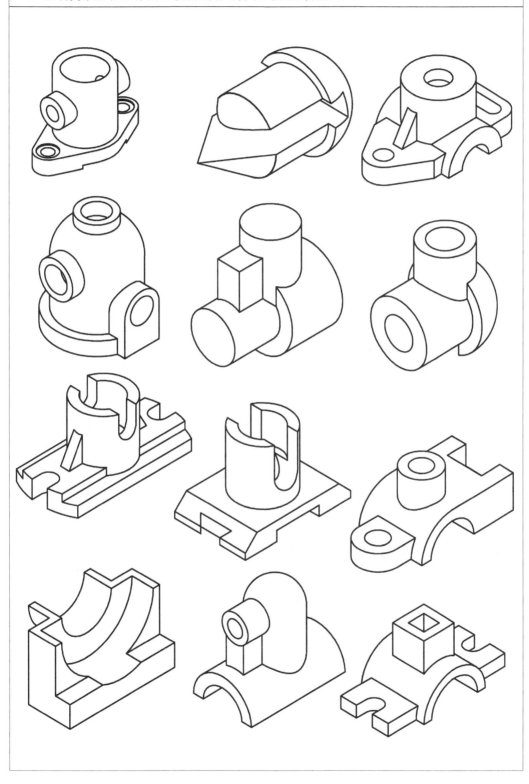

6. 绘制复杂组合体的三视图或者计算机建立3D模型。

7. 绘制简单组合体的三视图或者计算机建立3D模型。

8. 绘制图示立体的三视图或者计算机建立3D模型。

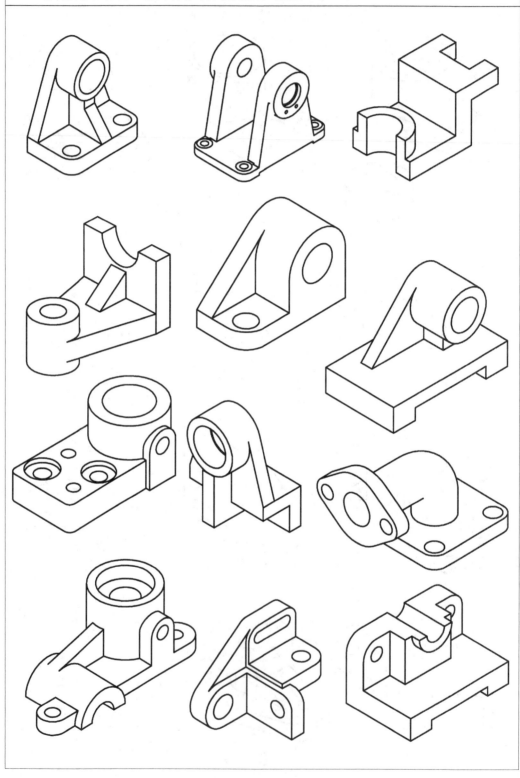

9. 绘制立体的三视图或者计算机建立3D模型。

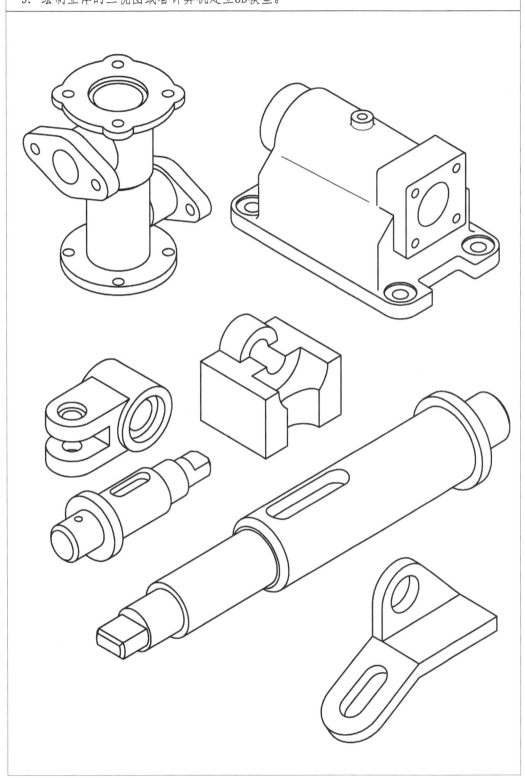

第四部分　附　录

附录 A   计算机绘图国家标准

《机械制图用计算机信息交换制图规则》GB/T 14665—93 中的制图规则适用于在计算机及其外围设备中显示、绘制、打印机械图样和有关技术文件时使用。

1. 图线的颜色和图层

计算机绘图图线颜色和图层的规定参见表 A-1。

表 A-1   计算机绘图图线颜色和图层的规定

图线名称及代号	线型样式	图线层名	图线颜色
粗实线 A	——————	01	白色
细实线 B	——————	02	红色
波浪线 C	∿∿∿	02	绿色
双折线 D	⌇⌇	02	蓝色
虚线 F	- - - - - -	04	黄色
细点画线 G	—·—·—·—	05	蓝绿/浅蓝
粗点画线 J	—·—·—	06	棕色
双点画线 K	—··—··—	07	粉红/橘红
尺寸线、尺寸界线及尺寸终端形式	⊢——⊣	08	—
参考圆	⊶→	09	—
剖面线	/////////	10	—
字体	ABCD 机械制图	11	—
尺寸公差	123±4	12	—
标题	KLMN 标题	13	—
其他用	其他	14、15、16	—

2. 图线

图线是组成图样的最基本要素之一,为了便于机械制图与计算机信息的交换,标准将 8 种线型(粗实线、粗点画线、细实线、波浪线、双折线、虚线、细点画线、双点画线)分为 5 组。一般 A0、A1 幅面采用第 3 组要求,A2、A3、A4 幅面采用第 4 组要求,具体数值参见表 A-2。

表 A‐2　计算机制图线宽的规定

组　别	1	2	3	4	5	一般用途
线宽 mm	2.0	1.4	1.0	0.7	0.5	粗实线、粗点画线
	0.7	0.5	0.35	0.25	0.18	细实线、波浪线、双折线、虚线、细点画线、双点画线

3.字体

字体是技术图样中的一个重要组成部分。标准(GB/T13362.4—92 和 GB/T13362.5—92)规定图样中书写的字体,必须做到:

字体端正　笔画清楚　间隔均匀　排列整齐

(1)字高:字体高度与图纸幅面之间的选用关系参见表 A‐3,该规定是为了保证当图样缩微或放大后,其图样上的字体和幅面总能满足标准要求而提出的。

表 A‐3　计算机制图字高的规定

字高　字体 ＼ 图幅	A0	A1	A2	A3	A4
汉　字	7	5	3.5	3.5	3.5
字母与数字	5	5	3.5	3.5	3.5

(2)汉字:输出时一般采用国家正式公布和推行的简化字。

(3)字母:一般应以斜体输出。

(4)数字:一般应以斜体输出。

(5)小数点:输出时应占一位,并位于中间靠下处。

附录 B 机械设计手册节选

一、螺纹

1.普通螺纹(摘自 GB/T 193—2003,GB/T 196—2003)

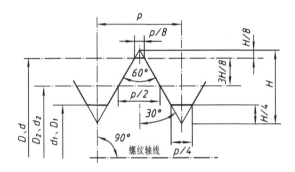

示例:公称直径为 24,螺距为 1.5 mm,右旋的细牙螺纹:M24×1.5

表 B-1 普通螺纹直径与螺距系列、公称尺寸

单位:mm

公称直径 D、d		螺距 P		粗牙小径 D_1、d_1	公称直径 D、d		螺距 P		粗牙小径 D_1、d_1
第一系列	第二系列	粗牙	细牙		第一系列	第二系列	粗牙	细牙	
3		0.5	0.35	2.459	36		4	3,2,1.5,(1)	31.670
	3.5	(0.6)		2.850		39			34.670
4		0.7	0.5	3.242	42		4.5	(4),3,2,1.5,(1)	37.129
	4.5	(0.75)		3.688		45			40.129
5		0.8		4.134	48		5		42.587
6		1	0.75,(0.5)	4.917		52			46.587

续表

公称直径 D、d		螺距 P		粗牙小径 D_1、d_1	公称直径 D、d		螺距 P		粗牙小径 D_1、d_1
第一系列	第二系列	粗牙	细牙		第一系列	第二系列	粗牙	细牙	
8		1.25	1,0.75,(0.5)	6.647	56		5.5		50.046
10		1.5	1.25,1,0.75,(0.5)	8.376		60			54.046
12		1.75	1.5,1.25,1,(0.75),(0.5)	10.106	64			4,3,2,1.5,(1)	57.505
	14	2	1.5,(1.25),1,(0.75),(0.5)	11.835		68			61.505
16			1.5,1,(0.75),(0.5)	13.835	72				65.505
	18	2.5	2,1.5,(0.75),(0.5)	15.294		76	6		69.505
20				17.194	80				73.505
	22			19.294		85			78.505
24		3	2,1.5,1,(0.75)	20.752	90			4,3,2	83.505
	27			23.752		95			88.505
30		3.5	(3),2,1.5,1,(0.75)	26.211	100				93.505
	33		(3),2,1.5,(1),(0.75)	29.211		115			108.505

注:(1)优先选用第一系列,括号内尺寸尽可能不用。

(2)中径 D_2、d_2 未列入,第三系列未列入。

(3)第三系列公称直径 D、d 为:5.5、9、11、15、17、25、26、28、32、35、38、40、50、55、58、62、65、70、75 等。

(4)M14×1.25 仅用于火花塞。

2. 梯形螺纹(摘自 GB/T 5796.2—2005,GB/T 5796.3—2005)

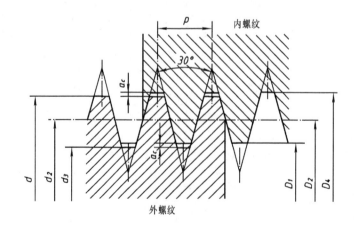

表 B-2　梯形螺纹直径与螺距系列、基本尺寸

单位:mm

d 公称直径		螺距 P	中径 $d_2=D_2$	大径 D_4	小径	
第一系列	第二系列				d_3	D_1
8		1.5*	7.25	8.30	6.20	6.50
	9	1.5	8.25	9.30	7.20	7.5
	9	2*	8.00	9.50	6.50	7.00
10		1.5	9.25	10.30	8.20	8.50
10		2*	9.00	10.50	7.50	8.00
	11	2*	10.00	11.50	8.50	9.00
	11	3	9.50	11.50	7.50	8.00
12		2	11.00	12.50	9.50	10.00
12		3*	10.50	12.50	8.50	9.00
	14	2	13.00	14.50	11.50	12.00
	14	3*	12.50	14.50	10.50	11.00
16		2	15.00	16.50	13.50	14.00
16		4*	14.00	16.50	11.50	12.00
	18	2	17.00	18.50	15.50	16.00
	18	4*	16.00	18.50	13.50	14.00
20		2	19.00	20.50	17.50	18.00
20		4*	18.00	20.50	15.50	16.00
	22	3	20.50	22.50	18.50	19.00
	22	5*	19.50	22.50	16.50	17.00
	22	8	18.00	23.00	13.00	14.00
24		3	22.50	24.50	20.50	21.00
24		5*	21.50	24.50	18.50	19.00
24		8	20.00	25.00	15.00	16.00
	26	3	24.50	26.50	22.50	23.00
	26	5*	23.50	26.50	20.50	21.00
	26	8	22.00	27.00	17.00	18.00
28		3	26.50	28.50	24.50	25.00
28		5*	25.50	28.50	22.50	23.00
28		8	24.00	29.00	19.00	20.00
	30	3	28.50	30.50	26.50	27.00
	30	6*	27.00	31.00	23.00	24.00
	30	10	25.00	31.00	19.00	20.00
32		3	30.50	32.50	28.50	29.00
32		6*	29.00	33.00	25.00	26.00
32		10	27.00	33.00	21.00	22.00
	34	3	32.50	34.50	30.50	31.00
	34	6*	31.00	35.00	27.00	28.00
	34	10	29.00	35.00	23.00	24.00
36		3	34.50	36.50	32.50	33.00
36		6*	33.00	37.00	29.00	30.00
36		10	31.00	37.00	25.00	26.00
	38	3	36.50	38.50	34.50	35.00
	38	7*	34.50	39.00	30.00	31.00
	38	10	33.00	39.00	27.00	28.00
40		3	38.50	40.50	36.50	37.00
40		7*	36.50	41.00	32.00	33.00
40		10	35.00	41.00	29.00	30.00

注:(1)牙顶间隙 a_c:当 $P=0.5$ 时,$a_c=0.15$;当 $P=2\sim5$ 时,$a_c=0.25$;当 $P=6\sim12$ 时,$a_c=0.5$;当 $P=14\sim40$ 时,$a_c=1$;

(2)优先选用第一系列,括号内尺寸尽可能不用。

(3)带"*"为优先选用的螺距。

3.55°非螺纹密封的管螺纹（摘自 GB/T 7307—2001）

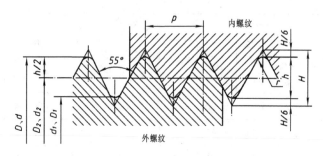

表 B - 3　55°非螺纹密封的管螺纹基本尺寸

单位：mm

尺寸标记	每 25.4 mm 内的牙数 n	螺距 P	牙高 H	圆弧半径 r	基本直径		
					大径 $d=D$	中径 $d_2=D_2$	小径 $d_1=D_1$
1/16	28	0.907	0.581	0.125	7.723	7.142	6.561
1/8	28	0.907	0.581	0.125	9.728	9.142	8.566
1/4	19	1.337	0.856	0.184	13.157	12.301	11.445
3/8	19	1.337	0.856	0.184	16.662	15.806	14.950
1/2	14	1.814	1.162	0.249	20.955	19.793	18.631
5/8	14	1.814	1.162	0.249	22.911	21.749	20.587
3/4	14	1.814	1.162	0.249	26.441	25.279	24.117
7/8	14	1.814	1.162	0.249	30.201	29.039	27.877
1	11	2.309	1.479	0.317	33.249	31.770	30.291
1 1/3	11	2.309	1.479	0.317	37.897	36.418	34.939
1 1/2	11	2.309	1.479	0.317	41.910	40.431	38.952
1 2/3	11	2.309	1.479	0.317	47.803	46.324	44.845
1 3/4	11	2.309	1.479	0.317	53.746	52.267	50.788
2	11	2.309	1.479	0.317	59.614	58.135	56.656
2 1/4	11	2.309	1.479	0.317	65.710	64.231	62.752
2 1/2	11	2.309	1.479	0.317	75.184	73.705	72.226
2 3/4	11	2.309	1.479	0.317	81.534	80.055	78.576
3	11	2.309	1.479	0.317	87.844	86.405	84.926
3 1/2	11	2.309	1.479	0.317	100.330	98.851	97.372
4	11	2.309	1.479	0.317	113.030	111.551	110.072
4 1/2	11	2.309	1.479	0.317	125.730	124.251	122.772
5	11	2.309	1.479	0.317	138.430	136.951	135.472
5 1/2	11	2.309	1.479	0.317	151.130	149.651	148.172
6	11	2.309	1.479	0.317	163.830	162.351	160.872

注：(1)本标准适用于管接头、旋塞、阀门及其附件。

　　(2)尺寸标记单位为英寸，是管子的内径。

4. 锯齿形螺纹(摘自 GB/T 13576.1—2008,13576.2—2008)

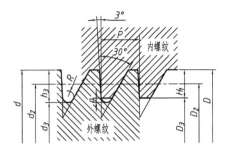

表 B-4　锯齿形螺纹直径与螺距系列、基本尺寸

单位:mm

d 公称直径 (第一系列)	d 公称直径 (第二系列)	螺距 P	中径 $d_2=D_2$	小径 d_3	小径 D_3	d 公称直径 (第一系列)	d 公称直径 (第二系列)	螺距 P	中径 $d_2=D_2$	小径 d_3	小径 D_3
10		2 *	8.5	6.529	7			3	27.75	24.793	25.5
12		2	10.5	8.529	9		30	6 *	25.5	19.587	21
12		3 *	9.75	6.793	7.5			10	22.5	13.645	15
	14	2	12.5	10.529	11			3	29.75	26.793	27.5
	14	3 *	11.75	8.793	9.5	32		6 *	27.5	21.587	23
16		2	14.5	12.529	13			10	24.5	15.645	17
16		4 *	13	9.063	10			3	31.75	28.793	29.5
	18	2	16.5	14.529	15		34	6 *	29.5	23.587	25
	18	4 *	15	11.063	12			10	26.5	17.645	19
20		2	18.5	16.529	17			3	33.75	30.793	31.5
20		4 *	17	13.063	14	36		6 *	31.5	25.587	27
	22	3	19.75	16.793	17.5			10	28.5	19.645	21
	22	5 *	18.25	13.322	14.5			3	35.75	32.793	33.5
	22	8	16	8.116	10		38	7 *	32.75	25.852	27.5
24		3	21.75	18.793	19.5			10	30.5	21.645	23
24		5 *	20.25	15.322	16.5			3	37.75	34.793	35.5
24		8	18	10.116	12	40		7 *	34.75	27.852	29.5
	26	3	23.75	20.793	21.5			10	32.5	23.645	25
	26	5 *	22.25	17.322	18.5			3	39.75	36.793	37.5
	26	8	20	12.116	14		42	7 *	36.75	29.852	31.5
28		3	25.75	22.793	23.5			10	34.5	25.645	27
28		5 *	24.25	19.322	20.5			3	41.75	38.793	39.5
28		8	22	14.116	16	44		7 *	38.75	31.852	33.5

注:带"＊"为优先选用的螺距。

二、常用的标准件

1.六角头螺栓

六角头螺栓—C 级（摘自 GB/T 5780—2000）　　　　六角头螺栓—A 和 B 级（摘自 GB/T 5782—2000）

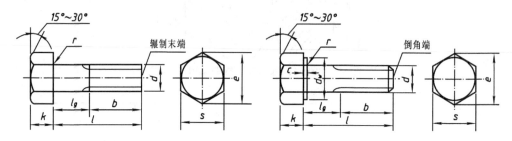

表 B - 5　六角头螺栓基本尺寸

单位:mm

螺纹规格 d			M3	M4	M5	M6	M8	M10	M12	M16	M20	M24	M30
b(参考)		$l\leqslant125$	12	14	16	18	22	26	30	38	46	54	66
		$125<l\leqslant200$	18	20	22	24	28	32	36	44	52	60	72
		$l>200$	31	33	35	37	41	45	49	57	65	73	85
c		min	0.15						0.2				
		max	0.4		0.5		0.6			0.8			
$d_{\mathrm w}$	产品等级	A	4.57	5.88	6.88	8.88	11.63	14.63	16.63	22.49	28.19	33.61	—
		B、C	4.45	5.74	6.74	8.74	11.47	14.47	16.47	22	27.7	33.25	42.75
e	产品等级	A	6.01	7.66	8.79	11.05	14.38	17.77	20.03	26.75	33.53	39.98	—
		B、C	5.88	7.50	6.63	10.89	14.20	17.59	19.85	26.17	32.95	39.55	50.85
k(公称)			2	2.8	3.5	4	5.3	6.4	7.5	10	12.5	15	18.7
r			0.1	0.2	0.2	0.25	0.4	0.4	0.6	0.6	0.8	0.8	1
s(公称)			5.5	7	8	10	13	16	18	24	30	36	46
l(商品规格范围)			20～30	25～40	25～50	30～60	40～80	45～100	50～120	65～160	80～200	90～240	110～300
l(系列)			10,12,16,20,25,30,35,40,45,50,55,60,65,70,80,90,100,110,120,130,140,150,160,180,200,220,240,260,280,300,320,340,360,380,400,420,440,480,500										

注:(1)A 级用于 $d\leqslant24$,$l\leqslant10d$ 或 $l\leqslant150$ mm 的螺栓,B 级用于 $d>24$,$l>10d$ 或 $l>150$ mm 的螺栓。

　　(2)螺纹规格 d 范围:GB/T 5780 为 M5～M64,GB/T 5782 为 M1.6～M64。

　　(3)公称长度范围:GB/T 5780 为 25～500,GB/T 5782 为 12～500。

2. 双头螺柱

$b_m = 1d$ (GB/T897—1988);$b_m = 1.25d$ (GB/T898—1988);

$b_m = 1.5d$ (GB/T899—1988);$b_m = 2d$ (GB/T900—1988);

A 型   B 型

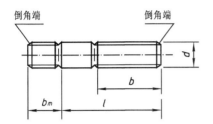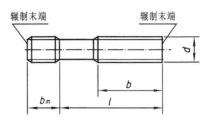

表 B - 6 双头螺柱基本尺寸(摘自 GB/T897—1988、GB/T 898—1988、GB/T 899—1988、GB/T 900—1988)

单位:mm

螺纹规格 d	b_m				l/b
	GB897 —1988	GB898 —1988	GB899 —1988	GB900 —1988	
M2			3	4	(12~16)/6,(18~25)/10
M2.5			3.5	5	(14~18)/8,(20~30)/11
M3			4.5	6	(16~20)/6,(22~40)/12
M4			6	8	(16~22)/8,(25~40)/14
M5	5	6	8	10	(16~22)/10,(25~50)/16
M6	6	8	10	12	(18~22)/10,(25~30)/14,(32~75)/18
M8	8	10	12	16	(18~22)/12,(25~30)/16,(32~90)/22
M10	10	12	15	20	(25~28)/14,(30~38)/16,(40~120)/26,130/32
M12	12	15	18	24	(25~30)/16,(32~40)/20,(45~120)/30,(130~180)/36
(M14)	14	18	21	28	(30~35)/18,(38~45)/25,(50~120)/34,(130~180)/40
M16	16	20	24	32	(30~38)/20,(40~55)/30,(60~120)/38,(130~200)/44
(M18)	18	22	27	36	(35~40)/22,(45~60)/35,(65~120)/42,(130~200)/48
M20	20	25	30	40	(35~40)/25,(45~65)/35,(70~120)/46,(130~200)/52
(M22)	22	28	33	44	(40~45)/30,(50~70)/40,(75~120)/50,(130~200)/56
M24	24	30	36	48	(45~50)/30,(55~75)/45,(80~120)/54,(130~200)/60
(M27)	27	35	40	54	(50~60)/35,(65~85)/50,(90~120)/60,(130~200)/66
M30	30	38	45	60	(60~65)/45,(70~90)/50,(95~120)/60,(130~200)/72,(210~250)/85

续表

螺纹 规格 d	b_m				l/b
	GB897 —1988	GB898 —1988	GB899 —1988	GB900 —1988	
M36	36	45	54	72	$(65\sim75)/45,(80\sim110)/60,120/78,$ $(130\sim200)/84,(210\sim300)/97$
M42	42	52	63	84	$(70\sim80)/50,(85\sim110)/70,120/90,$ $(130\sim200)/96,(210\sim300)/109$
M48	48	60	72	96	$(80\sim90)/60,(95\sim110)/80,120/102,$ $(130\sim200)/108,(210\sim300)/121$
l（系列）	12,(14),16,(18),20,(22),25,(28),30,(32),35,(38),40,45,50,55,60,65,70,75,80,85,90, 95,100,110,120,130,140,150,160,170,180,190,200,210,220,230,240,250,260,280,300				

3. 螺钉

1）开槽螺钉

开槽圆柱头螺钉（GB/T 65—2000）

开槽盘头螺钉（GB/T 67—2000）　　　　　　　开槽沉头螺钉（GB/T 68—2000）

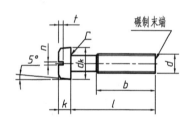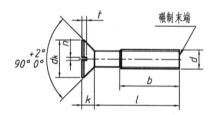

标记示例

螺纹规格 d＝M5，公称长度 l＝20 mm，性能等级为 4.8 级、不经表面处理的 A 级开槽圆柱头螺钉：

螺钉　GB/T65—2000　M5×20。

表 B-7　开槽螺钉（摘自 GB/T 65—2000、GB/T 68—2000、GB/T 67—2000）

单位：mm

螺纹规格 d		M1.6	M2	M2.5	M3	M4	M5	M6	M8	M10
GB/T 65	$d_{k\max}$	3	3.8	4.5	5.5	7	8.5	10	13	16
	$k_{\max}$	1.1	1.4	1.8	2.0	2.6	3.3	3.9	5	6
	$T_{\min}$	0.45	0.6	0.7	0.85	1.1	1.3	1.6	2	2.4
	$r_{\min}$	0.1				0.2		0.25	0.4	
	l	2～16	3～20	3～25	4～30	5～40	6～50	8～60	10～80	12～80

续表

螺纹规格 d		M1.6	M2	M2.5	M3	M4	M5	M6	M8	M10
GB/T 67	d_{kmax}	3.2	4	5	5.6	8	9.5	12	16	20
	k_{max}	1	1.3	1.5	1.8	2.4	3	3.6	4.8	6
	t_{min}	0.35	1.5	0.6	0.7	1	1.2	1.4	1.9	2.4
	r_{min}	0.1				0.2		0.25	0.4	
	l	2~16	2.5~20	3~25	4~30	5~40	6~50	8~60	10~80	12~80
GB/T 68	d_{kmax}	3	3.8	4.7	5.5	8.4	9.3	11.3	15.8	18.3
	k_{max}	1	1.2	1.5	1.65	2.7	2.7	3.3	4.65	5
	t_{min}	0.32	0.4	0.5	0.6	1	1.1	1.2	1.8	2
	r_{min}	0.4	0.5	0.6	0.8	1	1.3	1.5	2	2.5
	l	2.5~16	3~20	4~25	5~30	6~40	8~50	8~60	10~80	12~80
螺距 P		0.35	0.4	0.45	0.5	0.7	0.8	1	1.25	1.5
N		0.4	0.5	0.6	0.8	1.2	1.2	1.6	2	2.5
B		25				38				
l(系列)		2,2.5,3,4,5,6,8,10,12,(14),16,20,25,30,35,40,45,50,(55),60,(65),70,(75),80(GB/T 65 无 $l=2.5$;GB/T 68 无 $l=2$)								

注:(1)括号内规格尽可能不采用。

(2)M1.6~M3 的螺钉,当 $l<30$ 时,制出全螺纹;对于开槽圆柱头螺钉和开槽盘头螺钉,M4~M10 的螺钉,当 $l<40$ 时,制出全螺纹;对于开槽沉头螺钉,M4~M10 的螺钉,当 $l<45$ 时,制出全螺纹。

2)内六角圆柱头螺钉(GB/T 70.1—2000)

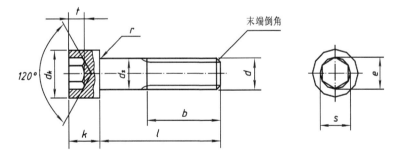

标记示例:

螺纹规格 d=M5,公称长度 l=20 mm,性能等级为 8.8 级、表面氧化的 A 级内六方圆柱头螺钉:

螺钉 GB/T 70.1—2000 M5×20

表 B‑8　内六角圆柱头螺钉(GB/T 70.1—2000)

单位:mm

螺纹规格 d	M2.5	M3	M4	M5	M6	M8	M10	M12	M16	M20	M24	M30
螺距 p	0.45	0.5	0.7	0.8	1	1.25	1.5	1.75	2	2.5	3	3.5
d_{kmax}（光滑头部）	4.5	5.5	7	8.5	10	13	16	18	24	30	36	45
d_{kmax}（滚花头部）	4.68	5.68	7.22	8.72	10.22	13.27	16.33	18.27	24.33	30.33	36.39	45.39
d_{kmin}	4.32	5.32	6.78	8.28	9.78	12.73	15.73	17.73	23.67	29.67	35.61	44.61
k_{max}	2.5	3	4	5	6	8	10	16	16	20	24	30
k_{min}	2.36	2.86	3.82	4.82	5.7	7.64	9.64	15.57	15.57	19.48	23.48	29.48
t_{min}	1.1	1.3	2	2.5	3	4	5	6	8	10	12	15.5
r_{min}	0.1	0.1	0.2	0.2	0.25	0.4	0.4	0.6	0.6	0.8	0.8	1
$S_{公称}$	2	2.5	3	4	5	6	8	10	14	17	19	22
e_{min}	2.3	2.9	3.4	4.6	5.7	6.9	9.2	11.4	16	19	21.7	25.2
$b_{参考}$	17	18	20	22	24	28	32	36	44	52	60	72
公称长度 l	4~25	5~30	6~40	8~50	10~60	12~80	16~100	20~120	25~160	30~200	40~200	45~200
l 系列	2.5,3,4,5,6,8,10,12,16,20,25,30,35,40,45,50,55,60,65,70,80,90,100,110,120,130,140,150,160,180,200											

注:(1)括号内规格尽可能不采用。

(2)M2.5~M3 的螺钉,当 $l<20$ 时,制出全螺纹;M4~M5 的螺钉,当 $l<25$ 时,制出全螺纹;M6 的螺钉,当 $l<30$ 时,制出全螺纹;对于 M8 的螺钉,当 $l<35$ 时,制出全螺纹;对于 M10 的螺钉,当 $l<40$ 时,制出全螺纹;M12 的螺钉,当 $l<50$ 时,制出全螺纹;M16 的螺钉,当 $l<60$ 时,制出全螺纹。

3)开槽紧定螺钉

<table>
<tr><td>开槽锥端紧定螺钉
(摘自 GB/T71—1985)</td><td>开槽平端紧定螺钉
(摘自 GB/T73—1985)</td><td>开槽长圆柱端紧定螺钉
(摘自 GB/T75—1985)</td></tr>
</table>

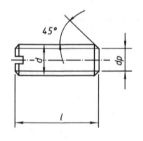

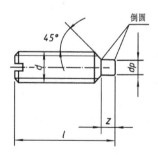

U(不完整螺纹长度)$<2P$, P——螺距

标记示例:

螺纹规格 $d=$M5,公称长度 $l=12$ mm,性能等级为 14H 级、表面氧化的 A 级开槽锥端紧定螺钉:

螺钉　GB/T 71—2008　M5$\times$12

表 B - 9　开槽紧定螺钉(GB/T 71—1985、GB/T 73—1985、GB/T 74—1985、GB/T 75—1985)

单位:mm

螺纹规格 d		M1.2	M1.6	M2	M2.5	M3	M4	M5	M6	M8	M10	M12
螺距 P		0.25	0.35	0.4	0.45	0.5	0.7	0.8	1	1.25	1.5	1.75
n		0.2	0.25		0.4		0.6	0.8	1	1.2	1.6	2
d_f	max	≈螺纹小径										
t	max	0.52	0.74	0.84	0.95	1.05	1.42	1.63	2	2.5	3	3.6
	min	0.4	0.56	0.64	0.72	0.8	1.12	1.28	1.6	2	2.4	2.8
d_z	max	+	0.8	1	1.2	1.4	2	2.5	3	5	6	8
d_t	max	+	0.2	0.2	0.3	0.3	0.4	0.5	1.5	2	2.5	3
d_p	max	0.6	0.8	1	1.5	2	2.5	3.5	4	5.5	7	8.5
Z	max	+	1.05	1.25	1.50	1.75	2.25	2.75	3.25	4.30	5.30	6.30
公称长度范围 l	GB/T 71—2008	2~6	2~8	3~10	3~12	4~16	6~20	8~25	8~30	10~40	12~50	14~60
	GB/T 73—1985	2~6	2~8	2~10	2.5~12	3~16	4~20	5~25	6~30	8~40	10~50	12~60
	GB/T 74—1985	+	2~8	2.5~10	3~12	3~16	4~20	5~25	6~30	8~40	10~50	12~60
	GB/T 75—1985	+	2.5~8	3~10	4~12	5~16	6~20	8~25	8~30	10~40	12~50	14~60
l 系列		2,2.5,3,4,5,6,8,10,12,(14),16,20,25,30,35,40,45,50,(55),60										

4. 螺母

1)六角螺母

1 型六角螺母—A 和 B 级(摘自 GB/T6170—2000)

1 型六角螺母—细牙—A 和 B 级(摘自 GB/T6171—2000)

1 型六角螺母—C 级(摘自 GB/T41—2000)

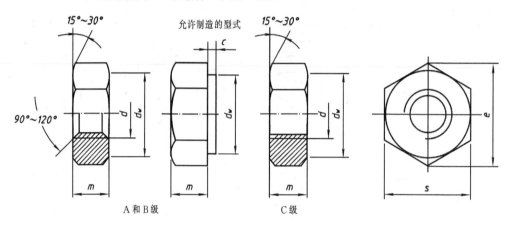

A 和 B 级　　　　　　　　C 级

标记示例:

螺纹规格 D＝M12,性能等级为 10 级、不经表面处理、A 级的 Ⅰ 型六角螺母:

螺母 GB/T 6170—2000　M12

表 B-10　六角螺母(摘自 GB/T 41—2000、GB/T 6170—2000、

GB/T 6172. 1—2000、GB/T 6173—2000)

单位:mm

螺纹规格 d	d	M4	M5	M6	M8	M10	M12	M16	M20	M24	M30	M36	M42	M48
	$d \times P$	—	—	—	M8 ×1	M10 ×1	M12 ×1.5	M16 ×1.5	M20 ×2	M24 ×2	M30 ×2	M36 ×3	M42 ×3	M48 ×3
c		0.4	0.5		0.6			0.8					1	
s_{min}		7	8	10	13	16	18	24	30	36	46	55	65	75
s_{max}	A、B 级	7.66	8.79	11.05	14.38	17.77	20.03	26.75	32.95	39.55	50.58	60.79	72.02	82.6
	C 级	—	8.63	10.89	14.2	17.59	19.85	26.17	32.95	39.55	50.85	60.79	72.02	82.6
m_{max}	A、B 级	3.2	4.7	5.2	6.8	8.4	10.8	14.8	18	21.5	25.6	31	34	38
	C 级	—	5.6	6.1	7.9	9.5	12.2	15.9	18.7	22.3	26.4	31.5	34.9	38.9
d_{wmin}	A、B 级	5.9	6.9	8.9	11.6	14.6	16.6	22.5	27.7	33.2	42.7	51.1	60.6	69.4
	C 级	—	6.9	8.7	11.5	14.5	16.5	22	27.7	33.2	42.7	51.1	60.6	69.4

注:(1)P—螺距。

　　(2)A 级用于 $d \leqslant 16$ 的螺母;B 级用于 $d > 16$ 的螺母;C 级用于 $d \geqslant 5$ 的螺母。

　　(3)螺纹公差:A、B 级为 6H,C 级为 7H;力学性能等级:A、B 级为 6、8、10 级,C 级为 4、5 级。

2)六角开槽螺母

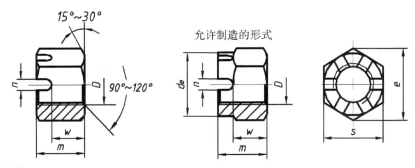

允许制造的形式

标记示例:

螺纹规格 D＝M12,性能等级为 8 级、表面氧化处理、A 级的 1 型六角开槽螺母:

螺母 GB/T 6178—1986 M12

表 B - 11　六角开槽螺母(摘自 GB/T 6178—1986、GB/T 6179—1986、GB/T 6181—1986)

单位:mm

螺纹规格 D		M4	M5	M6	M8	M10	M12	M16	M20	M24	M30	M36
n	min	1.2	1.4	2	2.5	2.8	3.5	4.5	4.5	5.5	7	7
e	min	7.66	8.79	11.05	14.38	17.77	20.03	26.75	32.95	39.55	50.85	60.79
d_e	max	—	—	—	—	—	—	—	28	34	42	50
	min	—	—	—	—	—	—	—	27.16	33	41	49
s	max	7	8	10	13	16	18	24	30	36	46	55
	min	6.78	7.78	9.78	12.73	15.73	17.73	23.67	29.16	35	45	53.8
m_{max}	GB/T6178	5	6.7	7.7	9.8	12.4	15.8	20.8	24	29.5	34.6	40
	GB/T6179	—	7.6	8.9	10.9	13.5	17.2	21.9	25	30.3	35.4	40.9
	GB/T6181	—	5.1	5.7	7.5	9.3	12	16.4	20.3	23.9	28.6	34.7
w_{max}	GB/T6178	3.2	4.7	5.2	6.8	8.4	10.8	14.8	18	21.5	25.6	31
	GB/T6179	—	5.6	6.4	7.9	9.5	12.17	15.9	19	22.3	26.4	31.9
	GB/T6181	—	3.1	3.5	4.5	5.3	7.0	10.4	14.3	15.9	19.6	25.7
开口销		1× 10	1.2× 12	1.6× 14	2× 16	2.5× 20	3.2× 22	4× 28	4× 36	4× 40	6.3× 50	6.3× 65

注:1. A 级用于 $D \leqslant 16$ 的螺母。

　　2. B 级用于 $D > 16$ 的螺母。

5. 垫圈

1)平垫圈

平垫圈 A 级GB/T 97.1—2002　　　　　　平垫圈倒角型 A 级 GB/T 97.2—2002

小垫圈 A 级GB/T 848—2002　　　　　　平垫圈 C 级 GB/T 95—2002

大垫圈 C 级 GB/T 96.2—2002　　　　　　　　特大垫圈 C 级 GB/T5287—2002

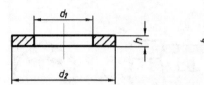 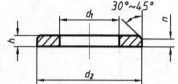

$$n=(0.25\sim0.5)h$$

标记示例:

标准系列、公称尺寸 $d=8$ mm、性能等级为 140HV 级、不经表面处理的平垫圈:

平垫圈 GB/T 97.2—2002　8～140HV

表 B-12　平垫圈(摘自 GB/T 97.1—2002、GB/T 97.2—2002、GB/T 848—2002、

GB/T 95—2002、　GB/T 96.2—2002、　GB/T 5287—2002)

单位:mm

螺纹大径 d		1.6	2	2.5	3	4	5	6	8	10	12	16	20	24	30	36
GB/T 97.1	d_1	1.7	2.2	2.7	3.2	4.3	5.3	6.4	8.4	10.5	13	17	21	25	31	37
	d_2	4	5	6	7	9	10	12	16	20	24	30	37	44	56	66
	h	0.3			0.5		0.8	1		1.6		2	2.5		3		4		5
GB/T 97.2	d_1	—					5.3	6.4	8.4	10.5	13	17	21	25	31	37
	d_2	—					10	12	16	20	24	30	37	44	56	66
	h	—					1		1.6		2	2.5		3		4		5
GB/T 848	d_1	1.7	2.2	2.7	3.2	4.3	5.3	6.4	8.4	10.5	13	17	21	25	31	37
	d_2	3.5	4.5	5	6	8	9	11	15	18	20	28	34	39	50	60
	h	0.3			0.5		0.8	1		1.6		2	2.5		3		4		5
GB/T 95	d_1	—			3.2	4.5	5.5	6.5	9	11	13.5	17.5	22	26	33	39
	d_2	—			7	9	10	12	16	20	24	30	37	44	56	66
	h	—			0.5	0.8	1		1.6		2	2.5		3		4		5
GB/T 96.2	d_1	—			3.2	4.5	5.5	6.6	9	11	13.5	17.5	22	26	33	39
	d_2	—			9	12	15	18	24	30	37	50	60	72	92	110
	h	—			0.8	1		1.6		2	2.5		3		4	5	6	8
GB/T 5287	d_1	—					5.5	6.6	9	11	13.5	17.5	22	26	33	39
	d_2	—					18	22	28	34	44	50	72	85	105	125
	h	—					2			3		4	5		6			8

注:(1)垫圈上下面有表面粗糙度要求,其余表面无粗糙度要求。当 $h{\leqslant}3$ 时,上下表面的 $Ra=1.6$ 时;

当 $3{\leqslant}h{\leqslant}6,Ra=3.2$;当 $h{>}6$ 时,$Ra=6.3$。

(2)GB/T 848 垫圈主要用于带圆柱头的螺钉,其他用于标准的六角螺栓、螺钉和螺母。

(3)GB/T 97.2 和 GB/T 5287 垫圈,d 范围为 5～36 mm。

2)标准型弹簧垫圈(摘自 GB/T 93—1987、GB/T 859—1987)

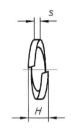  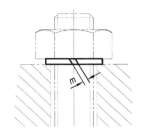

标记示例：

规格为 16 mm、材料为 65Mn，表面氧化的标准型弹簧垫圈：

垫圈 GB/T 93—1987 16

表 B-13 弹簧垫圈

单位:mm

螺纹规格 d	d_1	s		H_{max}		b		$m \leqslant$	
		GB/T93	GB/T859	GB/T93	GB/T859	GB/T93	GB/T859	GB/T93	GB/T859
3	3.1	0.8	0.6	2	1.5	0.8	1	0.4	0.3
4	4.1	1.1	0.8	2.75	2	1.1	1.2	0.55	0.4
5	5.1	1.3	1.1	3.25	2.75	1.3	1.5	0.65	0.55
6	6.1	1.6	1.3	4	3.25	1.6	2	0.8	0.65
8	8.1	2.1	1.6	5.25	4	2.1	2.5	1.05	0.8
10	10.2	2.6	2	6.5	5	2.6	3	1.3	1
12	12.2	3.1	2.5	7.25	6.25	3.1	3.5	1.55	1.25
(14)	14.2	3.6	3	9	7.5	3.6	4	1.8	1.5
16	16.2	4.1	3.2	10.25	8	4.1	4.5	2.05	1.6
(18)	18.2	4.5	3.6	11.25	9	4.5	5	2.25	1.8
20	20.2	5	4	12.25	10	5	5.5	2.5	2
(22)	22.5	5.5	4.5	13.75	11.25	5.5	6	2.75	2.25
24	24.5	6	5	15	12.25	6	7	3	2.5
(27)	27.5	6.8	5.5	17	13.75	6.8	8	3.4	2.75
30	30.5	7.5	6	18.75	15	7.5	9	3.75	3
(33)	33.5	8.5	—	21.75	—	8.5	—	4.25	—
36	36.5	9	—	22.5	—	9	—	4.5	—
(39)	39.5	10	—	25	—	10	—	5	—
42	42.5	10.5	—	26.25	—	10.5	—	5.25	—
(45)	45.5	11	—	27.5	—	11	—	5.5	—
48	48.5	12	—	30	—	12	—	6	—

注:(1)括号内规格尽可能不采用。

(2)m 应大于 0。

6. 键(摘自 GB/T 1095—2003)

(1)键和键槽的剖面尺寸(GB/T 1095—2003)

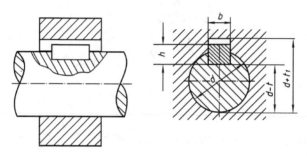

表 B‑14　键和键槽的剖面尺寸

轴	键	键槽										
		公称	宽度 b					深度				半径 r
				偏差				轴 t		毂 t_1		
公称直径 d (参考)	公称尺寸 b×h		较松键连接		一般键连接		较紧键连接					
			轴 H9	毂 D10	轴 N9	毂 Js10	轴和毂 P9	公称	偏差	公称	偏差	
>6～8	2×2	2	+0.025	+0.060	−0.004	±0.0125	−0.006	1.2		1		
>8～10	3×3	3	0	+0.020	−0.029		−0.031	1.8		1.4		0.08 ～ 0.16
>10～12	4×4	4	+0.030	+0.078	0	±0.015	−0.012	2.5	+0.10	1.8	+0.10	
>12～17	5×5	5	0	+0.030	−0.030		−0.042	3.0		2.3		
>17～22	6×6	6						3.5		2.8		
>22～30	8×7	8	+0.036	+0.098	0	±0.018	−0.015	4.0		3.3		0.16 ～ 0.25
>30～38	10×8	10	0	+0.040	−0.036		−0.051	5.0		3.3		
>38～44	12×8	12						5.0		3.3		
>44～50	14×9	14	+0.043	+0.120	0	±0.0215	−0.018	5.5		3.8		0.25 ～ 0.40
>50～58	16×10	16	0	+0.050	−0.043		−0.061	6.0	+0.20	4.3	+0.20	
>58～65	18×11	18						7.0		4.4		
>65～75	20×12	20						7.5		4.9		
>75～85	22×14	22	+0.052	+0.149	0	±0.026	−0.022	9.0		5.4		0.40 ～ 0.60
>85～95	25×14	25	0	+0.065	−0.052		−0.074	9.0		5.4		
>95～110	28×16	28						10.0		6.4		

注:在工作图中,轴槽深用 d−t 或 t 标注,轮毂槽深用 $d±t_1$ 标注。(d−t)和($d±t_1$)尺寸偏差按相应的 t 和 t_1 的极限偏差选取,但(d−t)极限偏差选负号(−)。

2)普通平键的型式和尺寸(GB/T 1096—2003)

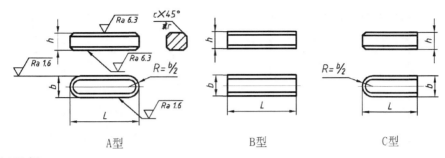

A型　　　　　　　　B型　　　　　　　　C型

标记示例:

圆头普通平键(A 型),$b = 18$ mm,$h = 11$ mm,$L = 100$ mm:键 A18 × 100 GB/T1096—2003

方头普通平键(B 型),$b = 18$ mm,$h = 11$ mm,$L = 100$ mm:键 B18 × 100 GB/T1096—2003

单圆头普通平键(C 型),$b = 18$ mm,$h = 11$ mm,$L = 100$ mm:键 C18 × 100 GB/T1096—2003

表 B-15　普通平键的尺寸

单位:mm

b	2	3	4	5	6	8	10	12	14	16	18	20	22	25
h	2	3	4	5	6	7	8	8	9	10	11	12	14	14
C 或 r	0.16~0.25			0.25~0.40			0.40~0.60					0.60~0.80		
L	6~20	6~36	8~45	10~56	14~70	18~90	22~110	28~140	36~160	45~180	50~200	56~220	63~250	70~280
L系列	6、8、10、12、14、16、18、20、22、25、28、32、36、40、45、50、56、63、70、80、90、100、110、125、140、160、180、200、220、250、280、320、330,400、450													

7. 销

1)圆柱销(摘自 GB/T 119.1—2000)

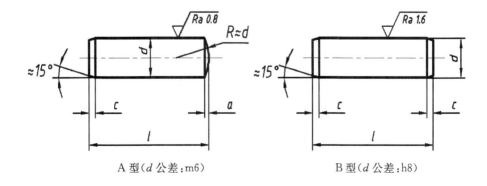

A 型(d公差:m6)　　　　　　　B 型(d公差:h8)

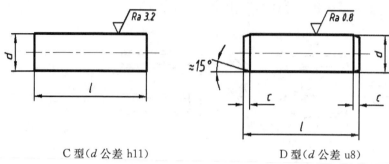

C 型(*d* 公差 h11)　　　　　　　D 型(*d* 公差 u8)

2)圆锥销(摘自 GB/T 117—2000)

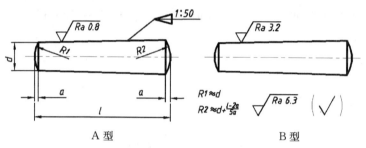

A 型　　　　　　　　　　　B 型

标记示例：

公称直径 *d*＝8 mm，长度 *l*＝30 mm，材料为 35 钢，热处理硬度 HRC28～38，表面氧化处理的 A 型圆柱销：

销 GB/T 119.1—2000　8×30

公称直径 *d*＝10 mm，长度 *l*＝60 mm，材料为 35 钢，热处理硬度 HRC28～38，表面氧化处理的 A 型圆锥销：

销 GB/T 117—2000　10×60

表 B-16　圆柱销(摘自 GB/T 119.1—2000)、圆锥销(摘自 GB/T 117—2000)

单位：mm

d(公称)	0.6	0.8	1	1.2	1.5	2	2.5	3	4	5
a≈	0.08	0.10	0.12	0.16	0.20	0.25	0.30	0.40	0.50	0.63
c＝	0.12	0.16	0.20	0.25	0.30	0.35	0.40	0.50	0.63	0.80
l(商品规格范围公称长度)	2～6	2～8	4～10	4～12	4～16	6～20	6～24	8～30	8～40	10～50
d(公称)	6	8	10	12	16	20	25	30	40	50
a≈	0.80	1.0	1.2	1.6	2.0	2.5	3.0	4.0	5.0	6.3
c≈	1.2	1.6	2.0	2.5	3.0	3.5	4.0	5.0	6.3	8.0
l(商品规格范围公称长度)	12～60	14～80	18～95	22～140	26～180	35～200	50～200	60～200	80～200	95～200
l(系列)	2,3,4,5,6,8,10,12,14,16,18,20,22,24,26,28,30,32,34,35,40,45,50,55,60,65,70,75,80,85,90,95,100,120,140,160,180,200									

3)开口销(摘自 GB/T 91—2000)

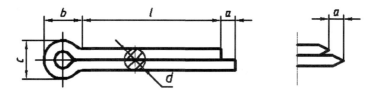

标记示例:

公称直径 $d=5$ mm,长度 $l=50$ mm,材料为低碳钢,不经表面处理的开口销:

销 GB/T 91—2000 5×50

表 B-17 开口销(摘自 GB/T 91—2000)

单位:mm

d(公称)		0.6	0.8	1	1.2	1.6	2	2.5	3.2	4	5	6.3	8	10	12
c	max	1	1.4	1.8	2	2.8	3.6	4.6	5.8	7.4	9.2	11.8	15	19	24.8
	min	0.9	1.2	1.6	1.7	2.4	3.2	4	5.1	6.5	8	10.3	13.1	16.6	21.7
$b\approx$		2	2.4	3	3	3.2	4	5	6.4	8	10	12.6	16	20	26
a_{max}		1.6	1.6	1.6	2.5	2.5	2.5	2.5	3.2	4	4	4	4	6.3	6.3
l(商品规格范围公称长度)		4~12	5~16	6~20	8~26	8~32	10~40	12~50	14~65	18~80	22~100	30~120	40~160	45~200	70~200
l(系列)		4,5,6,8,10,12,14,16,18,20,22,24,26,28,30,32,36,40,45,50,55,60,65,70,75,80,85,90,95,100,120,140,160,180,200													

注:(1)销孔的公称直径等于 d(公称);d_{max}、d_{min}可查阅 GB/T 91—2000,都小于 d(公称)。

(2)根据使用需要,由供需双方协议,可采用 d(公称)为 3 mm、6 mm 的规格。

三、极限与配合

1. 标准公差

表 B‑18 标准公差数值(摘自 GB/T 1800.3—2009)

公称尺寸 (mm)		标准公差等级																	
		IT1	IT2	IT3	IT4	IT5	IT6	IT7	IT8	IT9	IT10	IT11	IT12	IT13	IT14	IT15	IT16	IT17	IT18
大于	至	μm											mm						
—	3	0.8	1.2	2	3	4	6	10	14	25	40	60	0.1	0.14	0.25	0.4	0.6	1	1.4
3	6	1	1.5	2.5	4	5	8	12	18	30	48	75	0.12	0.18	0.3	0.48	0.75	1.2	1.8
6	10	1	1.5	2.5	4	6	9	15	22	36	58	90	0.15	0.22	0.36	0.58	0.9	1.5	2.2
10	18	1.2	2	3	5	8	11	18	27	43	70	110	0.18	0.27	0.43	0.7	1.1	1.8	2.7
18	30	1.5	2.5	4	6	9	13	21	33	52	84	130	0.21	0.33	0.52	0.84	1.3	2.1	3.3
30	50	1.5	2.5	4	7	11	16	25	39	62	100	160	0.25	0.39	0.62	1	1.6	2.5	3.9
50	80	2	3	5	8	13	19	30	46	74	120	190	0.3	0.46	0.74	1.2	1.9	3	4.6
80	120	2.5	4	6	10	15	22	35	54	87	140	220	0.35	0.54	0.87	1.4	2.2	3.5	5.4
120	180	3.5	5	8	12	18	25	40	63	100	160	250	0.4	0.63	1	1.6	2.5	4	6.3
180	250	4.5	7	10	14	20	29	46	72	115	185	290	0.46	0.72	1.15	1.85	2.9	4.6	7.2
250	315	6	8	12	16	23	32	52	81	130	210	320	0.52	0.81	1.3	2.1	3.2	5.2	8.1
315	400	7	9	13	18	25	36	57	89	140	230	360	0.57	0.89	1.4	2.3	3.6	5.7	8.9
400	500	8	10	15	20	27	40	63	97	155	250	400	0.63	0.97	1.55	2.5	4	6.3	9.7

注:公称尺寸小于或等于 1mm 时,无 IT14 至 IT18。

2. 优先配合中孔的极限偏差

表 B‑19　公称尺寸≤500 mm 优先配合中孔的极限偏差（摘自 GB/T 1800.4—2009）

单位：μm

公称尺寸 (mm)		基本偏差数值														
大于	至	上偏差 es												IT5 和 IT6	IT7	IT8
		所有标准公差等级												j	j	j
		a	b	c	cd	d	e	ef	f	fg	g	h	js			
—	3	−270	−140	−60	−34	−20	−14	−10	−6	−4	−2	0		−2	−4	−6
3	6	−270	−140	−70	−46	−30	−20	−14	−10	−6	−4	0		−2	−4	
6	10	−280	−150	−80	−56	−40	−25	−18	−13	−8	−5	0		−2	−5	
10	14	−290	−150	−95		−50	−32		−16		−6	0		−3	−6	
14	18															
18	24	−300	−160	−110		−65	−40		−20		−7	0		−4	−8	
24	30															
30	40	−310	−170	−120		−80	−50		−25		−9	0	偏差＝ ±$\dfrac{\mathrm{IT}_n}{2}$，式中 IT_n 是 IT 值数	−5	−10	
40	50	−320	−180	−130												
50	65	−340	−190	−140		−100	−60		−30		−10	0		−7	−12	
65	80	−360	−200	−150												
80	100	−380	−220	−170		−120	−72		−36		−12	0		−9	−15	
100	120	−410	−240	−180												
120	140	−460	−260	−200		−145	−85		−43		−14	0		−11	−18	
140	160	−520	−280	−210												
160	180	−580	−310	−230												
180	200	−660	−340	−240		−170	−100		−50		−15	0		−13	−21	
200	225	−740	−380	−260												
225	250	−820	−420	−280												
250	280	−920	−480	−300		−190	−110		−56		−17	0		−16	−26	
280	315	−1050	−540	−330												
315	355	−1200	−600	−360		−210	−125		−62		−18	0		−18	−28	
355	400	−1350	−680	−400												
400	450	−1500	−760	−440		−230	−135		−68		−20	0		−20	−32	
450	500	−1650	−840	−480												

注：① 基本尺寸小于或等于 1mm 时，基本偏差 a 和 b 均不采用。

② 公差带 js7 至 js11，若 IT_n 值是奇数，则取偏差＝±$\dfrac{\mathrm{IT}_n-1}{2}$。

(摘自 GB/T 1800.1—2009)　　　　　　　　　　　　　　　　　　　　　　　　　(单位：μm)

下 偏 差 ei

IT4 至 IT7	≤IT3 >IT7	所有标准公差等级													
k		m	n	p	r	s	t	u	v	x	y	z	za	zb	zc
0	0	+2	+4	+6	+10	+14		+18		+20		+26	+32	+40	+60
+1	0	+4	+8	+12	+15	+19		+23		+28		+35	+42	+50	+80
+1	0	+6	+10	+15	+19	+23		+28		+34		+42	+52	+67	+97
+1	0	+7	+12	+18	+23	+28		+33		+40		+50	+64	+90	+130
									+39	+45		+60	+77	+108	+150
+2	0	+8	+15	+22	+28	+35		+41	+47	+54	+63	+73	+98	+136	+188
							+41	+48	+55	+64	+75	+88	+118	+160	+218
+2	0	+9	+17	+26	+34	+43	+48	+60	+68	+80	+94	+112	+148	+200	+274
							+54	+70	+81	+97	+114	+136	+180	+242	+325
+2	0	+11	+20	+32	+41	+53	+66	+87	+102	+122	+144	+172	+226	+300	+405
					+43	+59	+75	+102	+120	+146	+174	+210	+274	+360	+480
+3	0	+13	+23	+37	+51	+71	+91	+124	+146	+178	+214	+258	+335	+445	+585
					+54	+79	+104	+144	+172	+210	+254	+310	+400	+525	+690
+3	0	+15	+27	+43	+63	+92	+122	+170	+202	+248	+300	+365	+470	+620	+800
					+65	+100	+134	+190	+228	+280	+340	+415	+535	+700	+900
					+68	+108	+146	+210	+252	+310	+380	+465	+600	+780	+1000
+4	0	+17	+31	+50	+77	+122	+166	+236	+284	+350	+425	+520	+670	+880	+1150
					+80	+130	+180	+258	+310	+385	+470	+575	+740	+960	+1250
					+84	+140	+196	+284	+340	+425	+520	+640	+820	+1050	+1350
+4	0	+20	+34	+56	+94	+158	+218	+315	+385	+475	+580	+710	+920	+1200	+1550
					+98	+170	+240	+350	+425	+525	+650	+790	+1000	+1300	+1700
+4	0	+21	+37	+62	+108	+190	+268	+390	+475	+590	+730	+900	+1150	+1500	+1900
					+114	+208	+294	+435	+530	+660	+820	+1000	+1300	+1650	+2100
+5	0	+23	+40	+68	+126	+232	+330	+490	+595	+740	+920	+1100	+1450	+1850	+2400
					+132	+252	+360	+540	+660	+820	+1000	+1250	+1600	+2100	+2600

3. 优先配合中孔的极限偏差

表 B-20　公称尺寸≤500 mm 优先配合中轴的极限偏差（摘自 GB/T 1800.4—1999）

单位：μm

公称尺寸 (mm)		下偏差 EI / 所有标准公差等级												基本偏差数值 J			K		M	
大于	至	A	B	C	CD	D	E	EF	F	FG	G	H	JS	IT6	IT7	IT8	≤IT8	>IT8	≤IT8	>IT8
—	3	+270	+140	+60	+34	+20	+14	+10	+6	+4	+2	0		+2	+4	+6	0	0	−2	−2
3	6	+270	+140	+70	+46	+30	+20	+14	+10	+6	+4	0		+5	+6	+10	−1+△		−4+△	−4
6	10	+280	+150	+80	+56	+40	+25	+18	+13	+8	+5	0		+5	+8	+12	−1+△		−6+△	−6
10	14	+290	+150	+95		+50	+32		+16		+6	0		+6	+10	+15	−1+△		−7+△	−7
14	18	+290	+150	+95		+50	+32		+16		+6	0		+6	+10	+15	−1+△		−7+△	−7
18	24	+300	+160	+110		+65	+40		+20		+7	0		+8	+12	+20	−2+△		−8+△	−8
24	30	+300	+160	+110		+65	+40		+20		+7	0		+8	+12	+20	−2+△		−8+△	−8
30	40	+310	+170	+120		+80	+50		+25		+9	0		+10	+14	+24	−2+△		−9+△	−9
40	50	+320	+180	+130		+80	+50		+25		+9	0		+10	+14	+24	−2+△		−9+△	−9
50	65	+340	+190	+140		+100	+60		+30		+10	0		+13	+18	+28	−2+△		−11+△	−11
65	80	+360	+200	+150		+100	+60		+30		+10	0		+13	+18	+28	−2+△		−11+△	−11
80	100	+380	+220	+170		+120	+72		+36		+12	0	偏差=±ITn/2 式中 ITn 是 IT 值数	+16	+22	+34	−3+△		−13+△	−13
100	120	+410	+240	+180		+120	+72		+36		+12	0		+16	+22	+34	−3+△		−13+△	−13
120	140	+460	+260	+200		+145	+85		+43		+14	0		+18	+26	+41	−3+△		−15+△	−15
140	160	+520	+280	+210		+145	+85		+43		+14	0		+18	+26	+41	−3+△		−15+△	−15
160	180	+580	+310	+230		+145	+85		+43		+14	0		+18	+26	+41	−3+△		−15+△	−15
180	200	+660	+340	+240		+170	+100		+50		+15	0		+22	+30	+47	−4+△		−17+△	−17
200	225	+740	+380	+260		+170	+100		+50		+15	0		+22	+30	+47	−4+△		−17+△	−17
225	250	+820	+420	+280		+170	+100		+50		+15	0		+22	+30	+47	−4+△		−17+△	−17
250	280	+920	+480	+300		+190	+110		+56		+17	0		+25	+36	+55	−4+△		−20+△	−20
280	315	+1050	+540	+330		+190	+110		+56		+17	0		+25	+36	+55	−4+△		−20+△	−20
315	355	+1200	+600	+360		+210	+125		+62		+18	0		+29	+39	+60	−4+△		−21+△	−21
355	400	+1350	+680	+400		+210	+125		+62		+18	0		+29	+39	+60	−4+△		−21+△	−21
400	450	+1500	+760	+440		+230	+135		+68		+20	0		+33	+43	+66	−5+△		−23+△	−23
450	500	+1650	+840	+480		+230	+135		+68		+20	0		+33	+43	+66	−5+△		−23+△	−23

注：(1) 基本尺寸小于或等于 1mm 时，基本偏差 A 和 B 及大于 IT8 的 N 均不采用。

(2) 公差带 JS7 至 JS11，若 ITn 值数是奇数，则取偏差=$\pm\dfrac{IT_n-1}{2}$。

(摘自 GB/T 1800.1—2009)　　　　　　　　　　　　　　　　　　　　　　　　　　　**(单位:μm)**

上偏差 ES														Δ值					
≤IT8	>IT8	≤IT7	标准公差等级大于IT7											标准公差等级					
N	P至ZC	P	R	S	T	U	V	X	Y	Z	ZA	ZB	ZC	IT3	IT4	IT5	IT6	IT7	IT8
−4	−4	−6	−10	−14		−18		−20		−26	−32	−40	−60	0					
−8+Δ	0	−12	−15	−19		−23		−28	—	−35	−42	−50	−80	1	1.5	1	3	4	6
−10+Δ	0	−15	−19	−23		−28		−34		−42	−52	−67	−97	1	1.5	2	3	6	7
−12+Δ	0	−18	−23	−28		−33		−40		−50	−64	−90	−130	1	2	3	3	7	9
							−39	−45		−60	−77	−108	−150						
−15+Δ	0	−22	−28	−35		−41	−47	−54	−63	−73	−98	−136	−188	1.5	2	3	4	8	12
					−41	−48	−55	−64	−75	−88	−118	−160	−218						
−17+Δ	0	−26	−34	−43	−48	−60	−68	−80	−94	−112	−148	−200	−274	1.5	3	4	5	9	14
					−54	−70	−81	−97	−114	−136	−180	−242	−325						
−20+Δ	0	−32	−41	−53	−66	−87	−102	−122	−144	−172	−226	−300	−405	2	3	5	6	11	16
			−43	−59	−75	−102	−120	−146	−174	−210	−274	−360	−480						
−23+Δ	0	−37	−51	−71	−91	−124	−146	−178	−214	−258	−335	−445	−585	2	4	5	7	13	19
			−54	−79	−104	−144	−172	−210	−254	−310	−400	−525	−690						
−27+Δ	0	−43	−63	−92	−122	−170	−202	−248	−300	−365	−470	−620	−800	3	4	6	7	15	23
			−65	−100	−134	−190	−228	−280	−340	−415	−535	−700	−900						
			−68	−108	−146	−210	−252	−310	−380	−465	−600	−780	−1000						
−31+Δ	0	−50	−77	−122	−166	−236	−284	−350	−425	−520	−670	−880	−1150	3	4	6	9	17	26
			−80	−130	−180	−258	−310	−385	−470	−575	−740	−960	−1250						
			−84	−140	−196	−284	−340	−425	−520	−640	−820	−1050	−1350						
−34+Δ	0	−56	−94	−158	−218	−315	−385	−475	−580	−710	−920	−1200	−1550	4	4	7	9	20	29
			−98	−170	−240	−350	−425	−525	−650	−790	−1000	−1300	−1700						
−37+Δ	0	−62	−108	−190	−268	−390	−475	−590	−730	−900	−1150	−1500	−1900	4	5	7	11	21	32
			−114	−208	−294	−435	−530	−660	−820	−1000	−1300	−1650	−2100						
−40+Δ	0	−68	−126	−232	−330	−490	−595	−740	−920	−1100	−1450	−1850	−2400	5	5	7	13	23	34
			−132	−252	−360	−540	−660	−820	−1000	−1250	−1600	−2100	−2600						

注：P至ZC(>IT8)列中部标注"在大于IT7的相应数值上增加一个Δ值"。

③ 对小于或等于IT8的 K,M,N 和小于或等于IT7的 P 至 ZC,所需 Δ 值从表内右侧选取。例如:18~30mm 段的 K7:Δ=8μm,所以 ES=−2+8=+6μm　　18~30mm 段的 S6:Δ=4μm,所以 ES=−35+4=−31μm

④ 特殊情况:250~315mm 段的 M6,ES=−9μm(代替−11μm)。

4. 孔的基本偏差

表 B-21 公称尺寸≤500 mm 孔的基本偏差（摘自 GB/T 1800.3—2009）

单位:μm

公称尺寸 (mm) 大于	至	公差带 c	d	f	g	h	h	h	h	k	n	p	s	u
		11	9	7	6	6	7	9	11	6	6	6	6	6
—	3	−60 −120	−20 −45	−6 −16	−2 −8	0 −6	0 −10	0 −25	0 −60	+6 0	+10 +4	+12 +6	+20 +14	+24 +18
3	6	−70 −145	−30 −60	−10 −22	−4 −12	0 −8	0 −12	0 −30	0 −75	+9 +1	+16 +8	+20 +12	+27 +19	+31 +23
6	10	−80 −170	−40 −76	−13 −28	−5 −14	0 −9	0 −15	0 −36	0 −90	+10 +1	+19 +10	+24 +15	+32 +23	+37 +28
10	14	−95 −205	−50 −93	−16 −34	−6 −17	0 −11	0 −18	0 −43	0 −110	+12 +1	+23 +12	+29 +18	+39 +28	+44 +33
14	18	−95 −205	−50 −93	−16 −34	−6 −17	0 −11	0 −18	0 −43	0 −110	+12 +1	+23 +12	+29 +18	+39 +28	+44 +33
18	24	−110 −240	−65 −117	−20 −41	−7 −20	0 −13	0 −21	0 −52	0 −130	+15 +2	+28 +15	+35 +22	+48 +35	+54 +41
24	30	−110 −240	−65 −117	−20 −41	−7 −20	0 −13	0 −21	0 −52	0 −130	+15 +2	+28 +15	+35 +22	+48 +35	+61 +48
30	40	−120 −280	−80 −142	−25 −50	−9 −25	0 −16	0 −25	0 −62	0 −160	+18 +2	+33 +17	+42 +26	+59 +43	+76 +60
40	50	−130 −290	−80 −142	−25 −50	−9 −25	0 −16	0 −25	0 −62	0 −160	+18 +2	+33 +17	+42 +26	+59 +43	+86 +70
50	65	−140 −330	−100 −174	−30 −60	−10 −29	0 −19	0 −30	0 −74	0 −190	+21 +2	+39 +20	+51 +32	+72 +53	+106 +87
65	80	−150 −340	−100 −174	−30 −60	−10 −29	0 −19	0 −30	0 −74	0 −190	+21 +2	+39 +20	+51 +32	+78 +59	+121 +102
80	100	−170 −390	−120 −207	−36 −71	−12 −34	0 −22	0 −35	0 −87	0 −220	+25 +3	+45 +23	+59 +37	+93 +71	+146 +124
100	120	−180 −400	−120 −207	−36 −71	−12 −34	0 −22	0 −35	0 −87	0 −220	+25 +3	+45 +23	+59 +37	+101 +79	+166 +144
120	140	−200 −450	−145 −245	−43 −83	−14 −39	0 −25	0 −40	0 −100	0 −250	+28 +3	+52 +27	+68 +43	+117 +92	+195 +170
140	160	−210 −460	−145 −245	−43 −83	−14 −39	0 −25	0 −40	0 −100	0 −250	+28 +3	+52 +27	+68 +43	+125 +100	+215 +190
160	180	−230 −480	−145 −245	−43 −83	−14 −39	0 −25	0 −40	0 −100	0 −250	+28 +3	+52 +27	+68 +43	+133 +108	+235 +210
180	200	−240 −530	−170 −285	−50 −96	−15 −44	0 −29	0 −46	0 −115	0 −290	+33 +4	+60 +31	+79 +50	+151 +122	+265 +236
200	225	−260 −550	−170 −285	−50 −96	−15 −44	0 −29	0 −46	0 −115	0 −290	+33 +4	+60 +31	+79 +50	+159 +130	+287 +258
225	250	−280 −570	−170 −285	−50 −96	−15 −44	0 −29	0 −46	0 −115	0 −290	+33 +4	+60 +31	+79 +50	+169 +140	+313 +284
250	280	−300 −620	−190 −320	−56 −108	−17 −49	0 −32	0 −52	0 −130	0 −320	+36 +4	+66 +34	+88 +56	+190 +158	+347 +315
280	315	−330 −650	−190 −320	−56 −108	−17 −49	0 −32	0 −52	0 −130	0 −320	+36 +4	+66 +34	+88 +56	+202 +170	+382 +350
315	355	−360 −720	−210 −350	−62 −119	−18 −54	0 −36	0 −57	0 −140	0 −360	+40 +4	+73 +37	+98 +62	+226 +190	+426 +390
355	400	−400 −760	−210 −350	−62 −119	−18 −54	0 −36	0 −57	0 −140	0 −360	+40 +4	+73 +37	+98 +62	+244 +208	+471 +435
400	450	−440 −840	−230 −385	−68 −131	−20 −60	0 −40	0 −63	0 −155	0 −400	+45 +5	+80 +40	+108 +68	+272 +232	+530 +490
450	500	−480 −880	−230 −385	−68 −131	−20 −60	0 −40	0 −63	0 −155	0 −400	+45 +5	+80 +40	+108 +68	+292 +252	+580 +540

5. 轴的基本偏差

表 B‑22　公称尺寸≤500 mm 轴的基本偏差（摘自 GB/T 1800.3—2009）

单位：μm

公称尺寸 (mm) 大于	至	C 11	D 9	F 8	G 7	H 7	H 8	H 9	H 11	K 7	N 7	P 7	S 7	U 7
—	3	+120 +60	+45 +20	+20 +6	+12 +2	+10 0	+14 0	+25 0	+60 0	0 −10	−4 −14	−6 −16	−14 −24	−18 −28
3	6	+145 +70	+60 +30	+28 +10	+16 +4	+12 0	+18 0	+30 0	+75 0	+3 −9	−4 −16	−3 −20	−15 −27	−19 −31
6	10	+170 +80	+76 +40	+35 +13	+20 +5	+15 0	+22 0	+36 0	+90 0	+5 −10	−4 −19	−9 −24	−17 −32	−22 −37
10	14	+205 +95	+93 +50	+43 +16	+24 +6	+18 0	+27 0	+43 0	+110 0	+6 −12	−5 −23	−11 −29	−21 −39	−26 −44
14	18	+205 +95	+93 +50	+43 +16	+24 +6	+18 0	+27 0	+43 0	+110 0	+6 −12	−5 −23	−11 −29	−21 −39	−26 −44
18	24	+240 +110	+117 +65	+53 +20	+28 +7	+21 0	+33 0	+52 0	+130 0	+6 −15	−7 −28	−14 −35	−27 −48	−33 −54
24	30	+240 +110	+117 +65	+53 +20	+28 +7	+21 0	+33 0	+52 0	+130 0	+6 −15	−7 −28	−14 −35	−27 −48	−40 −61
30	40	+280 +120	+142 +80	+64 +25	+34 +9	+25 0	+39 0	+62 0	+160 0	+7 −18	−8 −33	−17 −42	−34 −59	−51 −76
40	50	+290 +130	+142 +80	+64 +25	+34 +9	+25 0	+39 0	+62 0	+160 0	+7 −18	−8 −33	−17 −42	−34 −59	−61 −86
50	65	+330 +140	+174 +100	+76 +30	+40 +10	+30 0	+46 0	+74 0	+190 0	+9 −21	−9 −39	−21 −51	−42 −72	−76 −106
65	80	+340 +150	+174 +100	+76 +30	+40 +10	+30 0	+46 0	+74 0	+190 0	+9 −21	−9 −39	−21 −51	−48 −78	−91 −121
80	100	+390 +170	+207 +120	+90 +36	+47 +12	+35 0	+54 0	+87 0	+220 0	+10 −25	−10 −45	−24 −59	−58 −93	−111 −146
100	120	+400 +180	+207 +120	+90 +36	+47 +12	+35 0	+54 0	+87 0	+220 0	+10 −25	−10 −45	−24 −59	−66 −101	−131 −166
120	140	+450 +200	+245 +145	+106 +43	+54 +14	+40 0	+63 0	+100 0	+250 0	+12 −28	−12 −52	−28 −68	−77 −117	−155 −195
140	160	+460 +210	+245 +145	+106 +43	+54 +14	+40 0	+63 0	+100 0	+250 0	+12 −28	−12 −52	−28 −68	−85 −125	−175 −215
160	180	+480 +230	+245 +145	+106 +43	+54 +14	+40 0	+63 0	+100 0	+250 0	+12 −28	−12 −52	−28 −68	−93 −133	−195 −235
180	200	+530 +240	+285 +170	+122 +50	+61 +15	+46 0	+72 0	+115 0	+290 0	+13 −33	−14 −60	−33 −79	−105 −151	−219 −265
200	225	+550 +260	+285 +170	+122 +50	+61 +15	+46 0	+72 0	+115 0	+290 0	+13 −33	−14 −60	−33 −79	−113 −159	−241 −287
225	250	+570 +280	+285 +170	+122 +50	+61 +15	+46 0	+72 0	+115 0	+290 0	+13 −33	−14 −60	−33 −79	−123 −169	−267 −313
250	280	+620 +300	+320 +190	+137 +56	+69 +17	+52 0	+81 0	+130 0	+320 0	+16 −36	−14 −66	−36 −88	−138 −190	−295 −347
280	315	+650 +330	+320 +190	+137 +56	+69 +17	+52 0	+81 0	+130 0	+320 0	+16 −36	−14 −66	−36 −88	−150 −202	−330 −382
315	355	+720 +360	+350 +210	+151 +62	+75 +18	+57 0	+89 0	+140 0	+360 0	+17 −40	−16 −73	−41 −98	−169 −226	−369 −426
355	400	+760 +400	+350 +210	+151 +62	+75 +18	+57 0	+89 0	+140 0	+360 0	+17 −40	−16 −73	−41 −98	−187 −244	−414 −471
400	450	+840 +440	+385 +230	+165 +68	+83 +20	+63 0	+97 0	+155 0	+400 0	+18 −45	−17 −80	−45 −108	−209 −279	−467 −530
450	500	+880 +480	+385 +230	+165 +68	+83 +20	+63 0	+97 0	+155 0	+400 0	+18 −45	−17 −80	−45 −108	−229 −292	−517 −580

6. 优先、常用配合

表 B-23　基孔制优先、常用配合(摘自 GB/T 1800.1—2009)

基准孔	轴 a	b	c	d	e	f	g	h	js	k	m	n	p	r	s	t	u	v	x	y	z
	间隙配合								过渡配合			过盈配合									
H6						H6/f5	H6/g5	H6/h5	H6/js5	H6/k5	H6/m5	H6/n5	H6/p5	H6/r5	H6/s5	H6/t5					
H7						H7/f6	H7/g6	H7/h6	H7/js6	H7/k6	H7/m6	H7/n6	H7/p6	H7/r6	H7/s6	H7/t6	H7/u6	H7/v6	H7/x6	H7/y6	H7/z6
H8					H8/e7	H8/f7	H8/g7	H8/h7	H8/js7	H8/k7	H8/m7	H8/n7	H8/p7	H8/r7	H8/s7	H8/t7	H8/u7				
				H8/d8	H8/e8	H8/f8		H8/h8													
H9			H9/c9	H9/d9	H9/e9	H9/f9		H9/h9													
H10			H10/c10	H10/d10				H10/h10													
H11	H11/a11	H11/b11	H11/c11	H11/d11				H11/h11													
H12		H12/b12						H12/h12													

注:1. 有底色的配合为优先配合。

　　2. $\frac{H6}{H5}$ 和 $\frac{H7}{P6}$ 在公称尺寸≤3 mm 和 $\frac{H8}{r7}$ 在公称尺寸≤100 mm 时,为过渡配合。

表 B-24　基轴制优先、常用配合(摘自 GB/T 1800.1—2009)

基准轴	孔 A	B	C	D	E	F	G	H	JS	K	M	N	P	R	S	T	U	V	X	Y	Z
	间隙配合								过渡配合			过盈配合									
H5						F6/h5	G6/h5	H6/h5	JS6/h5	K6/h5	M6/h5	N6/h5	P6/h5	R6/h5	S6/h5	T6/h5					
H6						F7/h6	G7/h6	H7/h6	JS7/h6	K7/h6	M7/h6	N7/h6	P7/h6	R7/h6	S7/h6	T7/h6	U7/h6				
H7					E8/h7	F8/h7		H8/h7	JS8/h7	K8/h7	M8/h7	N8/h7									
H8				D8/h8	E8/h8	F8/h8		H8/h8													
h9				D9/h9	E9/h9	F9/h9		H9/h9													
h10				D10/h10				H10/h10													
h11	A11/h11	B11/h11	C11/h11	D11/h11				H11/h11													
h12		B12/h12						H12/h12													